Deepen Your Mind

前言

Redis 是開放原始碼的 key-value 儲存系統，可作為資料庫、快取、訊息元件。Redis 的作者是 Salvatore Sanfilippo（網名為 antirez），他在 2009 年開發完成並開放了 Redis 原始碼。Redis 由於性能極高、功能強大，迅速在業界流行，現已成為高併發系統中最常用的元件之一。

Redis 提供了多種類型的資料結構，如字串（String）、雜湊（Hash）、串列（List）、集合（Set）、有序集合（Sorted Set）等。Redis 還是分散式系統，主從叢集可以實現資料熱備份，檢查點（Sentinel）機制可以保證主從叢集高可用，Cluster 叢集則提供了水平擴充的能力。Redis 還提供了持久化、Lua 指令稿、Module 模組、Stream 訊息流、Tracking 機制等一系統強大功能，適用於各種業務場景。

✤ 寫作目的

雖然筆者主要使用 Java 語言開發程式，卻一直希望從原始程式層面深入分析一個 C 語言實現的分散式系統。C 語言可以説是最接近低階語言的開發語言，分析 C 語言程式，可以讓我們更深入地了解作業系統的底層知識。於是，筆者學習了 Redis 原始程式，並編寫了本書。

為什麼選擇 Redis 呢？因為 Redis 是一個典型的「小而美」的程式。Redis 實現簡單，原始程式非常優雅簡潔，閱讀起來並不吃力，而且Redis 功能齊全，涵蓋了資料儲存、分散式、訊息流等許多特性，非常值得深入學習。

透過編寫本書，筆者對 Redis、UNIX 程式設計、分散式系統、儲存系統都有了更深入的了解，再學習其他相關的系統（如 MySQL、Nginx 等），就可以舉一反三、觸類旁通。希望本書也可以幫助讀者百尺竿頭，更進一步。

✤ 本書特點

本書深入分析了 Redis 的實現原理，所以並不是 Redis 的入門書。為了儘量降低閱讀難度，本書複習了 Redis 各個核心功能的實現原理，提取了 Redis 核心程式（本書會儘量避免堆積程式），並以適量圖文，對 Redis 原始程式及其實現原理進行詳細分析，介紹 Redis 核心功能的設計思想和實現流程。

雖然本書的大部分內容是對 Redis 原始程式的分析，但是並不複雜，即讓讀者只是簡單了解 C 語言的基礎語法，也可以輕鬆讀懂。

另外，本書結合 Redis 目前的最新版本 6，分析了 Redis 最新特性，如 Redis 6 的 ACL、Tracking 等機制。為了照顧對 Redis 最新特性不熟悉的讀者，這部分內容提供了詳細的應用範例，幫助讀者循序漸進、由淺到深地學習和了解 Redis 最新特性。

本書也不侷限於 Redis，而是由 Redis 延展出了兩方面內容：

（1）Redis 中使用的 UNIX 機制，包括 UNIX 網路程式設計、執行緒同步等內容，本書會透過原始程式展示 Redis 如何使用這些 UNIX 機制。
（2）如何透過 Redis 實現一個分散式系統，主要是 Sentinel、Cluster 機制的實現原理。

本書使用的原始程式版本是 Redis 6，本書提供的 Redis 操作案例，如無特殊說明，也是在 Redis 6 版本上執行的操作實例。

✤ 本書結構

第 1 部分分析了 Redis 的字串、清單、雜湊、集合這幾種資料類型的編碼格式。編碼格式，即資料的儲存格式，對於資料庫，資料的儲存格式非常重要，如關聯式資料庫的行式儲存和列式儲存。而 Redis 作為記憶體中資料庫，對於資料編碼的整體設計思想是：最大限度地「以時間換空間」，從而最大限度地節省記憶體。這部分內容詳細分析了 Redis 對記憶體的使用如何達到「錙銖必較」的程度。

第 2 部分分析了 Redis 的核心流程，包括 Redis 事件機制與命令執行過程。Redis 利用 I/O 重複使用模型，實現了自己的事件循環機制，而 Redis 底層由該事件機制驅動運行（很多遠端服務程式都使用類似的架構，如 Nginx、MySQL 等）。Redis 事件機制設計優雅、實現簡單，並且性能卓越，可以說是「化繁為簡」。

第 3 部分分析了 Redis 持久化與複製機制。雖然 Redis 是記憶體中資料庫，但仍然最大限度地保證了資料的可靠性。不管是檔案持久化，還是從節點複製，核心思想都是一樣的：透過將資料複製到不同備份中，從而保持資料安全。這部分內容分析了 RDB、AOF 持久化機制，以及主從節點複製流程等內容，介紹了 Redis 資料是如何「不脛而走」的。

第 4 部分分析了 Redis 分散式架構。這部分內容從流行的分散式演算法 Raft 出發，分析了 Sentienl 如何監控節點，Cluster 叢集如何實現資料分片，如何支援動態新增、刪除叢集節點，以及它們的「拿手好戲」——容錯移轉。

第 5 部分分析了 Redis 中的進階特性，包括 Redis 交易、非阻塞刪除、ACL 存取控制清單、Tracking 機制、Lua 指令稿、Module 模組、Stream 訊息流等內容。Redis 為各種高性能、高可用場景提供了非常全面的支援，可以說是「包羅萬象」。

本書不是 Redis 工具書，並沒有將 Redis 的全部功能都分析一遍，很多功能也非常有趣實用，但本書不會深入討論，如 Bitmaps、Hyperloglog、Geo、Pub/Sub 等，讀者可以自行深入學習。

♣ 表達約定

（1）本書會按順序在原始程式函數（或程式區塊）中增加標示，並在原始程式展示結束後，按標示對原始程式説明，例如：

```c
robj *tryObjectEncoding(robj *o) {
  ...

  // [1]
  if (o->refcount > 1) return o;
  ...
}
```

【1】 該 redisObject 被多處引用，不再進行編碼操作，以免影響他處的使用，直接退出函數。

這樣可以保證原始程式展示的整潔，也方便讀者閱讀原始程式後，再結合書中説明，深入了解。

另外，也方便讀者在閱讀本書時，結合閱讀完整的 Redis 原始程式。

在原始程式中使用 "..." 代表此處省略了程式（有些地方省略了日誌等輔助的程式，可能不增加 "..." 標示）。

（2）如果原始程式中函數太長，為了版面整潔，本書將其劃分為多個程式碼部分，並使用 "// more" 標示該函數後續還有其他程式碼部分，請讀者留意該標示。

✤ 致謝

感謝寫作過程中身邊朋友的支持，他們給予筆者很多的力量。感謝 Redis 的作者 antirez，優秀的 Redis 離不開 antirez 的辛勤付出，向他致敬。感謝電子工業出版社博文視點的陳曉猛編輯，陳編輯專業的寫作指導和出版組織工作，使得本書得以順利出版。感謝電腦產業的內容創作者，他們的各種分享、網誌文章及圖書都在積極推動產業的發展，也為本書的編寫提供了靈感和參考。

梁國斌

目錄

第 3 部分
持久化與複製

第 5 部分
進階特性

17 交易

18 非阻塞刪除

19 記憶體管理

20 Redis Stream

21 存取控制清單 ACL

22 Redis Tracking

23 Lua 指令稿

24 Redis Module

第 1 部分
資料結構與編碼

Redis 是一個鍵值對資料庫（key-value DB），下面是一個簡單的 Redis 的指令：

```
> SET msg "hello wolrd"
```

該指令將鍵 "msg"、值 "hello wolrd" 這兩個字串保存到 Redis 資料庫中。

本章分析 Redis 如何在記憶體中保存這些字串。

1.1 redisObject

Redis 中的資料物件 server.h/redisObject 是 Redis 對內部儲存的資料定義的抽象類別型態，其定義如下：

```
typedef struct redisObject {
    unsigned type:4;
    unsigned encoding:4;
    unsigned lru:LRU_BITS;
    int refcount;
    void *ptr;
} robj;
```

- type：資料類型。
- encoding：編碼格式，即儲存資料使用的資料結構。同一個類型的資料，Redis 會根據資料量、佔用記憶體等情況使用不同的編碼，最大限度地節省記憶體。

- refcount，引用計數，為了節省記憶體，Redis 會在多處引用同一個 redisObject。
- ptr：指向實際的資料結構，如 sds，真正的資料儲存在該資料結構中。
- lru：24 位元，LRU 時間戳記或 LFU 計數。

redisObject 負責載入 Redis 中的所有鍵和值。redisObject.ptr 指向真正儲存資料的資料結構，redisObject .refcount、redisObject.lru 等屬性則用於管理資料（資料共用、資料過期等）。

> **提示**
>
> type、encoding、lru 使用了 C 語言中的位元段定義，這 3 個屬性使用同一個 unsigned int 的不同 bit 位元。這樣可以最大限度地節省記憶體。

Redis 定義了以下資料類型和編碼，如表 1-1 所示。

表 1-1

資料類型	說明	編碼	使用的資料結構
OBJ_STRING	字串	OBJ_ENCODING_INT	long long、long
		OBJ_ENCODING_EMBSTR	string
		OBJ_ENCODING_RAW	string
OBJ_LIST	串列	OBJ_ENCODING_QUICKLIST	quicklist
OBJ_SET	集合	OBJ_ENCODING_HT	dict
		OBJ_ENCODING_INTSET	intset
OBJ_ZSET	有序集合	OBJ_ENCODING_ZIPLIST	ziplist
		OBJ_ENCODING_SKIPLIST	skiplist
OBJ_HASH	雜湊	OBJ_ENCODING_HT	dict
		OBJ_ENCODING_ZIPLIST	ziplist
OBJ_STREAM	訊息流	OBJ_ENCODING_STREAM	rax
OBJ_MODULE	Module 自訂類型	OBJ_ENCODING_RAW	Module 自訂

本書第 1 部分會對表 1-1 中前五種資料類型進行分析，最後兩種資料類型會在第 5 部分進行分析。如果讀者現在對表 1-1 中內容感到疑惑，則可以先帶著疑問繼續閱讀本書。

1.2 sds

我們知道，C 語言中將空字元結尾的字元陣列作為字串，而 Redis 對此做了擴充，定義了字串類型 sds（Simple Dynamic String）。

Redis 鍵都是字串類型，Redis 中最簡單的數值型態也是字串類型，

字串類型的 Redis 值可用於很多場景，如快取 HTML 部分、記錄使用者登入資訊等。

1.2.1 定義

> **提示**
> 本節程式如無特殊說明，均在 sds.h/sds.c 中。

對於不同長度的字串，Redis 定義了不同的 sds 結構：

```
typedef char *sds;

struct __attribute__ ((__packed__)) sdshdr5 {
    unsigned char flags;
    char buf[];
};
struct __attribute__ ((__packed__)) sdshdr8 {
    uint8_t len;
    uint8_t alloc;
    unsigned char flags;
    char buf[];
};
...
```

Redis 還定義了 sdshdr16、sdshdr32、sdshdr64 結構。為了版面整潔，這裡不展示 sdshdr16、sdshdr32、sdshdr64 結構的程式，它們與 sdshdr8 結構大致相同，只是 len、alloc 屬性使用了 uint16_t、uint32、uint64_t 類型。Redis 定義不同 sdshdr 結構是為了針對不同長度的字串，使用合適的 len、alloc 屬性類型，最大限度地節省記憶體。

■ len：已使用位元組長度，即字串長度。sdshdr5 可存放的字串長度小於 32（2^5），sdshdr8 可存放的字串長度小於 256（28），依此類推。由於該屬性記錄了字串長度，所以 sds 可以在常數時間內獲取字串長度。Redis 限制了字串的最大長度不能超過 512MB。

■ alloc：已申請位元組長度，即 sds 總長度。alloc-len 為 sds 中的可用（空閒）空間。

■ flag：低 3 位元代表 sdshdr 的類型，高 5 位元只在 sdshdr5 中使用，表示字串的長度，所以 sdshdr5 中沒有 len 屬性。另外，由於 Redis 對 sdshdr5 的定義是常數字串，不支援擴充，所以不存在 alloc 屬性。

■ buf：字串內容，sds 遵循 C 語言字串的規範，保存一個空字元作為 buf 的結尾，並且不計入 len、alloc 屬性。這樣可以直接使用 C 語言 strcmp、strcpy 等函數直接操作 sds。

> **提示**
>
> sdshdr 結構中的 buf 陣列並沒有指定陣列長度，它是 C99 規範定義的柔性陣列—結構中最後一個屬性可以被定義為一個大小可變的陣列（該屬性前必須有其他屬性）。使用 sizeof 函數計算包含柔性陣列的結構大小，傳回結果不包括柔性陣列佔用的記憶體。__attribute__((__packed__)) 關鍵字可以取消結構內的位元組對齊以節省記憶體。

1.2.2 操作分析

接下來看一下 sds 建構函數：

```
sds sdsnewlen(const void *init, size_t initlen) {
    void *sh;
```

```
        sds s;
        // [1]
        char type = sdsReqType(initlen);
        // [2]
        if (type == SDS_TYPE_5 && initlen == 0) type = SDS_TYPE_8;
        // [3]
        int hdrlen = sdsHdrSize(type);
        unsigned char *fp; /* flags pointer. */

        sh = s_malloc(hdrlen+initlen+1);
        ...
        // [4]
        s = (char*)sh+hdrlen;
        fp = ((unsigned char*)s)-1;
        switch(type) {
            case SDS_TYPE_5: {
                *fp = type | (initlen << SDS_TYPE_BITS);
                break;
            }
            case SDS_TYPE_8: {
                SDS_HDR_VAR(8,s);
                sh->len = initlen;
                sh->alloc = initlen;
                *fp = type;
                break;
            }
            ...
        }
        if (initlen && init)
            memcpy(s, init, initlen);
        s[initlen] = '\0';
        // [5]
        return s;
    }
```

參數說明：

■ init、initlen：字串內容、長度。

【1】 根據字串長度，判斷對應的 sdshdr 類型。

【2】 長度為 0 的字串後續通常需要擴充，不應該使用 sdshdr5，所以這裡轉為 sdshdr8。

【3】 sdsHdrSize 函數負責查詢 sdshdr 結構的長度，s_malloc 函數負責申
請記憶體空間，申請的記憶體空間長度為 hdrlen+initlen+1，其中
hdrlen 為 sdshdr 結構長度（不包含 buf 屬性），initlen 為字串內容
長度，最後一個位元組用於存放空字元 "\0"。s_malloc 與 C 語言的
malloc 函數的作用相同，負責分配指定大小的記憶體空間。

【4】 給 sdshdr 屬性設定值。
SDS_HDR_VAR 是一個巨集，負責將 sh 指標轉化為對應的 sdshdr
結構指標。

【5】 注意，sds 實際上就是 char* 的別名，這裡傳回的 s 指標指向 sdshdr.
buf 屬性，即字串內容。Redis 透過該指標可以直接讀 / 寫字串資
料。

建構一個內容為 "hello wolrd" 的 sds，其結構如圖 1-1 所示。

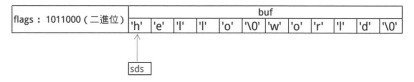

flags高5位元1011代表長度11
低3位元000代表類型為sdshdr5

▲ 圖 1-1

sds 的擴充機制是一個很重要的功能。

```
sds sdsMakeRoomFor(sds s, size_t addlen) {
    void *sh, *newsh;
    // [1]
    size_t avail = sdsavail(s);
    size_t len, newlen;
    char type, oldtype = s[-1] & SDS_TYPE_MASK;
    int hdrlen;

    if (avail >= addlen) return s;
    // [2]
    len = sdslen(s);
```

```
sh = (char*)s-sdsHdrSize(oldtype);
newlen = (len+addlen);
// [3]
if (newlen < SDS_MAX_PREALLOC)
    newlen *= 2;
else
    newlen += SDS_MAX_PREALLOC;

// [4]
type = sdsReqType(newlen);
if (type == SDS_TYPE_5) type = SDS_TYPE_8;
// [5]
hdrlen = sdsHdrSize(type);
if (oldtype==type) {
    newsh = s_realloc(sh, hdrlen+newlen+1);
    if (newsh == NULL) return NULL;
    s = (char*)newsh+hdrlen;
} else {
    newsh = s_malloc(hdrlen+newlen+1);
    if (newsh == NULL) return NULL;
    memcpy((char*)newsh+hdrlen, s, len+1);
    s_free(sh);
    s = (char*)newsh+hdrlen;
    s[-1] = type;
    sdssetlen(s, len);
}
// [6]
sdssetalloc(s, newlen);
return s;
}
```

參數說明：

- addlen：要求擴充後可用長度（alloc-len）大於該參數。

【1】 獲取目前可用空間長度。如果目前可用空間長度滿足要求，則直接
返回。

【2】 sdslen 負責獲取字串長度，由於 sds.len 中記錄了字串長度，該操作
複雜度為 $O(1)$。這裡 len 變數為原 sds 字串長度，newlen 變數為新
sds 長度。sh 指向原 sds 的 sdshdr 結構。

【3】 預分配比參數要求多的記憶體空間,避免每次擴充都要進行記憶體拷貝操作。新 sds 長度如果小於 SDS_MAX_PREALLOC(預設為 1024×1024,單位為位元組),則新 sds 長度自動擴充為 2 倍。不然新 sds 長度自動增加 SDS_MAX_PREALLOC。

【4】 sdsReqType(newlen) 負責計算新的 sdshdr 類型。注意,擴充後的類型不使用 sdshdr5,該類型不支援擴充操作。

【5】 如果擴充後 sds 還是同一類型,則使用 s_realloc 函數申請記憶體。不然由於 sds 結構已經變動,必須移動整個 sds,直接分配新的記憶體空間,並將原來的字串內容複製到新的記憶體空間。s_realloc 與 C 語言 realloc 函數的作用相同,負責為指定指標重新分配指定大小的記憶體空間。它會嘗試在指定指標原位址空間上重新分配,如原位址空間無法滿足要求,則分配新記憶體空間並複製內容。

【6】 更新 sdshdr.alloc 屬性。

對上面 "hello wolrd" 的 sds 呼叫 sdsMakeRoomFor(sds,64),則生成的 sds 如圖 1-2 所示。

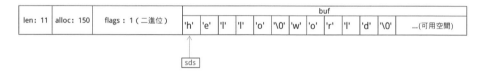

alloc = (11+64)*2 = 150
flags 為 1,代表轉換為 sdshdr8 類型

▲ 圖 1-2

從圖 1-2 中可以看到,使用 len 記錄字串長度後,字串中可以存放空字元。Redis 字串支援二進位安全,可以將使用者的輸入儲存為沒有任何特定格式意義的原始資料流程,因此 Redis 字串可以儲存任何資料,比如圖片資料流程或序列化物件。C 語言字串將空字元作為字串結尾的特定標記字元,它不是二進位安全的。

sds 常用函數如表 1-2 所示。

表 1-2

函數	作用
sdsnew，sdsempty	建立 sds
sdsfree，sdsclear，sdsRemoveFreeSpace	釋放 sds，清空 sds 中的字串內容，移除 sds 剩餘的可用空間
sdslen	獲取 sds 字串長度
sdsdup	將指定字串複製到 sds 中，覆蓋原字串
sdscat	將指定字串拼接到 sds 字串內容後
sdscmp	比較兩個 sds 字串是否相同
sdsrange	獲取子字串，不在指定範圍內的字串將被清除

1.2.3 編碼

字串類型一共有 3 種編碼：

■ OBJ_ENCODING_EMBSTR： 長 度 小 於 或 等 於 OBJ_ENCODING_
EMBSTR_SIZE_LIMIT（44 位元組）的字串。
在該編碼中，redisObject、sds 結構存放在一塊連續區塊中，如圖 1-3
所示。

redisObject					sdshdr			
type	encoding	lru	refcount	ptr	len	alloc	flags	buf

▲ 圖 1-3

OBJ_ENCODING_EMBSTR 編碼是 Redis 針對短字串的最佳化，有以
下優點：

• 記憶體申請和釋放都只需要呼叫一次記憶體操作函數。
• mredisObject、sdshdr 結構保存在一塊連續的記憶體中，減少了記憶
體碎片。

■ OBJ_ENCODING_RAW：長度大於 OBJ_ENCODING_EMBSTR_SIZE_
LIMIT 的字串，在該編碼中，redisObject、sds 結構存放在兩個不連續
的區塊中。

■ OBJ_ENCODING_INT：將數值型字串轉為整數，可以大幅降低資料佔用的記憶體空間，如字串 "123456789012" 需要佔用 12 位元組，在 Redis 中，會將它轉化為 long long 類型，只佔用 8 位元組。

我們向 Redis 發送一個請求後，Redis 會解析請求封包，並將指令、參數轉化為 redisObject。

object.c/createStringObject 函數負責完成該操作：

```
robj *createStringObject(const char *ptr, size_t len) {
    if (len <= OBJ_ENCODING_EMBSTR_SIZE_LIMIT)
        return createEmbeddedStringObject(ptr,len);
    else
        return createRawStringObject(ptr,len);
}
```

根據字串長度，將 encoding 轉化為 OBJ_ENCODING_RAW 或 OBJ_ENCODING_EMBSTR 的 redisObject。

將參數轉為 redisObject 後，Redis 再將 redisObject 存入資料庫，例如：

```
> SET Introduction "Redis is an open source (BSD licensed), in-memory
data structure store, used as a database, cache and message broker. "
```

Redis 會將鍵 "Introduction"、值 "Redis..." 轉為兩個 redisObject，再將 redisObject 存入資料庫，結果如圖 1-4 所示。

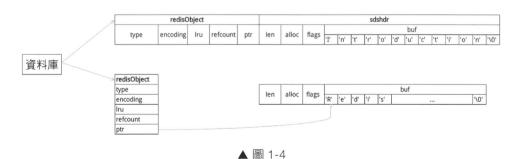

▲ 圖 1-4

Redis 中 的 鍵 都 是 字 串 類 型，並 使 用 OBJ_ENCODING_RAW、OBJ_ENCODING_EMBSTR 編碼，而 Redis 還會嘗試將字串類型的值轉為 OBJ_ENCODING_INT 編碼。object.c/tryObjectEncoding 函數完成該操作：

```c
robj *tryObjectEncoding(robj *o) {
    long value;
    sds s = o->ptr;
    size_t len;
    ...
    // [1]
     if (o->refcount > 1) return o;

    len = sdslen(s);
    // [2]
    if (len <= 20 && string2l(s,len,&value)) {
        // [3]
        if ((server.maxmemory == 0 ||
            !(server.maxmemory_policy & MAXMEMORY_FLAG_NO_SHARED_
INTEGERS)) &&
            value >= 0 &&
            value < OBJ_SHARED_INTEGERS)
        {
            decrRefCount(o);
            incrRefCount(shared.integers[value]);
            return shared.integers[value];
        } else {
            // [4]
            if (o->encoding == OBJ_ENCODING_RAW) {
                sdsfree(o->ptr);
                o->encoding = OBJ_ENCODING_INT;
                o->ptr = (void*) value;
                return o;
            } else if (o->encoding == OBJ_ENCODING_EMBSTR) {
                // [5]
                decrRefCount(o);
                return createStringObjectFromLongLongForValue(value);
            }
        }
    }

    // [6]
```

```
if (len <= OBJ_ENCODING_EMBSTR_SIZE_LIMIT) {
    robj *emb;

    if (o->encoding == OBJ_ENCODING_EMBSTR) return o;
    emb = createEmbeddedStringObject(s,sdslen(s));
    decrRefCount(o);
    return emb;
}

// [7]
trimStringObjectIfNeeded(o);

return o;
}
```

【1】 該資料物件被多處引用，不能再進行編碼操作，否則會影響其他地
方的正常執行。

【2】 如果字串長度小於或等於 20，則呼叫 string2l 函數嘗試將其轉為
long long 類型，如果成功則傳回 1。
在 C 語 言 中，long long 佔 用 8 位 元 組，設 定 值 範 圍 是
-9223372036854775808 ～ 9223372036854775807，因此最多能保存長
度為 19 的字串轉換後的數值，加上負數的符號位元，一共 20 位元。
下面是字串可以轉為 OBJ_ENCODING_INT 編碼的處理步驟。

【3】 首先嘗試使用 shared.integers 中的共用資料，避免重複建立相同資
料物件而浪費記憶體。shared 是 Redis 啟動時建立的共用資料集，
存放了 Redis 中常用的共用資料。shared.integers 是一個整數陣列，
存放了小數字 0 ～ 9999，共用於各個使用場景。

> 注意
> 如果設定了 server.maxmemory，並使用了不支援共用資料的淘汰演算法
> （LRU、LFU），那麼這裡不能使用共用資料，因為這時每個資料中都必須存
> 在一個 redisObjec.lru 屬性，這些演算法才可以正常執行。

【4】 如果不能使用共用資料並且原編碼格式為 OBJ_ENCODING_RAW，
則將 redisObject.ptr 原來的 sds 類型替換為字串轉換後的數值。

【5】 如果不能使用共用資料並且原編碼格式為 OBJ_ENCODING_
EMBSTR，由於 redisObject、sds 存放在同一個區塊中，無法直接
替換 redisObject.ptr，所以呼叫 createString- ObjectFromLongLong
ForValue 函數建立一個新的 redisObject，編碼為 OBJ_ENCODING_
INT，redisObject.ptr 指向 long long 類型或 long 類型。

【6】 到這裡，説明字串不能轉為 OBJ_ENCODING_INT 編碼，嘗試將其
轉為 OBJ_ENCODING_EMBSTR 編碼。

【7】 到這裡，説明字串只能使用 OBJ_ENCODING_RAW 編碼，嘗試釋
放 sds 中剩餘的可用空間。

字串類型的實現程式在 t_string.c 中，讀者可以查看原始程式了解更多實
現細節。

> **提示**
>
> server.c/redisCommandTable 定義了每個 Redis 指令與對應的處理函數，讀者
> 可以從這裡尋找感興趣的指令的處理函數。

```
struct redisCommand redisCommandTable[] = {
    ...
    {"get",getCommand,2,
     "read-only fast @string",
     0,NULL,1,1,1,0,0,0},

    {"set",setCommand,-3,
     "write use-memory @string",
     0,NULL,1,1,1,0,0,0},
    ...
}
```

GET 指令的處理函數為 getCommand，SET 指令的處理函數為
setCommand，依此類推。

另外，我們可以透過 TYPE 指令查看資料物件類型，透過 OBJECT
ENCODING 指令查看編碼：

```
> SET msg "hello world"
OK
> TYPE msg
string
> OBJECT ENCODING  msg
"embstr"
> SET Introduction "Redis is an open source (BSD licensed), in-memory
data structure store, used as a database, cache and message broker. "
OK
> TYPE Introduction
string
> OBJECT ENCODING  info
"raw"
> SET page 1
OK
> TYPE page
string
> OBJECT ENCODING  page
"int"
```

《複習》

- Redis 中的所有鍵和值都是 redisObject 變數。
- sds 是 Redis 定義的字串類型，支援二進位安全、擴充。
- sds 可以在常數時間內獲取字串長度，並使用預分配記憶體機制減少記憶體拷貝次數。
- Redis 對資料編碼的主要目的是最大限度地節省記憶體。字串類型可以使用 OBJ_ENCODING_ RAW、OBJ_ENCODING_EMBSTR、OBJ_ENCODING_INT 編碼格式。

串列

串列類型可以儲存一組按插入順序排序的字串,它非常靈活,支援在兩端插入、彈出資料,可以充當堆疊和佇列的角色。

```
> LPUSH fruit apple
(integer) 1
> RPUSH fruit banana
(integer) 2
> RPOP fruit
"banana"
> LPOP fruit
"apple"
```

本章探討 Redis 中串列類型的實現。

2.1 ziplist

使用陣列和鏈結串列結構都可以實現串列類型。Redis 中使用的是鏈結串列結構。下面是一種常見的鏈結串列實現方式 adlist.h:

```
typedef struct listNode {
    struct listNode *prev;
    struct listNode *next;
    void *value;
} listNode;

typedef struct list {
    listNode *head;
```

```
    listNode *tail;
    void *(*dup)(void *ptr);
    void (*free)(void *ptr);
    int (*match)(void *ptr, void *key);
    unsigned long len;
} list;
```

Redis 內部使用該鏈結串列保存執行資料，如主服務下所有的從伺服器資訊。

但 Redis 並不使用該鏈結串列保存使用者列表資料，因為它對記憶體管理不夠友善：

（1）鏈結串列中每一個節點都佔用獨立的一塊記憶體，導致記憶體碎片過多。

（2）鏈結串列節點中前後節點指標佔用過多的額外記憶體。

讀者可以思考一下，用什麼結構可以比較好地解決上面的兩個問題？沒錯，陣列。ziplist 是一種類似陣列的緊湊型鏈結串列格式。它會申請一整塊記憶體，在這個記憶體上存放該鏈結串列所有資料，這就是 ziplist 的設計思想。

2.1.1 定義

ziplist 整體佈局如下：

```
<zlbytes> <zltail> <zllen> <entry> <entry> ... <entry> <zlend>
```

- zlbytes：uint32_t，記錄整個 ziplist 佔用的位元組數，包括 zlbytes 佔用的 4 位元組。
- zltail：uint32_t，記錄從 ziplist 起始位置到最後一個節點的偏移量，用於支持鏈結串列從尾部彈出或反向（從尾到頭）遍歷鏈結串列。
- zllen：uint16_t，記錄節點數量，如果存在超過 2^{16}-2 個節點，則這個值設定為 216-1，這時需要遍歷整個 ziplist 獲取真正的節點數量。

- zlend：uint8_t，一個特殊的標示節點，等於 255，標示 ziplist 結尾。其他節點資料不會以 255 開頭。

entry 就是 ziplist 中保存的節點。entry 的格式如下：

```
<prevlen> <encoding> <entry-data>
```

- entry-data：該節點元素，即節點儲存的資料。
- prevlen：記錄前驅節點長度，單位為位元組，該屬性長度為 1 位元組或 5 位元組。
  - 如果前驅節點長度小於 254，則使用 1 位元組儲存前驅節點長度。
  - 不然使用 5 位元組，並且第一個位元組固定為 254，剩下 4 個位元組儲存前驅節點長度。
- encoding：代表目前節點元素的編碼格式，包含編碼類型和節點長度。一個 ziplist 中，不同節點元素的編碼格式可以不同。編碼格式規範如下：
  ① 00pppppp（pppppp 代表 encoding 的低 6 位元，下同）：字串編碼，長度小於或等於 63（2^6-1），長度存放在 encoding 的低 6 位元中。
  ② 01pppppp：字串編碼，長度小於或等於 16383（214-1），長度存放在 encoding 的後 6 位元和 encoding 後 1 位元組中。
  ③ 10000000：字串編碼，長度大於 16383（214-1），長度存放在 encoding 後 4 位元組中。
  ④ 11000000：數值編碼，類型為 int16_t，佔用 2 位元組。
  ⑤ 11010000：數值編碼，類型為 int32_t，佔用 4 位元組。
  ⑥ 11100000：數值編碼，類型為 int64_t，佔用 8 位元組。
  ⑦ 11110000：數值編碼，使用 3 位元組保存一個整數。
  ⑧ 11111110：數值編碼，使用 1 位元組保存一個整數。
  ⑨ 1111xxxx：使用 encoding 低 4 位元儲存一個整數，儲存數值範圍為 0 ～ 12。該編碼下 encoding 低 4 位元的可用範圍為 0001 ～ 1101，encoding 低 4 位元減 1 為實際儲存的值。
  ⑩ 11111111：255，ziplist 結束節點。

注意第②、③種編碼格式，除了 encoding 屬性，還需要額外的空間儲存節點元素長度。第⑨種格式也比較特殊，節點元素直接存放在 encoding 屬性上。該編碼是針對小數字的最佳化。這時 entry-data 為空。

2.1.2　位元組序

encoding 屬性使用多個位元組儲存節點元素長度，這種多位元組資料儲存在電腦記憶體中或進行網路傳輸時的位元組順序稱為位元組序，位元組序有兩種類型：大端位元組序和小端位元組序。

- 大端位元組序：低位元組資料保存在記憶體高位址位置，高位元組資料保存在記憶體低位址位置。
- 小端位元組序：低位元組資料保存在記憶體低位址位置，高位元組資料保存在記憶體高位址位置。

數值 0X44332211 的大端位元組序和小端位元組序儲存方式如圖 2-1 所示。

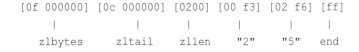

▲ 圖 2-1

CPU 處理指示通常是按照記憶體位址增長方向執行的。使用小端位元組序，CPU 可以先讀取並處理低位元組，執行計算的借位、進位操作時效率更高。大端位元組序則更符合人們的讀寫習慣。

ziplist 採取的是小端位元組序。

下面是 Redis 提供的簡單例子：

```
[0f 000000] [0c 000000] [0200] [00 f3] [02 f6] [ff]
     |           |         |        |       |      |
   zlbytes     zltail    zllen     "2"     "5"    end
```

- [0f 000000]：zlbytes 為 15，代表整個 ziplist 佔用 15 位元組，注意該數值以小端位元組序儲存。
- [0c 000000]：zltail 為 12，代表從 ziplist 起始位置到最後一個節點（[02 f6]）的偏移量。
- [0200]：zllen 為 2，代表 ziplist 中有 2 個節點。
- [00 f3]：00 代表前一個節點長度，f3 使用了 encoding 第⑨種編碼格式，儲存資料為 encoding 低 4 位元減 1，即 2。
- [02 f6]：02 代表前一個節點長度為 2 位元組，f5 編碼格式同上，儲存資料為 5。
- [ff]：結束標示節點。

ziplist 是 Redis 中比較複雜的資料結構，希望讀者結合上述屬性說明和例子，了解 ziplist 中資料的存放格式。

2.1.3 操作分析

提示
本節以下程式如無特殊說明，均在 ziplist.h、ziplist.c 中。

ziplistFind 函數負責在 ziplist 中尋找元素：

```
unsigned char *ziplistFind(unsigned char *p, unsigned char *vstr,
unsigned int vlen, unsigned int skip) {
    int skipcnt = 0;
    unsigned char vencoding = 0;
    long long vll = 0;

    while (p[0] != ZIP_END) {
        unsigned int prevlensize, encoding, lensize, len;
        unsigned char *q;
        // [1]
        ZIP_DECODE_PREVLENSIZE(p, prevlensize);
        // [2]
```

```
    ZIP_DECODE_LENGTH(p + prevlensize, encoding, lensize, len);
    q = p + prevlensize + lensize;

    if (skipcnt == 0) {
        // [3]
        if (ZIP_IS_STR(encoding)) {
            if (len == vlen && memcmp(q, vstr, vlen) == 0) {
                return p;
            }
        } else {
            // [4]
            if (vencoding == 0) {
                if (!zipTryEncoding(vstr, vlen, &vll, &vencoding)) {
                    vencoding = UCHAR_MAX;
                }
                assert(vencoding);
            }

            // [5]
            if (vencoding != UCHAR_MAX) {
                long long ll = zipLoadInteger(q, encoding);
                if (ll == vll) {
                    return p;
                }
            }
        }

        // [6]
        skipcnt = skip;
    } else {
        skipcnt--;
    }

    // [7]
    p = q + len;
}

return NULL;
}
```

參數說明：

- p：指定從 ziplist 哪個節點開始尋找。
- vstr、vlen：待查找元素的內容和長度。
- skip：間隔多少個節點才執行一次元素比較操作。

【1】 計算目前節點 prevlen 屬性長度是 1 位元組還是 5 位元組，結果存放在 prevlensize 變數中。

【2】 計算目前節點相關屬性，結果存放在以下變數中：
- encoding：節點編碼格式。
- lensize：額外存放節點元素長度的位元組數，第②、③種格式的 encoding 編碼需要額外的空間存放節點元素長度。
- len：節點元素的長度。

【3】 如果目前節點元素是字串編碼，則比較 String 的內容，若相等則返回。

【4】 目前節點元素是數值編碼，並且還沒有對待尋找內容 vstr 進行編碼，則對它進行編碼操作（編碼操作只執行一次），編碼後的數值儲存在 vll 變數中。

【5】 如果上一步編碼成功（待查找內容也是數值），則比較編碼後的結果，否則不需要比較編碼結果。zipLoadInteger 函數從節點元素中提取節點儲存的數值，與上一步得到的 vll 變數進行比較。

【6】 skipcnt 不為 0，直接跳過節點並將 skipcnt 減 1，直到 skipcnt 為 0 才比較資料。

【7】 p 指向 p + prevlensize + lensize + len（資料長度），得到下一個節點的起始位置。

提示

由於原始程式中部分函數太長，為了版面整潔，本書將其劃分為多個程式碼部分，並使用 "// more" 標示該函數後續還有其他程式碼部分，請讀者留意該標示。

下面看一下如何在 ziplist 中插入節點：

```
unsigned char *__ziplistInsert(unsigned char *zl, unsigned char *p,
unsigned char *s, unsigned int slen) {
    ...
    // [1]
    if (p[0] != ZIP_END) {
        ZIP_DECODE_PREVLEN(p, prevlensize, prevlen);
    } else {
        unsigned char *ptail = ZIPLIST_ENTRY_TAIL(zl);
        if (ptail[0] != ZIP_END) {
            prevlen = zipRawEntryLength(ptail);
        }
    }

    // [2]
    if (zipTryEncoding(s,slen,&value,&encoding)) {
        reqlen = zipIntSize(encoding);
    } else {
        reqlen = slen;
    }

    // [3]
    reqlen += zipStorePrevEntryLength(NULL,prevlen);
    reqlen += zipStoreEntryEncoding(NULL,encoding,slen);

    // [4]
    int forcelarge = 0;
    nextdiff = (p[0] != ZIP_END) ? zipPrevLenByteDiff(p,reqlen) : 0;
    if (nextdiff == -4 && reqlen < 4) {
        nextdiff = 0;
        forcelarge = 1;
    }

    // more
}
```

參數說明：

■ zl：待插入 ziplist。

- p：指向插入位置的後驅節點。
- s、slen：待插入元素的內容和長度。

【1】 計算前驅節點長度並存放到 prevlen 變數中。

如果 p 沒有指向 ZIP_END，則可以直接取 p 節點的 prevlen 屬性，
否則需要透過 ziplist.zltail 找到前驅節點，再獲取前驅節點的長度。

【2】 對待插入元素的內容進行編碼，並將內容的長度存放在 reqlen 變數中。

zipTryEncoding 函數嘗試將元素內容編碼為數值，如果元素內容
能編碼為數值，則該函數傳回 1，這時 value 指向編碼後的值，
encoding 儲存對應編碼格式，否則傳回 0。

【3】 zipStorePrevEntryLength 函數計算 prevlen 屬性的長度（1 位元組或
5 位元組）。

zipStoreEntryEncoding 函數計算額外存放節點元素長度所需位元組
數（encoding 編碼中第②、③種格式）。reqlen 變數值增加這兩個函
數的傳回值後成為插入節點長度。

【4】 zipPrevLenByteDiff 函數計算後驅節點 prevlen 屬性長度需調整多少
個位元組，結果存放在 nextdiff 變數中。

假如 p 指向節點為 e2，而插入前 e2 的前驅節點為 e1，e2 的 prevlen
儲存 e1 的長度。

插入後 e2 的前驅節點為插入節點，這時 e2 的 prevlen 應該儲存插入節點
長度，所以 e2 的 prevlen 需要修改。圖 2-2 展示了一個簡單範例。

entry-data:1024 代表 entry-data 佔用 1024 位元組，其他屬性含義相同

▲ 圖 2-2

從圖 2-2 可以看到，後驅節點 e2 的 prevlen 屬性長度從 1 變成了 5，則
nextdiff 變數為 4。

如果插入節點長度小於 4，並且原後驅節點 e2 的 prevlen 屬性長度為 5，則這時設定 forcelarge 為 1，代表強制保持後驅節點 e2 的 prevlen 屬性長度不變。讀者可以思考一下，為什麼要這樣設計？

繼續分析 __ziplistInsert 函數：

```
unsigned char *__ziplistInsert(unsigned char *zl, unsigned char *p,
unsigned char *s, unsigned int slen) {
    ...
    // [5]
    offset = p-zl;
    zl = ziplistResize(zl,curlen+reqlen+nextdiff);
    p = zl+offset;

    if (p[0] != ZIP_END) {
        // [6]
        memmove(p+reqlen,p-nextdiff,curlen-offset-1+nextdiff);

        // [7]
        if (forcelarge)
            zipStorePrevEntryLengthLarge(p+reqlen,reqlen);
        else
            zipStorePrevEntryLength(p+reqlen,reqlen);

        // [8]
        ZIPLIST_TAIL_OFFSET(zl) =
            intrev32ifbe(intrev32ifbe(ZIPLIST_TAIL_OFFSET(zl))+reqlen);
        // [9]
        zipEntry(p+reqlen, &tail);
        if (p[reqlen+tail.headersize+tail.len] != ZIP_END) {
            ZIPLIST_TAIL_OFFSET(zl) =
                intrev32ifbe(intrev32ifbe(ZIPLIST_TAIL_
OFFSET(zl))+nextdiff);
        }
    } else {
        // [10]
        ZIPLIST_TAIL_OFFSET(zl) = intrev32ifbe(p-zl);
    }
```

```
// [11]
if (nextdiff != 0) {
    offset = p-zl;
    zl = __ziplistCascadeUpdate(zl,p+reqlen);
    p = zl+offset;
}

// [12]
p += zipStorePrevEntryLength(p,prevlen);
p += zipStoreEntryEncoding(p,encoding,slen);
if (ZIP_IS_STR(encoding)) {
    memcpy(p,s,slen);
} else {
    zipSaveInteger(p,value,encoding);
}
// [13]
ZIPLIST_INCR_LENGTH(zl,1);
return zl;
}
```

【5】 重新為 ziplist 分配記憶體，主要是為插入節點申請空間。新 ziplist
    的記憶體大小為 curlen+reqlen+nextdiff（curlen 變數為插入前 ziplist
    長度）。將 p 重新設定值為 zl+offset（offset 變數為插入節點的偏移
    量），是因為 ziplistResize 函數可能會為 ziplist 申請新的記憶體位
    址。
    下面針對存在後驅節點的場景進行處理。

【6】 將插入位置後面所有的節點後移，為插入節點騰出空間。移動空間
    的起始位址為 p-nextdiff，減去 nextdiff 是因為後驅節點的 prevlen
    屬性需要調整 nextdiff 長度。移動空間的長度為 curlen-offset-
    1+nextdiff，減 1 是因為最後的結束標示節點已經在 ziplistResize 函
    數中設定了。
    memmove 是 C 語言提供的記憶體移動函數。

【7】 修改後驅節點的 prevlen 屬性。

【8】 更新 ziplist.zltail，將其加上 reqlen 的值。

【9】　如果存在多個後驅節點，則 ziplist.zltail 還要加上 nextdiff 的值。
　　　如果只有一個後驅節點，則不需要加上 nextdiff，因為這時後驅節
　　　點大小變化了 nextdiff，但後驅節點只移動了 reqlen。

提示

zipEntry 函數會將指定節點的所有資訊設定值到 zlentry 結構中。zlentry 結構
用於在計算過程中存放節點資訊，實際儲存資料格式並不使用該結構。讀者
不要被 tail 這個變數名稱誤導，它只是指向插入節點的後驅節點，並不一定指
向尾節點。

【10】這裡針對不存在後驅節點的場景進行處理，只需更新最後一個節點
　　　偏移量 ziplist.zltail。

【11】串聯更新。

【12】寫入插入資料。

【13】更新 ziplist 節點數量 ziplist.zllen。

解釋一下以下程式：

```
ZIPLIST_TAIL_OFFSET(zl) = intrev32ifbe(intrev32ifbe(ZIPLIST_TAIL_
OFFSET(zl))+reqlen);
```

intrev32ifbe 函數完成以下工作：如果主機使用的小端位元組序，則不做
處理。如果主機使用的大端位元組序，則反轉資料位元組序（資料第 1
位元與第 4 位元、第 2 位元與第 3 位元交換），如果資料是大端位元組
序，則轉化為小端位元組序，如果資料是小端位元組序，則轉化為大端
位元組序。

如果主機 CPU 使用的是小端位元組序，則 intrev32ifbe 函數不做任何處
理。

如果主機 CPU 使用的是大端位元組序，則從記憶體取出資料後，先呼叫
intrev32ifbe 函數將資料轉化為大端位元組序後再計算。計算完成後，呼
叫 intrev32ifbe 函數將資料轉化為小端位元組序後再存入記憶體。

2.1.4 串聯更新

例 2-1：

考慮一種極端場景，在 ziplist 的 e2 節點前插入一個新的節點 ne，元素資料長度為 254，如圖 2-3 所示。

e1	e2	e3
…	prevlen:1	prevlen:1
	encoding:1	encoding:1
	entry-data:251	entry-data:251

entry-data:251 代表 entry-data 佔用 251 位元組，其他屬性含義相同

▲ 圖 2-3

插入節點如圖 2-4 所示。

e1	ne	e2	e3
…	prevlen:1	prevlen:5	prevlen:5
	encoding:1	encoding:1	encoding:1
	entry-data:254	entry-data:251	entry-data:251

▲ 圖 2-4

插入節點後 e2 的 prevlen 屬性長度需要更新為 5 位元組。

注意 e3 的 prevlen，插入前 e2 的長度為 253，所以 e3 的 prevlen 屬性長度為 1 位元組，插入新節點後，e2 的長度為 257，那麼 e3 的 prevlen 屬性長度也要更新了，這就是串聯更新。在極端情況下，e3 後續的節點也要繼續更新 prevlen 屬性。

我們看一下串聯更新的實現：

```
unsigned char *__ziplistCascadeUpdate(unsigned char *zl, unsigned char
*p) {
    size_t curlen = intrev32ifbe(ZIPLIST_BYTES(zl)), rawlen, rawlensize;
    size_t offset, noffset, extra;
    unsigned char *np;
    zlentry cur, next;
    // [1]
```

```
while (p[0] != ZIP_END) {
    // [2]
    zipEntry(p, &cur);
    rawlen = cur.headersize + cur.len;
    rawlensize = zipStorePrevEntryLength(NULL,rawlen);

    if (p[rawlen] == ZIP_END) break;
    // [3]
    zipEntry(p+rawlen, &next);

    if (next.prevrawlen == rawlen) break;
    // [4]
    if (next.prevrawlensize < rawlensize) {
        // [5]
        offset = p-zl;
        extra = rawlensize-next.prevrawlensize;
        zl = ziplistResize(zl,curlen+extra);
        p = zl+offset;

        // [6]
        np = p+rawlen;
        noffset = np-zl;

        if ((zl+intrev32ifbe(ZIPLIST_TAIL_OFFSET(zl))) != np) {
            ZIPLIST_TAIL_OFFSET(zl) =
                intrev32ifbe(intrev32ifbe(ZIPLIST_TAIL_OFFSET(zl))+
extra);
        }

        // [7]
        memmove(np+rawlensize,
            np+next.prevrawlensize,
            curlen-noffset-next.prevrawlensize-1);
        zipStorePrevEntryLength(np,rawlen);

        // [8]
        p += rawlen;
        curlen += extra;
    } else {
```

```
        // [9]
        if (next.prevrawlensize > rawlensize) {
            zipStorePrevEntryLengthLarge(p+rawlen,rawlen);
        } else {
            // [10]
            zipStorePrevEntryLength(p+rawlen,rawlen);
        }
        // [11]
        break;
    }
}
return zl;
}
```

參數說明：

- p：p 指向插入節點的後驅節點，為了描述方便，下面將 p 指向的節點稱為目前節點。

【1】 如果遇到 ZIP_END，則退出迴圈。

【2】 如果下一個節點是 ZIP_END，則退出。

rawlen 變數為目前節點長度，rawlensize 變數為目前節點長度佔用的位元組數。

p[rawlen] 即 p 的後驅節點的第一個位元組。

【3】 計算後驅節點資訊。如果後驅節點的 prevlen 等於目前節點的長度，則退出。

【4】 假設儲存目前節點長度需要使用 actprevlen（1 或 5）個位元組，這裡需要處理 3 種情況。情況 1：後驅節點的 prevlen 屬性長度小於 actprevlen，這時需要擴充，如例 2-1 中的場景。

【5】 重新為 ziplist 分配記憶體。

【6】 如果後驅節點非 ZIP_END，則需要修改 ziplist.zltail 屬性。

【7】 將目前節點後面所有的節點後移，騰出空間用來修改後驅節點的 prevlen。

【8】 將 p 指標指向後驅節點，繼續處理後面節點的 prevlen。

【9】 情況 2：後驅節點的 prevlen 屬性長度大於 actprevlen，這時需要縮容。為了不讓串聯更新繼續下去，這時強制後驅節點的 prevlen 保持不變。

【10】 情況 3：後驅節點的 prevlen 屬性長度等於 actprevlen，只要修改後驅節點 prevlen 值，不需要調整 ziplist 的大小。

【11】 情況 2 和情況 3 中串聯更新不需要繼續，退出。

回到上面 __ziplistInsert 函數中為什麼要設定 forcelarge 為 1 的問題，這樣是為了避免插入小節點時，導致串聯更新現象的出現，所以強制保持後驅節點的 prevlen 屬性長度不變。

從上面的分析我們可以看到，串聯更新下的性能是非常糟糕的，而且程式複雜度也高，那麼怎麼解決這個問題呢？我們先看一下為什麼需要使用 prevlen 這個屬性？這是因為反向遍歷時，每向前跨過一個節點，都必須知道前面這個節點的長度。

既然這樣，我們把每個節點長度都保存一份到節點的最後位置，反在遍歷時，直接從前一個節點的最後位置獲取前一個節點的長度不就可以了嗎？而且這樣每個節點都是獨立的，插入或刪除節點都不會有串聯更新的現象。以這種設計為基礎，Redis 作者設計另一種結構 listpack。設計 listpack 的目的是取代 ziplist，但是 ziplist 使用範圍比較廣，替換起來比較複雜，所以目前只應用在新增加的 Stream 結構中。等到我們分析 Stream 時再討論 listpack 的設計。由此可見，優秀的設計並不是一蹴而就的。

ziplist 提供常用函數如表 2-1 所示。

表 2-1

函數	作用
ziplistNew	建立一個空的 ziplist
ziplistPush	在 ziplist 頭部或尾部增加元素

函數	作用
ziplistInsert	插入元素到 ziplist 指定位置
ziplistFind	尋找指定的元素
ziplistDelete	刪除指定節點

即使使用新的 listpack 格式，每插入一個新節點，也還可能需要進行兩次記憶體拷貝。

（1）為整個鏈結串列分配新記憶體空間，主要是為新節點建立空間。

（2）將插入節點所有後驅節點後移，為插入節點騰出空間。

如果鏈結串列很長，則每次插入或刪除節點時都需要進行大量的記憶體拷貝，這個性能是無法接受的，那麼如何解決這個問題呢？這時就要用到 quicklist 了。

2.2　quicklist

quicklist 的設計思想很簡單，將一個長 ziplist 拆分為多個短 ziplist，避免插入或刪除元素時導致大量的記憶體拷貝。

ziplist 儲存資料的形式更類似於陣列，而 quicklist 是真正意義上的鏈結串列結構，它由 quicklistNode 節點連結而成，在 quicklistNode 中使用 ziplist 儲存資料。

> **提示**
>
> 本節以下程式如無特殊說明，均位於 quicklist.h/quicklist.c 中。

本節以下說的「節點」，如無特殊說明，都指 quicklistNode 節點，而非 ziplist 中的節點。

2.2.1 定義

quicklistNode 的定義如下：

```
typedef struct quicklistNode {
    struct quicklistNode *prev;
    struct quicklistNode *next;
    unsigned char *zl;
    unsigned int sz;
    unsigned int count : 16;
    unsigned int encoding : 2;
    unsigned int container : 2;
    unsigned int recompress : 1;
    unsigned int attempted_compress : 1;
    unsigned int extra : 10;
} quicklistNode;
```

- prev、next：指向前驅節點，後驅節點。
- zl：ziplist，負責儲存資料。
- sz：ziplist 佔用的位元組數。
- count：ziplist 的元素數量。
- encoding：2 代表節點已壓縮，1 代表沒有壓縮。
- container：目前固定為 2，代表使用 ziplist 儲存資料。
- recompress：1 代表暫時解壓（用於讀取資料等），後續需要時再將其壓縮。
- extra：預留屬性，暫未使用。

當鏈結串列很長時，中間節點資料存取頻率較低。這時 Redis 會將中間節點資料進行壓縮，進一步節省記憶體空間。Redis 採用的是無失真壓縮演算法—LZF 演算法。

壓縮後的節點定義如下：

```
typedef struct quicklistLZF {
    unsigned int sz;
```

```
    char compressed[];
} quicklistLZF;
```

- sz：壓縮後的 ziplist 大小。
- compressed：存放壓縮後的 ziplist 位元組陣列。

quicklist 的定義如下：

```
typedef struct quicklist {
    quicklistNode *head;
    quicklistNode *tail;
    unsigned long count;
    unsigned long len;
    int fill : QL_FILL_BITS;
    unsigned int compress : QL_COMP_BITS;
    unsigned int bookmark_count: QL_BM_BITS;
    quicklistBookmark bookmarks[];
} quicklist;
```

- head、tail：指向頭節點、尾節點。
- count：所有節點的 ziplist 的元素數量總和。
- len：節點數量。
- fill：16bit，用於判斷節點 ziplist 是否已滿。
- compress：16bit，存放節點壓縮設定。

quicklist 的結構如圖 2-5 所示。

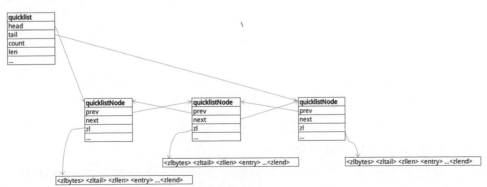

▲ 圖 2-5

2.2.2　操作分析

插入元素到 quicklist 頭部：

```
int quicklistPushHead(quicklist *quicklist, void *value, size_t sz) {
    quicklistNode *orig_head = quicklist->head;
    // [1]
    if (likely(
            _quicklistNodeAllowInsert(quicklist->head, quicklist->fill,
sz))) {
        // [2]
        quicklist->head->zl =
            ziplistPush(quicklist->head->zl, value, sz, ZIPLIST_HEAD);
        // [3]
        quicklistNodeUpdateSz(quicklist->head);
    } else {
        // [4]
        quicklistNode *node = quicklistCreateNode();
        node->zl = ziplistPush(ziplistNew(), value, sz, ZIPLIST_HEAD);

        quicklistNodeUpdateSz(node);
        _quicklistInsertNodeBefore(quicklist, quicklist->head, node);
    }
    quicklist->count++;
    quicklist->head->count++;
    return (orig_head != quicklist->head);
}
```

參數說明：

■ value、sz：插入元素的內容與大小。

【1】 判斷 head 節點 ziplist 是否已滿，_quicklistNodeAllowInsert 函數中根據 quicklist.fill 屬性判斷節點是否已滿。

【2】 head 節點未滿，直接呼叫 ziplistPush 函數，插入元素到 ziplist 中。

【3】 更新 quicklistNode.sz 屬性。

【4】 head 節點已滿，建立一個新節點，將元素插入新節點的 ziplist 中，再將該節點頭插入 quicklist 中。

也可以在 quicklist 的指定位置插入元素：

```
REDIS_STATIC void _quicklistInsert(quicklist *quicklist, quicklistEntry
*entry,
                                    void *value, const size_t sz, int
after) {
    int full = 0, at_tail = 0, at_head = 0, full_next = 0, full_prev = 0;
    int fill = quicklist->fill;
    quicklistNode *node = entry->node;
    quicklistNode *new_node = NULL;
    ...
    // [1]
    if (!_quicklistNodeAllowInsert(node, fill, sz)) {
        full = 1;
    }

    if (after && (entry->offset == node->count)) {
        at_tail = 1;
        if (!_quicklistNodeAllowInsert(node->next, fill, sz)) {
            full_next = 1;
        }
    }

    if (!after && (entry->offset == 0)) {
        at_head = 1;
        if (!_quicklistNodeAllowInsert(node->prev, fill, sz)) {
            full_prev = 1;
        }
    }
    // [2]
    ...
}
```

參數說明：

- entry：quicklistEntry 結構，quicklistEntry.node 指定元素插入的 quicklistNode 節點，quicklistEntry.offset 指定插入 ziplist 的索引位置。
- after：是否在 quicklistEntry.offset 之後插入。

【1】　根據參數設定以索引示。

- full：待插入節點 ziplist 是否已滿。
- at_tail：是否 ziplist 尾部插入。
- at_head：是否 ziplist 頭部插入。
- full_next：後驅節點是否已滿。
- full_prev：前驅節點是否已滿。

> **提示**
>
> 頭部插入指插入鏈結串列頭部，尾部插入指插入鏈結串列尾部。

【2】　根據上面的標示進行處理，程式較繁瑣，這裡不再列出。

這裡的執行邏輯如表 2-2 所示。

表 2-2

條件	條件說明	處理方式
!full && after	待插入節點未滿，ziplist 尾部插入	再次檢查 ziplist 插入位置是否存在後驅元素，如果不存在則呼叫 ziplistPush 函數插入元素（更快），否則呼叫 ziplistInsert 插入元素
!full && !after	待插入節點未滿，非 ziplist 尾部插入	呼叫 ziplistInsert 函數插入元素
full && at_tail && node -> next && !full_next && after	待插入節點已滿，尾部插入，後驅節點未滿	將元素插入後驅節點 ziplist 中
full && at_head && node -> prev && !full_prev && !after	待插入節點已滿，ziplist 頭部插入，前驅節點未滿	將元素插入前驅節點 ziplist 中
full && ((at_tail && node -> next && full_next && after) ||(at_head && node->prev && full_prev && !after))	待插入節點已滿，尾部插入且後驅節點已滿，或頭部插入且前驅節點已滿	建構一個新節點，將元素插入新節點，並根據 after 參數將新節點插入 quicklist 中

條件	條件說明	處理方式
full	待插入節點已滿,並且在節點 ziplist 中間插入	將插入節點的資料拆分到兩個節點中,再插入拆分後的新節點中

我們只看最後一種場景的實現:

```
// [1]
quicklistDecompressNodeForUse(node);
// [2]
new_node = _quicklistSplitNode(node, entry->offset, after);
new_node->zl = ziplistPush(new_node->zl, value, sz,
                           after ? ZIPLIST_HEAD : ZIPLIST_TAIL);
new_node->count++;
quicklistNodeUpdateSz(new_node);
// [3]
__quicklistInsertNode(quicklist, node, new_node, after);
// [4]
_quicklistMergeNodes(quicklist, node);
```

【1】 如果節點已壓縮,則解壓節點。

【2】 從插入節點中拆分出一個新節點,並將元素插入新節點中。

【3】 將新節點插入 quicklist 中。

【4】 嘗試合併節點。_quicklistMergeNodes 嘗試執行以下操作:

- 將 node->prev->prev 合併到 node->prev。
- 將 node->next 合併到 node->next->next。
- 將 node->prev 合併到 node。
- 將 node 合併到 node->next。

合併條件:如果合併後節點大小仍滿足 quicklist.fill 參數要求,則合併節點。

這個場景處理與 B+ 樹的節點分裂合併有點相似。

quicklist 常用的函數如表 2-3 所示。

表 2-3

函數	作用
quicklistCreate、quicklistNew	建立一個空的 quicklist
quicklistPushHead，quicklistPushTail	在 quicklist 頭部、尾部插入元素
quicklistIndex	尋找指定索引的 quicklistEntry 節點
quicklistDelEntry	刪除指定的元素

設定說明：

■ list-max-ziplist-size：設定 server.list_max_ziplist_size 屬性，該值會設定值給 quicklist.fill。取正值，表示 quicklist 節點的 ziplist 最多可以存放多少個元素。舉例來說，設定為 5，表示每個 quicklist 節點的 ziplist 最多包含 5 個元素。取負值，表示 quicklist 節點的 ziplist 最多佔用位元組數。這時，它只能取 -1 到 -5 這五個值（預設值為 -2），每個值的含義如下：

  • -5：每個 quicklist 節點上的 ziplist 大小不能超過 64 KB。
  • -4：每個 quicklist 節點上的 ziplist 大小不能超過 32 KB。
  • -3：每個 quicklist 節點上的 ziplist 大小不能超過 16 KB。
  • -2：每個 quicklist 節點上的 ziplist 大小不能超過 8 KB。
  • -1：每個 quicklist 節點上的 ziplist 大小不能超過 4 KB。

■ list-compress-depth：設定 server.list_compress_depth 屬性，該值會設定值給 quicklist.compress。

  • m0：表示節點都不壓縮，Redis 的預設設定。
  • m1：表示 quicklist 兩端各有 1 個節點不壓縮，中間的節點壓縮。
  • m2：表示 quicklist 兩端各有 2 個節點不壓縮，中間的節點壓縮。
  • m3：表示 quicklist 兩端各有 3 個節點不壓縮，中間的節點壓縮。

■ 依此類推。

2.2.3 編碼

ziplist 由於結構緊湊,能高效使用記憶體,所以在 Redis 中被廣泛使用,可用於保存使用者串列、雜湊、有序集合等資料。

串列類型只有一種編碼格式 OBJ_ENCODING_QUICKLIST, 使用 quicklist 儲存資料(redisObject.ptr 指向 quicklist 結構)。串列類型的實現程式在 t_list.c 中,讀者可以查看原始程式了解實現更多細節。

《複習》

- ziplist 是一種結構緊湊的資料結構,使用一塊完整記憶體儲存鏈結串列的所有資料。
- ziplist 內的元素支援不同的編碼格式,以最大限度地節省記憶體。
- quicklist 透過切分 ziplist 來提高插入、刪除元素等操作的性能。
- 鏈結串列的編碼格式只有 OBJ_ENCODING_QUICKLIST。

雜湊

雜湊類型可以儲存一組無序的鍵值對，它特別適用於儲存一個物件資料。

```
> HSET fruit name apple price 7.6 origin china
3
> HGET fruit price
"7.6"
```

本章探討 Redis 中雜湊類型的設計與實現。

3.1 字典

Redis 通常使用字典結構儲存使用者雜湊資料。

字典是 Redis 的重要資料結構。除了雜湊類型，Redis 資料庫也使用了字典結構。

Redis 使用 Hash 表實現字典結構。分析 Hash 表，我們通常關注以下幾個問題：

（1）使用什麼 Hash 演算法？
（2）Hash 衝突如何解決？
（3）Hash 表如何擴充？

> **提示**
>
> 本章程式如無特別說明，均在 dict.h、dict.c 中。

3.1.1 定義

字典中鍵值對的定義如下：

```
typedef struct dictEntry {
    void *key;
    union {
        void *val;
        uint64_t u64;
        int64_t s64;
        double d;
    } v;
    struct dictEntry *next;
} dictEntry;
```

- key、v：鍵、值。
- next：下一個鍵值對指標。可見 Redis 字典使用鏈結串列法解決 Hash 衝突的問題。

> **提示**
>
> C 語言 union 關鍵字用於宣告共用體，共用體的所有屬性共用同一空間，同一時間只能儲存其中一個屬性值。也就是說，dictEntry.v 可以存放 val、u64、s64、d 中的屬性值。使用 sizeof 函數計算共用體大小，結果不會小於共用體中最大的成員屬性大小。

字典中 Hash 表的定義如下：

```
typedef struct dictht {
    dictEntry **table;
    unsigned long size;
    unsigned long sizemask;
    unsigned long used;
} dictht;
```

- table：Hash 表陣列，負責儲存資料。
- used：記錄儲存鍵值對的數量。
- size：Hash 表陣列長度。

dictht 的結構如圖 3-1 所示。

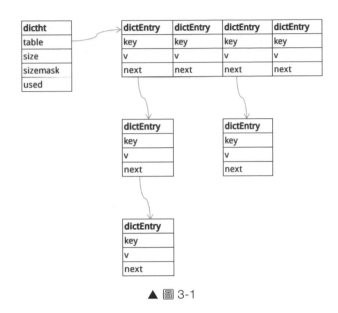

▲ 圖 3-1

字典的定義如下：

```
typedef struct dict {
    dictType *type;
    void *privdata;
    dictht ht[2];
    long rehashidx;
    unsigned long iterators;
} dict;
```

- type：指定操作資料的函數指標。
- ht[2]：定義兩個 Hash 表用於實現字典擴充機制。通常場景下只使用 ht[0]，而在擴充時，會建立 ht[1]，並在操作資料時中逐步將 ht[0] 的資料移到 ht[1] 中。
- rehashidx：下一次執行擴充單步作業要遷移的 ht[0]Hash 表陣列索引，-1 代表目前沒有進行擴充操作。
- iterators：目前執行的迭代器數量，迭代器用於遍歷字典鍵值對。

dictType 定義了字典中用於操作資料的函數指標，這些函數負責實現資料複製、比較等操作。

```
typedef struct dictType {
    uint64_t (*hashFunction)(const void *key);
    void *(*keyDup)(void *privdata, const void *key);
    void *(*valDup)(void *privdata, const void *obj);
    int (*keyCompare)(void *privdata, const void *key1, const void *key2);
    void (*keyDestructor)(void *privdata, void *key);
    void (*valDestructor)(void *privdata, void *obj);
} dictType;
```

透過 dictType 指定操作資料的函數指標，字典就可以存放不同類型的資料了。但在一個字典中，鍵、值可以是不同的類型，但鍵必須類型相同，值也必須類型相同。

Redis 為不同的字典定義了不同的 dictType，如資料庫使用的 server.c/dbDictType，雜湊類型使用的 server.c/setDictType 等。

3.1.2 操作分析

dictAddRaw 函數可以在字典中插入或尋找鍵：

```
dictEntry *dictAddRaw(dict *d, void *key, dictEntry **existing)
{
    long index;
    dictEntry *entry;
    dictht *ht;
    // [1]
    if (dictIsRehashing(d)) _dictRehashStep(d);

    // [2]
    if ((index = _dictKeyIndex(d, key, dictHashKey(d,key), existing)) == -1)
        return NULL;
    // [3]
    ht = dictIsRehashing(d) ? &d->ht[1] : &d->ht[0];
```

```
// [4]
entry = zmalloc(sizeof(*entry));
entry->next = ht->table[index];
ht->table[index] = entry;
ht->used++;

// [5]
dictSetKey(d, entry, key);
return entry;
}
```

參數說明：

- existing：如果字典中已存在參數 key，則將對應的 dictEntry 指標設定值給 *existing，並傳回 null，否則傳回建立的 dictEntry。

【1】 如果該字典正在擴充，則執行一次擴充單步作業。

【2】 計算參數 key 的 Hash 表陣列索引，傳回 -1，代表鍵已存在，這時 dictAddRaw 函數傳回 NULL，代表該鍵已存在。

【3】 如果該字典正在擴充，則將新的 dictEntry 增加到 ht[1] 中，否則增加到 ht[0] 中。

【4】 建立 dictEntry，頭部插到 Hash 表陣列對應位置的鏈結串列中。Redis 字典使用鏈結串列法解決 Hash 衝突，Hash 表陣列的元素都是鏈結串列。

【5】 將鍵設定到 dictEntry 中。

dictAddRaw 函數只會插入鍵，並不插入對應的值。可以使用傳回的 dictEntry 插入值：

```
entry = dictAddRaw(dict,mykey,NULL);
if (entry != NULL) dictSetSignedIntegerVal(entry,1000);
```

Hash 演算法

dictHashKey 巨集呼叫 dictType.hashFunction 函數計算鍵的 Hash 值：

```
#define dictHashKey(d, key) (d)->type->hashFunction(key)
```

Redis 中字典基本都使用 SipHash 演算法（server.c/dbDictType、server.c/setDictType 等 dictType 的 hashFunction 屬性指向的函數都使用了 SipHash 演算法）。該演算法能有效地防止 Hash 表碰撞攻擊，並提供不錯的性能。

Hash 演算法涉及較多的數學知識，本書並不討論 Hash 演算法的原理及實現，讀者可以自行閱讀相關程式。

> **提示**
>
> Redis 4.0 之前使用的 Hash 演算法是 MurmurHash。即使輸入的鍵是有規律的，該演算法計算的結果依然有很好的離散性，並且計算速度非常快。Redis 4.0 開始更換為 SipHash 演算法，應該是出於安全的考慮。

計算鍵的 Hash 值後，還需要計算鍵的 Hash 表陣列索引：

```c
static long _dictKeyIndex(dict *d, const void *key, uint64_t hash,
dictEntry **existing)
{
    unsigned long idx, table;
    dictEntry *he;
    if (existing) *existing = NULL;

    // [1]
    if (_dictExpandIfNeeded(d) == DICT_ERR)
        return -1;
    // [2]
    for (table = 0; table <= 1; table++) {
        idx = hash & d->ht[table].sizemask;
        he = d->ht[table].table[idx];
        while(he) {
            if (key==he->key || dictCompareKeys(d, key, he->key)) {
                if (existing) *existing = he;
                return -1;
            }
            he = he->next;
        }
```

```
        // [3]
        if (!dictIsRehashing(d)) break;
    }
    return idx;
}
```

【1】 根據需要進行擴充或初始化 Hash 表操作。

【2】 遍歷 ht[0]、ht[1]，計算 Hash 表陣列索引，並判斷 Hash 表中是否已存在參數 key。若已存在，則將對應的 dictEntry 設定值給 *existing。

【3】 如果目前沒有進行擴充操作，則計算 ht[0] 索引後便退出，不需要計算 ht[1]。

3.1.3 擴充

Redis 使用了一種漸進式擴充方式，這樣設計，是因為 Redis 是單執行緒的。如果在一個操作內將 ht[0] 所有資料都遷移到 ht[1]，那麼可能會引起執行緒長期阻塞。所以，Redis 字典擴充是在每次操作資料時都執行一次擴充單步作業，擴充單步作業即將 ht[0].table[rehashidx] 的資料移轉到 ht[1]。等到 ht[0] 的所有資料都遷移到 ht[1]，便將 ht[0] 指向 ht[1]，完成擴充。

_dictExpandIfNeeded 函數用於判斷 Hash 表是否需要擴充：

```
static int _dictExpandIfNeeded(dict *d)
{
    ...

    if (d->ht[0].used >= d->ht[0].size &&
        (dict_can_resize ||
         d->ht[0].used/d->ht[0].size > dict_force_resize_ratio))
    {
        return dictExpand(d, d->ht[0].used*2);
    }
}
```

```
    return DICT_OK;
}
```

擴充需要滿足兩個條件：

（1）d->ht[0].used ≥ d->ht[0].size：Hash 表儲存的鍵值對數量大於或等於 Hash 表陣列的長度。

（2）開啟了 dict_can_resize 或負載因數大於 dict_force_resize_ratio。

d->ht[0].used/d->ht[0].size，即 Hash 表儲存的鍵值對數量 /Hash 表陣列的長度，稱之為負載因數。dict_can_resize 預設開啟，即負載因數等於 1 就擴充。負載因數等於 1 可能出現比較高的 Hash 衝突率，但這樣可以提高 Hash 表的記憶體使用率。dict_force_resize_ratio 關閉時，必須等到負載因數等於 5 時才強制擴充。使用者不能透過設定關閉 dict_force_resize_ratio，該值的開關與 Redis 持久化有關，等我們分析 Redis 持久化時再討論該值。

dictExpand 函數開始擴充操作：

```
int dictExpand(dict *d, unsigned long size)
{
    ...
    // [1]
    dictht n;
    unsigned long realsize = _dictNextPower(size);
    ...

    // [2]
    n.size = realsize;
    n.sizemask = realsize-1;
    n.table = zcalloc(realsize*sizeof(dictEntry*));
    n.used = 0;

    // [3]
    if (d->ht[0].table == NULL) {
        d->ht[0] = n;
```

```
        return DICT_OK;
    }

    // [4]
    d->ht[1] = n;
    d->rehashidx = 0;
    return DICT_OK;
}
```

參數說明：

■ size：新 Hash 表陣列長度。

【1】 _dictNextPower 函數會將 size 調整為 2 的 *n* 次冪。

【2】 建構一個新的 Hash 表 dictht。

【3】 ht[0].table==NULL，代表字典的 Hash 表陣列還沒有初始化，將新 dictht 設定值給 ht[0]，現在它就可以儲存資料了。這裡並不是擴充操作，而是字典第一次使用前的初始化操作。

【4】 不然將新 dictht 設定值給 ht[1]，並將 rehashidx 設定值為 0。rehashidx 代表下一次擴充單步作業要遷移的 ht[0] Hash 表陣列索引。

為什麼要將 size 調整為 2 的 *n* 次冪呢？這樣是為了 ht[1] Hash 表陣列長度是 ht[0] Hash 表陣列長度的倍數，有利於 ht[0] 的資料均勻地遷移到 ht[1]。

我們看一下鍵的 Hash 表陣列索引計算方法：idx=hash&ht.sizemask，由於 sizemask= size-1，計算方法等於：idx=hash%(ht.size)。因此，假如 ht[0].size 為 *n*，ht[1].size 為 2×*n*，對於 ht[0] 上的元素，ht[0].table[*k*] 的資料，要不遷移到 ht[1].table[k]，要不遷移到 ht[1].table[k+n]。這樣可以將 ht[0].table 中一個索引位的資料拆分到 ht[1] 的兩個索引位上。

圖 3-2 展示了一個簡單範例。

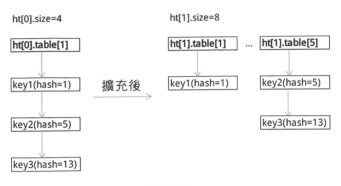

_dictRehashStep 函數負責執行擴充單步作業，將 ht[0] 中一個索引位的資料移轉到 ht[1] 中。dictAddRaw、dictGenericDelete、dictFind、dictGetRandomKey、dictGetSomeKeys 等函數都會呼叫該函數，從而逐步將資料移轉到新的 Hash 表中。

_dictRehashStep 呼叫 dictRehash 函數完成擴充單步作業：

```
int dictRehash(dict *d, int n) {
    int empty_visits = n*10;
    // [1]
    if (!dictIsRehashing(d)) return 0;

    while(n-- && d->ht[0].used != 0) {
        dictEntry *de, *nextde;

        assert(d->ht[0].size > (unsigned long)d->rehashidx);
        // [2]
        while(d->ht[0].table[d->rehashidx] == NULL) {
            d->rehashidx++;
            if (--empty_visits == 0) return 1;
        }
        // [3]
        de = d->ht[0].table[d->rehashidx];
        while(de) {
            uint64_t h;
```

```
            nextde = de->next;
            h = dictHashKey(d, de->key) & d->ht[1].sizemask;
            de->next = d->ht[1].table[h];
            d->ht[1].table[h] = de;
            d->ht[0].used--;
            d->ht[1].used++;
            de = nextde;
        }
        d->ht[0].table[d->rehashidx] = NULL;
        d->rehashidx++;
    }

    // [4]
    if (d->ht[0].used == 0) {
        zfree(d->ht[0].table);
        d->ht[0] = d->ht[1];
        _dictReset(&d->ht[1]);
        d->rehashidx = -1;
        return 0;
    }
    return 1;
}
```

參數說明：

- n：本次操作遷移的 Hash 陣列索引的數量。

【1】 如果字典目前並沒有進行擴充，則直接退出函數。

【2】 從 rehashidx 開始，找到第一個不可為空索引位。

  如果這裡尋找的的空索引位的數量大於 $n \times 10$，則直接返回。

【3】 遍歷該索引位鏈結串列上所有的元素。

  計算每個元素在 ht[1] 的 Hash 表陣列中的索引，將元素移動到 ht[1] 中。

【4】 ht[0].used==0，代表 ht[0] 的資料已經全部移到 ht[1] 中。

  釋放 ht[0].table，將 ht[0] 指標指向 ht[1]，並重置 rehashidx、d->ht[1]，擴充完成。

3.1.4　縮容

執行刪除操作後，Redis 會檢查字典是否需要縮容，當 Hash 表長度大於 4 且負載因數小於 0.1 時，會執行縮容操作，以節省記憶體。縮容實際上也是透過 dictExpand 函數完成的，只是函數的第二個參數 size 是縮容後的大小。

dict 常用的函數如表 3-1 所示。

表 3-1

函數	作用
dictAdd	插入鍵值對
dictReplace	替換或插入鍵值對
dictDelete	刪除鍵值對
dictFind	尋找鍵值對
dictGetIterator	生成不安全迭代器，可以對字典進行修改
dictGetSafeIterator	生成安全迭代器，不可對字典進行修改
dictResize	字典縮容
dictExpand	字典擴充

3.1.5　編碼

雜湊類型有 OBJ_ENCODING_HT 和 OBJ_ENCODING_ZIPLIST 兩種編碼，分別使用 dict、ziplist 結構儲存資料（redisObject.ptr 指向 dict、ziplist 結構）。Redis 會優先使用 ziplist 儲存雜湊元素，使用一個 ziplist 節點儲存鍵，後驅節點存放值，尋找時需要遍歷 ziplist。使用 dict 儲存雜湊元素，字典的鍵和值都是 sds 類型。雜湊類型使用 OBJ_ENCODING_ZIPLIST 編碼，需滿足以下條件：

（1）雜湊中所有鍵或值的長度小於或等於 server.hash_max_ziplist_value，該值可透過 hash-max-ziplist-value 設定項目調整。

（2）雜湊中鍵值對的數量小於 server.hash_max_ziplist_entries，該值可透
   過 hash-max- ziplist-entries 設定項目調整。

雜湊類型的實現程式在 t_hash.c 中，讀者可以查看原始程式了解更多實現
細節。

3.2 資料庫

Redis 是記憶體中資料庫，內部定義了資料庫物件 server.h/redisDb 負責儲
存資料，redisDb 也使用了字典結構管理資料。

```
typedef struct redisDb {
    dict *dict;
    dict *expires;
    dict *blocking_keys;
    dict *ready_keys;
    dict *watched_keys;
    int id;
    ...
} redisDb;
```

- dict：資料庫字典，該 redisDb 所有的資料都儲存在這裡。
- expires：過期字典，儲存了 Redis 中所有設定了過期時間的鍵及其對
  應的過期時間，過期時間是 long long 類型的 UNIX 時間戳記。
- blocking_keys：處於阻塞狀態的鍵和對應的用戶端。
- ready_keys：準備好資料後可以解除阻塞狀態的鍵和對應的用戶端。
- watched_keys：被 watch 指令監控的鍵和對應用戶端。
- id：資料庫 ID 標識。

Redis 是一個鍵值對資料庫，全稱為 Remote Dictionary Server（遠端字典
服務），它本身就是一個字典服務。redisDb.dict 字典中的鍵都是 sds，值
都是 redisObject。這也是 redisObject 作用之一，它將所有的資料結構都
封裝為 redisObject 結構，作為 redisDb 字典的值。

一個簡單的 redisDb 結構如圖 3-3 所示。

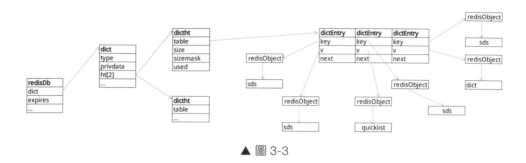

▲ 圖 3-3

當我們需要操作 Redis 資料時，都需要從 redisDb 中找到該資料。

db.c 中定義了 hashTypeLookupWriteOrCreate、lookupKeyReadOrReply 等
函數，可以透過鍵找到 redisDb.dict 中對應的 redisObject，這些函數都是
透過呼叫 dict API 實現的，這裡不一一展示，感興趣的讀者可以自行閱讀
程式。

《複習》

- Redis 字典使用 SipHash 演算法計算 Hash 值，並使用鏈結串列法處理
  Hash 衝突。
- Redis 字典使用漸進式擴充方式，在每次資料操作中都執行一次擴充單
  步作業，直到擴充完成。

  雜湊類型的編碼格式可以為 OBJ_ENCODING_HT、OBJ_ENCODING_
  ZIPLIST。

集合

集合類型可以儲存一組不重複的資料。Redis 支援集合（專指無序集合）
與有序集合，有序集合透過每個元素連結的分數進行排序。

```
> SADD fruits apple banana  grape
(integer) 3
> SMEMBERS fruits
1) "apple"
2) "banana"
3) "grape"
> ZADD fruitsWithPrice 10.7 apple 2.98  banana  9.8 grape
(integer) 3
> ZRANGE fruitsWithPrice 01
1) "banana"
2) "grape"
```

本章探討 Redis 集合類型與有序集合類型的實現。

4.1 無序集合

Redis 通常使用字典結構保存使用者集合資料，字典鍵儲存集合元素，
字典值為空。如果一個集合全是整數，則使用字典過於浪費記憶體。為
此，Redis 設計了 intset 資料結構，專門用來保存整數集合資料。

本節以下程式無特殊說明，位於 intset.h、intset.c 中。

4.1.1　定義

```
typedef struct intset {
    uint32_t encoding;
    uint32_t length;
    int8_t contents[];
} intset;
```

- encoding：編碼格式，intset 中的所有元素必須是同一種編碼格式。
- length：元素數量。
- contents：儲存元素資料，元素必須排序，並且無重複。

encoding 格式如表 4-1 所示。

表 4-1

定義	儲存類型
INTSET_ENC_INT16	int16_t
INTSET_ENC_INT32	int32_t
INTSET_ENC_INT64	int64_t

intset 編碼格式存在不同的等級。表 4-1 中編碼格式的等級由低到高排序：INTSET_ENC_INT16 <INTSET_ENC_INT32<INTSET_ENC_INT64。

4.1.2　操作分析

插入元素到 intset 中：

```
intset *intsetAdd(intset *is, int64_t value, uint8_t *success) {
    // [1]
    uint8_t valenc = _intsetValueEncoding(value);
    uint32_t pos;
    if (success) *success = 1;

    // [2]
    if (valenc > intrev32ifbe(is->encoding)) {
        return intsetUpgradeAndAdd(is,value);
    } else {
```

```
    // [3]
    if (intsetSearch(is,value,&pos)) {
        if (success) *success = 0;
        return is;
    }
    // [4]
    is = intsetResize(is,intrev32ifbe(is->length)+1);
    if (pos < intrev32ifbe(is->length)) intsetMoveTail(is,pos,pos+1);
}
// [5]
_intsetSet(is,pos,value);
is->length = intrev32ifbe(intrev32ifbe(is->length)+1);
return is;
}
```

【1】 獲取插入元素編碼。

【2】 如果插入元素編碼的等級高於 intset 編碼，則需要升級 intset 編碼格式。

【3】 不然呼叫 intsetSearch 函數尋找元素，使用的是典型的二分尋找法。如果元素已存在，由於 intset 不允許重複元素，插入失敗，否則將 pos 設定值為插入位置。

【4】 為 intset 重新分配記憶體空間，主要是分配插入元素所需空間。
插入位置如果存在後驅節點，則將插入位置後面所有節點後移，為插入元素騰出空間。

【5】 插入元素，更新 intset.length 屬性。

當插入元素的編碼等級高於 intset 編碼等級時，需要為整個 intset 升級編碼：

```
static intset *intsetUpgradeAndAdd(intset *is, int64_t value) {
    uint8_t curenc = intrev32ifbe(is->encoding);
    uint8_t newenc = _intsetValueEncoding(value);
    int length = intrev32ifbe(is->length);
    int prepend = value < 0 ? 1 : 0;

    // [1]
    is->encoding = intrev32ifbe(newenc);
```

```
    is = intsetResize(is,intrev32ifbe(is->length)+1);

    // [2]
    while(length--)
        _intsetSet(is,length+prepend,_intsetGetEncoded(is,length,cure
nc));

    // [3]
    if (prepend)
        _intsetSet(is,0,value);
    else
        _intsetSet(is,intrev32ifbe(is->length),value);
    is->length = intrev32ifbe(intrev32ifbe(is->length)+1);
    return is;
}
```

【1】 設定 intset 新的編碼，並分配新的記憶體空間。

【2】 將 intset 的元素移動到新的位置。

新元素編碼的等級比 intset 所有元素編碼都高，不是它是正數並
且比 intset 所有元素都大，就是它是負數並且比 intset 所有元素都
小。所以新元素只能插入 intset 頭部或尾部。prepend 為 1 代表新元
素插入 intset 頭部，所以要預留一個位置。

【3】 插入新的元素。

Redis 不會對 intset 編碼進行降級操作。

4.1.3 編碼

集合類型有 OBJ_ENCODING_HT 和 OBJ_ENCODING_INTSET 兩種編
碼，使用 dict 或 intset 儲存資料。使用 OBJ_ENCODING_HT 時，鍵儲存集
合元素，值為空。使用 OBJ_ENCODING_ INTSET 編碼需滿足以下條件：

（1）集合中只存在整數型元素。

（2）集合元素數量小於或等於 server.set_max_intset_entries，該值可透過
set-max-intset-entries 設定項目調整。

集合類型實現程式在 t_set.c 中，讀者可以查看原始程式了解更多實現細節。

4.2 有序集合

有序集合即資料都是有序的。儲存一組有序資料，最簡單的是以下兩種結構：

（1）陣列，可以透過二分尋找法尋找資料，但插入資料的複雜度為 $O(n)$。
（2）鏈結串列，可以快速插入資料，但無法使用二分尋找，尋找資料的複雜度為 $O(n)$。

有沒有一種資料結構可以兼具上面兩種結構的優點呢？有，那就是跳表 skiplist。

4.2.1 定義

skiplist 是一個多層級的鏈結串列結構，具有以下特點：

- 上層鏈結串列是相鄰下層鏈結串列的子集。
- 頭節點層數不小於其他節點的層數。
- 每個節點（除了頭節點）都有一個隨機的層數。

圖 4-1 展示了一個常見的 skiplist 結構。

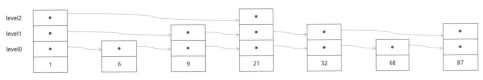

• 代表指標

▲ 圖 4-1

假設 skiplist 中 k 層節點的數量是 $k+1$ 層節點的 p 倍，那麼 skiplist 可以看成一棵平衡的 p 叉樹，從頂層開始尋找某個節點需要的時間是 $O(\log_p N)$。注意，skiplist 中的每個節點都有一個隨機的層數，它使用的是一種機率平衡而非精準平衡。

在 skiplist 中尋找資料，需要從最高層開始尋找。如果某一層後驅節點元素已經大於目標元素（或不存在後驅節點），則下降一層，從下一層目前位置繼續尋找，如在圖 4-1 中尋找 score 為 68 的元素，尋找路徑如圖 4-2 所示。

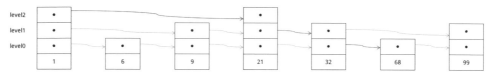

· 代表指標

▲ 圖 4-2

尋找步驟如下：

（1）從鏈結串列頭節點的最高層 level2 開始尋找，找到節點 21。

（2）本層沒有後驅節點，下降一層，從該節點 level1 繼續尋找，找到節點 32。

（3）本層後驅節點元素比 68 大，再下降一層，從該節點 level0 開始尋找，找到節點 68。

如果在第一層找不到目標元素，則尋找失敗。

在高層尋找時，每向後移動一個節點，實際上會跨越低層多個節點，這樣便大大提升了尋找效率，最終達到二分尋找的效率。

在 Redis 中，skiplist 節點（server.h/zskiplistNode）的定義如下：

```
typedef struct zskiplistNode {
    sds ele;
    double score;
    struct zskiplistNode *backward;
```

```
    struct zskiplistLevel {
        struct zskiplistNode *forward;
        unsigned long span;
    } level[];
} zskiplistNode;
```

- ele：節點值。
- score：分數，用於排序節點。
- backward：指向前驅節點，一個節點只有第一層有前驅節點指標。因此，skiplist 的第一層鏈結串列是一個雙向鏈結串列。
- zskiplistLevel.forward：指向本層後驅節點。
- zskiplistLevel.span：本層後驅節點跨越了多少個第一層節點，用於計算節點索引值。

skiplist 的定義如下：

```
typedef struct zskiplist {
    struct zskiplistNode *header, *tail;
    unsigned long length;
    int level;
} zskiplist;
```

- header、tail：指向頭、尾節點的指標。
- length：節點數量。
- level：skiplist 最大的層數，最多為 ZSKIPLIST_MAXLEVEL（固定為32）層。

圖 4-1 的 skiplist 在 Redis 中由 zskiplistNode 組成鏈結串列，如圖 4-3 所示（為了清晰，沒有畫出 zskiplist 結構）。

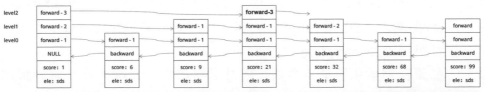

備註：[forward-3]中數字是span，標粗的forward雖然沒有指向其他節點，但依然存在span，值為該節點到最後節點跨過節點數

▲ 圖 4-3

4.2.2　操作分析

> **提示**
>
> 本節以下程式如無特殊說明，均在 t_zset.c 中。

Redis 中 最 直 觀 的 尋 找 操 作 是 尋 找 指 定 索 引 的 節 點，透 過 zslGetElementByRank 函數實現該操作：

```c
zskiplistNode* zslGetElementByRank(zskiplist *zsl, unsigned long rank) {
    zskiplistNode *x;
    unsigned long traversed = 0;
    int i;

    x = zsl->header;
    // [1]
    for (i = zsl->level-1; i >= 0; i--) {
        // [2]
        while (x->level[i].forward && (traversed + x->level[i].span) <=
rank)
        {
            traversed += x->level[i].span;
            x = x->level[i].forward;
        }
        // [3]
        if (traversed == rank) {
            return x;
        }
    }
    return NULL;
}
```

【1】 從頭節點的最高層開始尋找。

【2】 如果存在後驅節點，並且後驅節點的索引小於目標值，則沿 forward 繼續尋找。每次使用 forward 指標跳躍到後驅節點，traversed 變數 都需要加上 span，得到下一個節點的索引。

【3】 如果節點索引等於目標值，則傳回該節點。否則下降一層繼續尋 找，直到在第一層尋找失敗。

t_zset.c/zslInsert 函數負責插入一個新元素：

```c
zskiplistNode *zslInsert(zskiplist *zsl, double score, sds ele) {
    zskiplistNode *update[ZSKIPLIST_MAXLEVEL], *x;
    unsigned int rank[ZSKIPLIST_MAXLEVEL];
    int i, level;

    serverAssert(!isnan(score));
    // [1]
    x = zsl->header;
    for (i = zsl->level-1; i >= 0; i--) {
        rank[i] = i == (zsl->level-1) ? 0 : rank[i+1];
        while (x->level[i].forward &&
                (x->level[i].forward->score < score ||
                    (x->level[i].forward->score == score &&
                    sdscmp(x->level[i].forward->ele,ele) < 0)))
        {
            rank[i] += x->level[i].span;
            x = x->level[i].forward;
        }
        update[i] = x;
    }
    // [2]
    level = zslRandomLevel();
    // [3]
    if (level > zsl->level) {
        for (i = zsl->level; i < level; i++) {
            rank[i] = 0;
            update[i] = zsl->header;
            update[i]->level[i].span = zsl->length;
        }
        zsl->level = level;
    }
    // [4]
    x = zslCreateNode(level,score,ele);
    for (i = 0; i < level; i++) {
        x->level[i].forward = update[i]->level[i].forward;
        update[i]->level[i].forward = x;
```

```
        x->level[i].span = update[i]->level[i].span - (rank[0] -
rank[i]);
        update[i]->level[i].span = (rank[0] - rank[i]) + 1;
    }

    // [5]
    for (i = level; i < zsl->level; i++) {
        update[i]->level[i].span++;
    }
    // [6]
    x->backward = (update[0] == zsl->header) ? NULL : update[0];
    if (x->level[0].forward)
        x->level[0].forward->backward = x;
    else
        zsl->tail = x;
    zsl->length++;
    return x;
}
```

【1】　尋找每層插入位置的前驅節點。

- update 陣列記錄了每層插入位置的前驅節點。

- rank 陣列記錄了每層插入位置的前驅節點索引。

【2】　隨機生成新節點的層數。

【3】　新節點的層數比其他節點都大，這時 skiplist 需要增加新的層。

由於頭節點層數需要大於或等於其他節點層數，所以這時需要在頭節點增加新的層，頭節點新增層的 span 為 skiplist 長度。

建立 skiplist 時已經為頭節點預先分配了 ZSKIPLIST_MAXLEVEL 層記憶體大小，這裡不需要再分配記憶體。

【4】　建立一個節點。

遍歷各層，插入新節點並更新前後節點屬性。

說一下插入節點 span 的計算，rank[i] 為第 i 層前驅節點的索引，span 為第 i 層前驅節點的 span（span 即 update[i]-> level[i].span），而 rank[0]+1 即新節點在第 1 層的索引，所以 i 層插入節點後，前驅節點 span 為 rank[0]+1-rank[i]，插入節點 span 為 rank[i]+span-rank[0]，如圖 4-4 所示。

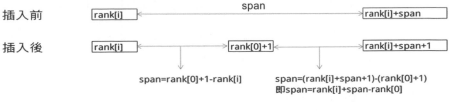

▲ 圖 4-4

【5】 如果某個節點存在比新節點層數大的層，則其前驅節點 span 需要加 1，因為第一層插入了一個新節點。

【6】 設定新節點的 backward 屬性，更新 skiplist.length 屬性。

下面展示一個 skiplist 插入節點的實例，讀者可以透過該實例與上述程式 了解 skiplist 插入節點的過程。

如果需要在圖 4-3 中插入 score=86 的節點，則 update、rank 陣列如圖 4-5 所示。

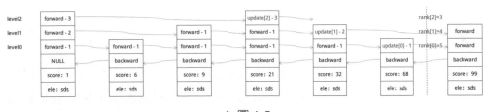

▲ 圖 4-5

假如新節點的層數為 4，大於其他節點層數，需要在頭節點增加新的層， 結果如圖 4-6 所示（注意 level3 層頭節點變化）。

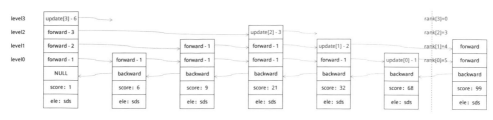

▲ 圖 4-6

插入節點後，skiplist 如圖 4-7 所示。

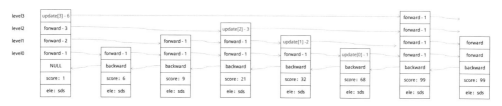

▲ 圖 4-7

下面看一下生成隨機層數的函數 zslRandomLevel：

```
int zslRandomLevel(void) {
    int level = 1;
    while ((random()&0xFFFF) < (ZSKIPLIST_P * 0xFFFF))
        level += 1;
    return (level<ZSKIPLIST_MAXLEVEL) ? level : ZSKIPLIST_MAXLEVEL;
}
```

random() 函數傳回 0 ～ RAND_MAX 的隨機整數，(random()&0xFFFF)
小於或等於 0xFFFF。而 ZSKIPLIST_P 為 0.25，則函數中 while 敘述繼續
執行（增加層數）的機率為 0.25，也就是從機率上講，k 層節點的數量是
$k+1$ 層節點的 4 倍。所以，Redis 的 skiplist 從機率上講，相當於一棵四叉
樹。

紅黑樹也常用於維護有序資料，為什麼 Redis 使用 skiplist 而不使用紅黑
樹呢？ Redis 的作者做了以下解釋：

（1）skiplist 沒有過度佔用記憶體，記憶體使用率在合理範圍內。

（2）有序集合常常需要執行 ZRANGE 或 ZREVRANGE 等遍歷操作，使用 skiplist 可以更高效率地實現這些操作（skiplist 第一層的雙向鏈結串列可以遍歷資料）。

（3）skiplist 實現簡單。

4.2.3 編碼

有序集合類型有 OBJ_ENCODING_ZIPLIST 和 OBJ_ENCODING_SKIPLIST 兩種編碼，使用 ziplist、skiplist 儲存資料。

使用 OBJ_ENCODING_ZIPLIST 編碼需滿足以下條件：

（1）有序集合元素數量小於或等於 server.zset_max_ziplist_entries，該值可透過 zset-max-ziplist- entries 設定項目調整。

（2）有序集合所有元素長度都小於或於 server.zset_max_ziplist_value，該值可透過 zset-max- ziplist-value 設定項目調整。

有序集合類型的實現程式在 t_zset.c 中，讀者可以查看原始程式了解 Redis 鏈結串列實現的更多細節。

《複習》

- Redis 設計了 intset 資料結構，專門用來保存整數集合資料。
- Redis 使用 skiplist 結構儲存有序集合資料，skiplist 透過機率平衡實現近似平衡 p 叉樹的資料存取效率。
- 集合類型的編碼格式可以為 OBJ_ENCODING_HT、OBJ_ENCODING_INTSET。
- 有序集合的編碼格式可以為 OBJ_ENCODING_ZIPLIST、OBJ_ENCODING_SKIPLIST。

第 2 部分
事件機制與指令執行

Redis 啟動過程

Redis 伺服器負責接收處理使用者請求，提供給使用者服務。本章分析
Redis 伺服器的啟動過程。

Redis 伺服器的啟動指令格式如下：

```
redis-server [ configfile ] [ options ]
```

configfile 參數指定設定檔。options 參數指定啟動設定項目，它可以覆
蓋設定檔中的設定項目，如 redis-server /path/to/redis.conf --port 7777
--protected-mode no，該指令啟動 Redis 服務，並指定了設定檔 /path/to/
redis.conf，列出了兩個啟動設定項目。

5.1 伺服器定義

> **提示**
> 本章程式如無特殊說明，均在 server.h、server.c 中。

Redis 中定義了 server.h/redisServer 結構，儲存 Redis 伺服器資訊，包括
伺服器設定項目和執行時期資料（如網路連接資訊、資料庫 redisDb、指
令表、用戶端資訊、從伺服器資訊、統計資訊等資料）。

```
struct redisServer {
    pid_t pid;
    pthread_t main_thread_id;
```

```
    char *configfile;
    char *executable;
    char **exec_argv;
    ...
}
```

redisServer 中的屬性很多，這裡不一一列舉，等到分析具體功能時再說明相關的 server 屬性。

server.h 中定義了一個 redisServer 全域變數：

```
    extern struct redisServer server;
```

本書說到的 server 變數，如無特殊說明，都是指該 redisServer 全域變數。舉例來說，第 1 部分說過 server.list_max_ziplist_size 等屬性，正是指該變數的屬性。

可以使用 INFO 指令獲取伺服器的資訊，該指令主要傳回以下資訊：

- server：有關 Redis 伺服器的正常資訊。
- clients：用戶端連接資訊。
- memory：記憶體消耗相關資訊。
- persistence：RDB 和 AOF 持久化資訊。
- stats：正常統計資訊。
- replication：主 / 備份複製資訊。
- cpu：CPU 消耗資訊。
- commandstats：Redis 指令統計資訊。
- cluster：Redis Cluster 叢集資訊。
- modules：Modules 模組資訊。
- keyspace：資料庫相關的統計資訊。
- errorstats：Redis 錯誤統計資訊。

INFO 指令回應內容中除了 memory 和 cpu 等統計資料，其他資料大部分都保存在 redisServer 中。

5.2 main 函數

server.c/main 函數負責啟動 Redis 服務：

```
int main(int argc, char **argv) {
    ...
    // [1]
    server.sentinel_mode = checkForSentinelMode(argc,argv);
    // [2]
    initServerConfig();
    ACLInit();

    moduleInitModulesSystem();
    tlsInit();

    // [3]
    server.executable = getAbsolutePath(argv[0]);
    server.exec_argv = zmalloc(sizeof(char*)*(argc+1));
    server.exec_argv[argc] = NULL;
    for (j = 0; j < argc; j++) server.exec_argv[j] = zstrdup(argv[j]);

    // [4]
    if (server.sentinel_mode) {
        initSentinelConfig();
        initSentinel();
    }

    // [5]
    if (strstr(argv[0],"redis-check-rdb") != NULL)
        redis_check_rdb_main(argc,argv,NULL);
    else if (strstr(argv[0],"redis-check-aof") != NULL)
        redis_check_aof_main(argc,argv);

    // more
}
```

【1】 檢查該 Redis 伺服器是否以 sentinel 模式啟動。

【2】　initServerConfig 函數將 redisServer 中記錄設定項目的屬性初始化為
　　　 預設值。ACLInit 函數初始化 ACL 機制，moduleInitModulesSystem
　　　 函數初始化 Module 機制。

【3】　記錄 Redis 程式可執行路徑及啟動參數，以便後續重新啟動伺服器。

【4】　如果以 Sentinel 模式啟動，則初始化 Sentinel 機制。

【5】　如果啟動程式是 redis-check-rdb 或 redis-check-aof，則執行 redis_
　　　 check_rdb_main 或 redis_check_aof_main 函數，它們嘗試檢驗並修
　　　 復 RDB、AOF 檔案後便退出程式。

Redis 編譯完成後，會生成 5 個可執行程式：

- redis-server：Redis 執行檔案。
- redis-sentinel：Redis Sentinel 執行檔案。
- redis-cli：Redis 用戶端。
- redis-benchmark：Redis 性能壓測工具。
- redis-check-aof、redis-check-rdb：用於檢驗和修復 RDB、AOF 持久化
  檔案的工具。

繼續分析 main 函數：

```
int main(int argc, char **argv) {
    ...
    if (argc >= 2) {
        j = 1;
        sds options = sdsempty();
        char *configfile = NULL;

        // [6]
        if (strcmp(argv[1], "-v") == 0 ||
            strcmp(argv[1], "--version") == 0) version();
        ...

        // [7]
        if (argv[j][0] != '-' || argv[j][1] != '-') {
```

```
            configfile = argv[j];
            server.configfile = getAbsolutePath(configfile);
            zfree(server.exec_argv[j]);
            server.exec_argv[j] = zstrdup(server.configfile);
            j++;
        }

    // [8]
    while(j != argc) {
        ...
    }
    // [9]
    if (server.sentinel_mode && configfile && *configfile == '-') {
        ...
        exit(1);
    }
    // [10]
    resetServerSaveParams();
    loadServerConfig(configfile,options);
    sdsfree(options);
    }
    ...
  }
```

【6】 對 -v、--version、--help、-h、--test-memory 等指令進行優先處理。
strcmp 函數比較兩個字串 str1、str2，若 str1=str2，則傳回零；若
str1<str2，則傳回負數；若 str1>str2，則傳回正數。

【7】 如果啟動指令的第二個參數不是以 "--" 開始的，則是設定檔參數，
將設定檔路徑轉化為絕對路徑，存入 server.configfile 中。

【8】 讀取啟動指令中的啟動設定項目，並將它們拼接到一個字串中。

【9】 以 Sentinel 模式啟動，必須指定設定檔，否則直接顯示出錯退出。

【10】 config.c/resetServerSaveParams 函 數 重 置 server.saveparams 屬 性
（該屬性存放 RDB SAVE 設定）。config.c/loadServerConfig 函數從
設定檔中載入所有設定項目，並使用啟動指令設定項目覆蓋設定檔
中的設定項目。

> **提示**
>
> config.c 中的 configs 陣列定義了大多數設定選項與 server 屬性的對應關係：
>
> ```
> standardConfig configs[] = {
>     createBoolConfig("rdbchecksum", NULL, IMMUTABLE_CONFIG, server.
> rdb_checksum, 1, NULL, NULL),
>     createBoolConfig("daemonize", NULL, IMMUTABLE_CONFIG, server.
> daemonize, 0, NULL, NULL),
>     ...
> }
> ```
>
> 設定項目 rdbchecksum 對應 server.rdb_checksum 屬性，預設值為 1（即 bool 值 yes），其他設定項目依此類推。如果讀者需要尋找設定項目對應的 server 屬性和預設值，則可以從中尋找。

下面繼續分析 main 函數：

```
int main(int argc, char **argv) {
    ...
    // [11]
    server.supervised = redisIsSupervised(server.supervised_mode);
    int background = server.daemonize && !server.supervised;
    if (background) daemonize();
    // [12]
    serverLog(LL_WARNING, "oO0OoO00oO00o Redis is starting oO0OoO00oO00o");
    ...

    // [13]
    initServer();
    if (background || server.pidfile) createPidFile();
    ...

    if (!server.sentinel_mode) {
        ...
        // [14]
        moduleLoadFromQueue();
        ACLLoadUsersAtStartup();
        InitServerLast();
```

```
        loadDataFromDisk();
        if (server.cluster_enabled) {
            if (verifyClusterConfigWithData() == C_ERR) {
                ...
                exit(1);
            }
        }
        ...
    } else {
        // [15]
        InitServerLast();
        sentinelIsRunning();
        ...
    }

    ...
    // [16]
    redisSetCpuAffinity(server.server_cpulist);
    setOOMScoreAdj(-1);
    // [17]
    aeMain(server.el);
    // [18]
    aeDeleteEventLoop(server.el);
    return 0;
}
```

【11】server.supervised 屬性指定是否以 upstart 服務或 systemd 服務啟動
　　　Redis。如果設定了 server.daemonize 且沒有設定 server.supervised，
　　　則以守護處理程序的方式啟動 Redis。

【12】列印開機記錄。

【13】initServer 函數初始化 Redis 執行時期資料，createPidFile 函數建立
　　　pid 檔案。

【14】如果非 Sentinel 模式啟動，則完成以下操作：

　　　（1）moduleLoadFromQueue 函數載入設定檔指定的 Module 模組；

　　　（2）ACLLoadUsersAtStartup 函數載入 ACL 使用者控制清單；

（3）InitServerLast 函數負責建立後台執行緒、I/O 執行緒，該步驟需在 Module 模組載入後再執行；

（4）loadDataFromDisk 函數從磁碟中載入 AOF 或 RDB 檔案。

（5）如果以 Cluster 模式啟動，那麼還需要驗證載入的資料是否正確。

【15】如果以 Sentinel 模式啟動，則呼叫 sentinelIsRunning 函數啟動 Sentinel 機制。

【16】盡可能將 Redis 主執行緒綁定到 server.server_cpulist 設定的 CPU 清單上，Redis 4 開始使用多執行緒，該操作可以減少不必要的執行緒切換，提高性能。

【17】啟動事件循環器。事件循環器是 Redis 中的重要元件。在 Redis 執行期間，由事件循環器提供服務。

【18】執行到這裡，説明 Redis 服務已停止，aeDeleteEventLoop 函數清除事件循環器中的事件，最後退出程式。

5.3 Redis 初始化過程

下面看一下 initServer 函數，它負責初始化 Redis 執行時期資料：

```
void initServer(void) {
    int j;
    // [1]
    signal(SIGHUP, SIG_IGN);
    signal(SIGPIPE, SIG_IGN);
    setupSignalHandlers();
    // [2]
    makeThreadKillable();
    // [3]
    if (server.syslog_enabled) {
        openlog(server.syslog_ident, LOG_PID | LOG_NDELAY | LOG_NOWAIT,
            server.syslog_facility);
    }
```

```
// [4]
server.aof_state = server.aof_enabled ? AOF_ON : AOF_OFF;
server.hz = server.config_hz;
server.pid = getpid();
...


// [5]
createSharedObjects();
adjustOpenFilesLimit();
// [6]
server.el = aeCreateEventLoop(server.maxclients+CONFIG_FDSET_INCR);
if (server.el == NULL) {
    ...
    exit(1);
}

// more
}
```

【1】 設定 UNIX 訊號處理函數，使 Redis 伺服器收到 SIGINT 訊號後退出程式。

【2】 設定執行緒隨時回應 CANCEL 訊號，終止執行緒，以便停止程式。

【3】 如果開啟了系統日誌，則呼叫 openlog 函數與系統日誌建立輸出連接，以便輸出系統日誌。

【4】 初始化 server 中負責儲存執行時期資料的相關屬性。

【5】 createSharedObjects 函數建立共用資料集，這些資料可在各場景中共用使用，如小數字 0 ～ 9999、常用字串 +OK\r\n（指令處理成功回應字串）、+PONG\r\n（ping 指令回應字串）。adjustOpenFilesLimit 函數嘗試修改環境變數，提高系統允許打開的檔案描述符號上限，避免由於大量用戶端連接（Socket 檔案描述符號）導致錯誤。

【6】 建立事件循環器。

UNIX 程式設計：訊號也稱為軟體中斷，訊號是 UNIX 提供的一種處理非同步事件的方法，程式透過設定回呼函數告訴系統核心，在訊號產生後要做什麼操作。系統中很多場景會產生訊號，例如：

- 使用者按下某些終端鍵，使終端產生訊號。舉例來說，使用者在終端按下了中斷鍵（一般為 Ctrl+C 組合鍵），會發送 SIGINT 訊號通知程式停止執行。
- 系統中發生了某些特定事件，舉例來說，當 alarm 函數設定的計時器逾時，核心發送 SIGALRM 訊號，或一個處理程序終止時，核心發送 SIGCLD 訊號給其父處理程序。
- 某些硬體異常，舉例來說，除數為 0、無效的記憶體引用。
- 程式中使用函數發送訊號，舉例來說，呼叫 kill 函數將任意訊號發送給另一個處理程序。

感興趣的讀者可以自行深入了解 UNIX 程式設計相關內容。

接著分析 initServer 函數：

```
void initServer(void) {
    server.db = zmalloc(sizeof(redisDb)*server.dbnum);

    // [7]
    if (server.port != 0 &&
        listenToPort(server.port,server.ipfd,&server.ipfd_count) == C_
ERR)
        exit(1);
    ...

    // [8]
    for (j = 0; j < server.dbnum; j++) {
        server.db[j].dict = dictCreate(&dbDictType,NULL);
        server.db[j].expires = dictCreate(&keyptrDictType,NULL);
        ...
    }
```

```
    // [9]
    evictionPoolAlloc();
    server.pubsub_channels = dictCreate(&keylistDictType,NULL);
    server.pubsub_patterns = listCreate();
    ...
}
```

【7】 如果設定了 server.port，則開啟 TCP Socket 服務，接收使用者請
求。如果設定了 server.tls_ port，則開啟 TLS Socket 服務，Redis
6.0 開始支援 TLS 連接。如果設定了 server.unixsocket，則開啟
UNIX Socket 服務。如果上面 3 個選項都沒有設定，則顯示出錯退
出。

【8】 初始化資料庫 server.db，用於儲存資料。

【9】 evictionPoolAlloc 函數初始化 LRU/LFU 樣本池，用於實現 LRU/
LFU 近似演算法。

繼續初始化 server 中儲存執行時期資料的相關屬性：

```
void initServer(void) {
    ...
    // [10]
    if (aeCreateTimeEvent(server.el, 1, serverCron, NULL, NULL) == AE_
ERR) {
        serverPanic("Can't create event loop timers.");
        exit(1);
    }

    // [11]
    for (j = 0; j < server.ipfd_count; j++) {
        if (aeCreateFileEvent(server.el, server.ipfd[j], AE_READABLE,
            acceptTcpHandler,NULL) == AE_ERR)
        {
            serverPanic(
                "Unrecoverable error creating server.ipfd file
event.");
        }
```

```
    }
    ...

    // [12]
    aeSetBeforeSleepProc(server.el,beforeSleep);
    aeSetAfterSleepProc(server.el,afterSleep);

    // [13]
    if (server.aof_state == AOF_ON) {
        server.aof_fd = open(server.aof_filename,
                             O_WRONLY|O_APPEND|O_CREAT,0644);
        ...
    }

    // [14]
    if (server.arch_bits == 32 && server.maxmemory == 0) {
        ...
        server.maxmemory = 3072LL*(1024*1024); /* 3 GB */
        server.maxmemory_policy = MAXMEMORY_NO_EVICTION;
    }
    // [15]
    if (server.cluster_enabled) clusterInit();
    replicationScriptCacheInit();
    scriptingInit(1);
    slowlogInit();
    latencyMonitorInit();
}
```

【10】建立一個時間事件，執行函數為 serverCron，負責處理 Redis 中的
　　　定時任務，如清理過期資料、生成 RDB 檔案等。

【11】分別為 TCP Socket、TSL Socks、UNIX Socket 註冊 AE_READABLE
　　　檔 案 事 件 的 處 理 函 數， 處 理 函 數 分 別 為 acceptTcpHandler、
　　　acceptTLSHandler、acceptUnixHandler，這些函數負責接收 Socket
　　　中的新連接，本書後續會詳細分析 acceptTcpHandler 函數。

【12】註冊事件循環器的鉤子函數，事件循環器在每次阻塞前後都會呼叫
　　　鉤子函數。

【13】如果開啟了 AOF，則預先打開 AOF 檔案。

【14】如果 Redis 執行在 32 位元作業系統上，由於 32 位元作業系統記憶體空間限制為 4GB，所以將 Redis 使用記憶體限制為 3GB，避免 Redis 伺服器因記憶體不足而崩潰。

【15】如果以 Cluster 模式啟動，則呼叫 clusterInit 函數初始化 Cluster 機制。

- replicationScriptCacheInit 函數初始化 server.repl_scriptcache_dict 屬性。
- scriptingInit 函數初始化 LUA 機制。
- slowlogInit 函數初始化慢日誌機制。
- latencyMonitorInit 函數初始化延遲監控機制。

本章涉及 Redis 的很多概念，如事件循環器、ACL、Module、LUA、慢日誌，這些功能在本書後面會逐漸分析，如果讀者在閱讀本章時有疑惑，則可以先帶著疑惑繼續閱讀本書。

《複習》

- redisServer 結構儲存服務端設定項目、執行時期資料。
- server.c/main 是 Redis 啟動方法，負責載入設定，初始化資料庫，啟動網路服務，建立並啟動事件循環器。

事件機制

Redis 伺服器是一個事件驅動程式，它主要處理以下兩種事件：

- 檔案事件：利用 I/O 重複使用機制，監聽 Socket 等檔案描述符號上發生的事件。這類事件主要由用戶端（或其他 Redis 伺服器）發送網路請求觸發。
- 時間事件：定時觸發的事件，負責完成 Redis 內部定時任務，如生成 RDB 檔案、清除過期資料等。

6.1 Redis 事件機制概述

Redis 利用 I/O 重複使用機制實現網路通訊。I/O 重複使用是一種高性能 I/O 模型，它可以利用單處理程序監聽多個用戶端連接，當某個連接狀態發生變化（如讀取、寫入）時，作業系統會發送事件（這些事件稱為已就緒事件）通知處理程序處理該連接的資料。很多 UNIX 系統都實現了 I/O 重複使用機制，但它們對外提供的系統 API 並不相同，包括 POSIX （可移植作業系統介面）標準定義的 select、Linux 的 epoll、Solaris 10 的 evport、OS X 和 FreeBSD 的 kqueue。為此，Redis 實現了自己的事件機制，支援不同系統的 I/O 重複使用 API。

Redis 事件機制的實現程式在 ae.h、ae.c 中，它實現了高層邏輯，負責控制處理程序，使其阻塞等待事件就緒或處理已就緒的事件，並為不同系統的 I/O 重複使用 API 定義了一致的 Redis API：

- aeApiCreate：初始化 I/O 重複使用機制的上下文環境。
- aeApiAddEvent、aeApiDelEvent：增加或刪除一個監聽物件。
- aeApiPoll：阻塞處理程序，等待事件就緒或指定時間到期。

ae_select.c、ae_epoll.c、ae_evport.c、ae_kqueue.c 是 Redis 針對不同系統 I/O 重複使用機制的轉換程式，分別呼叫 select、epoll、evport、kqueue 實現了上述 Redis API，ae.c 會在 Redis 服務啟動時根據作業系統支援的 I/O 重複使用 API 選擇使用合適的轉換程式，如圖 6-1 所示。

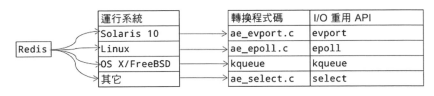

▲ 圖 6-1

下面為了描述方便，將 ae.h、ae.c 稱為 AE 抽象層，將 ae_select.c、ae_epoll.c 等稱為 I/O 重複使用層。

本章分析 AE 抽象層的實現，I/O 重複使用層的實現將在下一章分析。

aeEventLoop 是 Redis 中的事件循環器，負責管理事件。

```c
typedef struct aeEventLoop {
    int maxfd;
    int setsize;
    long long timeEventNextId;
    time_t lastTime;
    aeFileEvent *events;
    aeFiredEvent *fired;
    aeTimeEvent *timeEventHead;
    int stop;
    void *apidata;
    aeBeforeSleepProc *beforesleep;
```

```
    aeBeforeSleepProc *aftersleep;
    int flags;
} aeEventLoop;
```

- maxfd：目前已註冊的最大檔案描述符號。
- setsize：該事件循環器允許監聽的最大的檔案描述符號。
- timeEventNextId：下一個時間事件 ID。
- lastTime：上一次執行時間事件的時間，用於判斷是否發生系統時鐘偏移。
- events：已註冊的檔案事件表。
- fired：已就緒的事件表。
- timeEventHead：時間事件表的頭節點指標。
- stop：事件循環器是否停止。
- apidata：存放用於 I/O 重複使用層的附加資料。
- beforesleep、aftersleep：處理程序阻塞前後呼叫的鉤子函數。

aeFileEvent 儲存了一個檔案描述符號上已註冊的檔案事件：

```
typedef struct aeFileEvent {
    int mask;
    aeFileProc *rfileProc;
    aeFileProc *wfileProc;
    void *clientData;
} aeFileEvent;
```

- mask：已註冊的檔案事件類型，有以下值：AE_NONE、AE_READABLE、AE_WRITABLE。
- rfileProc：AE_READABLE 事件處理函數。
- wfileProc：AE_WRITABLE 事件處理函數。
- clientData：附加資料。

aeFileEvent 中並沒有記錄檔案描述符號 fd 的屬性。POSIX 標準對檔案描述符號 fd 有以下約束：

（1）值為 0、1、2 的檔案描述符號分別表示標準輸入、標準輸出和錯誤
　　輸出。
（2）每次新打開的檔案描述符號，必須使用目前處理程序中最小可用的
　　檔案描述符號。

Redis 充分利用檔案描述符號的這些特點，定義了一個陣列 aeEventLoop.
events 來儲存已註冊的檔案事件。陣列索引即檔案描述符號，陣列元素即
該檔案描述符號上註冊的檔案事件，如 aeFileEvent.events[99] 存放了值
為 99 的檔案描述符號的檔案事件。

I/O 重複使用層會將已就緒的事件轉化為 aeFiredEvent，存放在
aeEventLoop.fired 中，等待事件循環器處理。

```
typedef struct aeFiredEvent {
    int fd;
    int mask;
} aeFiredEvent;
```

- fd：產生事件的檔案描述符號。
- mask：產生的事件類型。

aeTimeEvent 中儲存了一個時間事件的資訊：

```
typedef struct aeTimeEvent {
    long long id;
    long when_sec;
    long when_ms;
    aeTimeProc *timeProc;
    aeEventFinalizerProc *finalizerProc;
    void *clientData;
    struct aeTimeEvent *prev;
    struct aeTimeEvent *next;
    int refcount;
} aeTimeEvent;
```

- id：時間事件的 ID。

- when_sec、when_ms：時間事件下一次執行的秒數（UNIX 時間戳記）和剩餘毫秒數。
- timeProc：時間事件處理函數。
- finalizerProc：時間事件終結函數。
- clientData：用戶端傳入的附加資料。
- prev、next：指向前一個和後一個時間事件。

6.2 Redis 啟動時建立的事件

Redis 啟動時，initServer 函數呼叫 aeCreateEventLoop 函數建立一個事件循環器，儲存在 server.el 屬性中。

```
aeEventLoop *aeCreateEventLoop(int setsize) {
    aeEventLoop *eventLoop;
    int i;
    // [1]
    if ((eventLoop = zmalloc(sizeof(*eventLoop))) == NULL) goto err;
    eventLoop->events = zmalloc(sizeof(aeFileEvent)*setsize);
    ...
    // [2]
    if (aeApiCreate(eventLoop) == -1) goto err;

    for (i = 0; i < setsize; i++)
        eventLoop->events[i].mask = AE_NONE;
    return eventLoop;
    ...
}
```

【1】 初始化 aeEventLoop 屬性。

【2】 aeApiCreate 由 I/O 重複使用層實現，這時 Redis 已經根據執行系統選擇了具體的 I/O 重複使用層轉換程式，該函數會呼叫到 ae_select.c、ae_epoll.c、ae_evport.c、ae_kqueue.c 其中的實現，並初始化具體的 I/O 重複使用機制執行的上下文環境。

Redis 啟動時，呼叫 aeCreateFileEvent 函數為 TCP Socket 等檔案描述符號註冊了 AE_WRITABLE 檔案事件的處理函數。所以，事件循環器會監聽 TCP Socket，並使用指定函數處理 AE_WRITABLE 事件。

```
int aeCreateFileEvent(aeEventLoop *eventLoop, int fd, int mask,
        aeFileProc *proc, void *clientData)
{
    // [1]
    if (fd >= eventLoop->setsize) {
        errno = ERANGE;
        return AE_ERR;
    }
    aeFileEvent *fe = &eventLoop->events[fd];
    // [2]
    if (aeApiAddEvent(eventLoop, fd, mask) == -1)
        return AE_ERR;
    // [3]
    fe->mask |= mask;
    if (mask & AE_READABLE) fe->rfileProc = proc;
    if (mask & AE_WRITABLE) fe->wfileProc = proc;
    fe->clientData = clientData;
    if (fd > eventLoop->maxfd)
        eventLoop->maxfd = fd;
    return AE_OK;
}
```

參數說明：

- fd：需監聽的檔案描述符號。
- mask：監聽事件類型。
- proc：事件處理函數。
- clientData：附加資料。

【1】　如果超出了 eventLoop.setsize 限制，則傳回錯誤。

【2】　aeApiAddEvent 函數由 I/O 重複使用層實現，呼叫 I/O 重複使用函數增加事件監聽物件。

【3】　初始化 aeFileEvent 屬性。

Redis 啟動時也呼叫 aeCreateTimeEvent 函數建立了一個處理函數為 serverCron 的時間事件，負責處理 Redis 中的定時任務。

```
long long aeCreateTimeEvent(aeEventLoop *eventLoop, long long
milliseconds,
        aeTimeProc *proc, void *clientData,
        aeEventFinalizerProc *finalizerProc)
{
    // [1]
    long long id = eventLoop->timeEventNextId++;
    aeTimeEvent *te;

    te = zmalloc(sizeof(*te));
    if (te == NULL) return AE_ERR;
    te->id = id;
    aeAddMillisecondsToNow(milliseconds,&te->when_sec,&te->when_ms);
    te->timeProc = proc;
    te->finalizerProc = finalizerProc;
    te->clientData = clientData;
    // [2]
    te->prev = NULL;
    te->next = eventLoop->timeEventHead;
    te->refcount = 0;
    if (te->next)
        te->next->prev = te;
    eventLoop->timeEventHead = te;
    return id;
}
```

【1】 初始化 aeTimeEvent 屬性。aeAddMillisecondsToNow 函數計算時間事件下次的執行時間。

【2】 頭部插到 eventLoop.timeEventHead 鏈結串列。

serverCron 時間事件非常重要，負責完成 Redis 中的大部分內部任務，如定時持久化資料、清除過期資料、清除過期用戶端等。另一部分內部任務則在 beforeSleep 函數中觸發（事件循環器每次阻塞前都呼叫的鉤子函數）。這兩個函數涉及很多功能，這裡不展示程式，後續分析到的功能涉及這兩個函數時,再分析對應程式。

Redis 啟動的最後,呼叫 aeMain 函數,啟動事件循環器。

```
void aeMain(aeEventLoop *eventLoop) {
    eventLoop->stop = 0;
    while (!eventLoop->stop) {
        aeProcessEvents(eventLoop, AE_ALL_EVENTS|
                                   AE_CALL_BEFORE_SLEEP|
                                   AE_CALL_AFTER_SLEEP);
    }
}
```

只要不是 stop 狀態,while 迴圈就一直執行下去,呼叫 aeProcessEvents 函數處理事件。Redis 是一個事件驅動程式,正是該事件循環器驅動 Redis 執行並提供服務。

6.3 事件循環器的執行

Redis 執行期間,aeProcessEvents 函數被不斷迴圈呼叫,處理 Redis 中的事件。

```
int aeProcessEvents(aeEventLoop *eventLoop, int flags)
{
    int processed = 0, numevents;

    if (!(flags & AE_TIME_EVENTS) && !(flags & AE_FILE_EVENTS)) return 0;

    // [1]
    if (eventLoop->maxfd != -1 ||
        ((flags & AE_TIME_EVENTS) && !(flags & AE_DONT_WAIT))) {
        int j;
        // [2]
        aeTimeEvent *shortest = NULL;
        struct timeval tv, *tvp;
        if (flags & AE_TIME_EVENTS && !(flags & AE_DONT_WAIT))
            shortest = aeSearchNearestTimer(eventLoop);
```

```
    ...

    // [3]
    if (eventLoop->beforesleep != NULL && flags & AE_CALL_BEFORE_SLEEP)
        eventLoop->beforesleep(eventLoop);

    // [4]
    numevents = aeApiPoll(eventLoop, tvp);

    // [5]
    if (eventLoop->aftersleep != NULL && flags & AE_CALL_AFTER_SLEEP)
        eventLoop->aftersleep(eventLoop);
    // more
    }
}
```

參數說明：

- flags：指定 aeProcessEvents 函數處理的事件類型和事件處理策略。
- AE_ALL_EVENTS：處理所有事件。
- AE_FILE_EVENTS：處理檔案事件。
- AE_TIME_EVENTS：處理時間事件。
- AE_DONT_WAIT：是否阻塞處理程序。
- AE_CALL_AFTER_SLEEP：阻塞後是否呼叫 eventLoop.aftersleep 函數。
- AE_CALL_BEFORE_SLEEP：阻塞前是否呼叫 eventLoop.beforesleep 函數。

【1】 阻塞處理程序，等待檔案事件就緒或時間事件到達執行時間。

【2】 按以下規則計算處理程序最大阻塞時間。

（1）尋找最先執行的時間事件，如果能找到，則將該事件執行時間減去目前時間作為處理程序的最大阻塞時間。

（2）找不到時間事件，檢查 flags 參數中是否 AE_DONT_WAIT 標示，若不存在，則處理程序將一直阻塞，直到有檔案事件就緒；若存在，則處理程序不阻塞，將不斷詢問系統是否有

已就緒的檔案事件。另外，如果 eventLoop.flags 中存在 AE_
DONT_WAIT 標示，那麼處理程序也不會阻塞。

【3】　處理程序阻塞前，執行鉤子函數 beforeSleep。

【4】　aeApiPoll 函數由 I/O 重複使用層實現，負責阻塞目前處理程序，直
到有檔案事件就緒或指定時間到期。該函數傳回已就緒檔案事件的
數量，並將這些事件儲存在 aeEventLoop.fired 中。

【5】　處理程序阻塞後，執行鉤子函數 aftersleep。

由於 Redis 只有一個處理函數為 serverCron 的時間事件，這裡處理程序的
最大阻塞時間為 serverCron 時間事件的下次執行時間。

```
int aeProcessEvents(aeEventLoop *eventLoop, int flags)
{
    ...
        // [6]
        for (j = 0; j < numevents; j++) {
            aeFileEvent *fe = &eventLoop->events[eventLoop->fired[j].fd];
            int mask = eventLoop->fired[j].mask;
            int fd = eventLoop->fired[j].fd;
            int fired = 0;

            // [7]
            int invert = fe->mask & AE_BARRIER;

            if (!invert && fe->mask & mask & AE_READABLE) {
                fe->rfileProc(eventLoop,fd,fe->clientData,mask);
                fired++;
                fe = &eventLoop->events[fd];
            }

            // [8]
            if (fe->mask & mask & AE_WRITABLE) {
                if (!fired || fe->wfileProc != fe->rfileProc) {
                    fe->wfileProc(eventLoop,fd,fe->clientData,mask);
                    fired++;
                }
            }
```

```
        // [9]
        if (invert) {
            fe = &eventLoop->events[fd];
            if ((fe->mask & mask & AE_READABLE) &&
                (!fired || fe->wfileProc != fe->rfileProc))
            {
                fe->rfileProc(eventLoop,fd,fe->clientData,mask);
                fired++;
            }
        }

        processed++;
    }
}

// [10]
if (flags & AE_TIME_EVENTS)
    processed += processTimeEvents(eventLoop);

return processed;
}
```

【6】 aeApiPoll 函數傳回已就緒的檔案事件數量，這裡處理所有已就緒的檔案事件。

【7】 如果就緒的是 AE_READABLE 事件，則呼叫 rfileProc 函數處理。通常 Redis 先處理 AE_READABLE 事件，再處理 AE_WRITABLE 事件，這有助伺服器儘快處理請求並回覆結果給用戶端。如果 aeFileEvent.mask 中設定了 AE_BARRIER 標示，則優先處理 AE_WRITABLE 事件。AE_WRITABLE 是 Redis 中預留的功能，Redis 中並沒有使用該標示。

【8】 如果就緒的是 AE_WRITABLE 事件，則呼叫 wfileProc 函數處理。

【9】 如果 aeFileEvent.mask 中設定了 AE_BARRIER 標示，則在這裡處理 AE_READABLE 事件。

【10】processTimeEvents 函數處理時間事件。

```c
static int processTimeEvents(aeEventLoop *eventLoop) {
    int processed = 0;
    aeTimeEvent *te;
    long long maxId;
    time_t now = time(NULL);

    // [1]
    if (now < eventLoop->lastTime) {
        te = eventLoop->timeEventHead;
        while(te) {
            te->when_sec = 0;
            te = te->next;
        }
    }
    eventLoop->lastTime = now;
    // [2]
    te = eventLoop->timeEventHead;
    maxId = eventLoop->timeEventNextId-1;
    while(te) {
        long now_sec, now_ms;
        long long id;

        // [3]
        if (te->id == AE_DELETED_EVENT_ID) {
            ...
            continue;
        }

        ...

        // [4]
        aeGetTime(&now_sec, &now_ms);
        if (now_sec > te->when_sec ||
            (now_sec == te->when_sec && now_ms >= te->when_ms))
        {
            int retval;

            id = te->id;
            te->refcount++;
```

```
        retval = te->timeProc(eventLoop, id, te->clientData);
        te->refcount--;
        processed++;
        if (retval != AE_NOMORE) {
            aeAddMillisecondsToNow(retval,&te->when_sec,&te->when_ms);
        } else {
            te->id = AE_DELETED_EVENT_ID;
        }
    }
    // [5]
    te = te->next;
    }
    return processed;
}
```

【1】 上一次執行事件的時間比目前時間還大，說明系統時間混亂了（由於系統時鐘偏移等原因）。這裡將所有時間事件 when_sec 設定為 0，這樣會導致時間事件提前執行，由於提前執行事件的危害比延後執行的小，所以 Redis 執行了該操作。

【2】 遍歷時間事件。

【3】 aeTimeEvent.id 等於 AE_DELETED_EVENT_ID，代表該時間事件已刪除，將其從鏈結串列中移除。

【4】 如果時間事件已到達執行時間，則執行 aeTimeEvent.timeProc 函數。該函數執行時間事件的邏輯並傳回事件下次執行的間隔時間。事件下次執行間隔時間等於 AE_NOMORE，代表該事件需刪除，將 aeTimeEvent.id 置為 AE_DELETED_EVENT_ID，以便 processTimeEvents 函數下次執行時將其刪除。

【5】 處理下一個時間事件。

由於 Redis 中只有 serverCron 時間事件，所以這裡直接遍歷所有時間事件也不會有性能問題。

另外，Redis 提供了 hz 設定項目，代表 serverCron 時間事件的每秒執行次數，預設為 10，即每隔 100 毫秒執行一次 serverCron 時間事件。

Redis 事件機制執行流程如圖 6-2 所示。

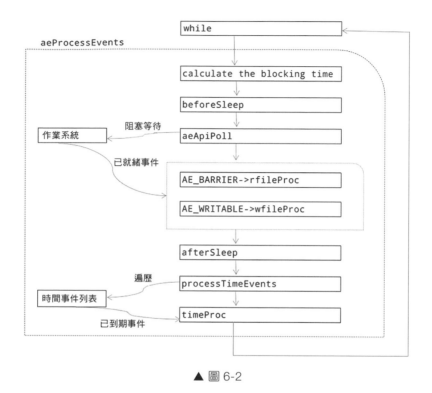

▲ 圖 6-2

這種事件機制並不是 Redis 獨有的，Netty、MySQL 等程式都是事件驅動
的，都使用了類似的事件機制。

《複習》

（1）Redis 採用事件驅動機制，即透過一個無窮迴圈，不斷處理服務中發
　　　生的事件。
（2）Redis 事件機制可以處理檔案事件和時間事件。檔案事件由系統 I/O
　　　重複使用機制產生，通常由用戶端請求觸發。時間事件定時觸發，
　　　負責定時執行 Redis 內部任務。

epoll 與網路通訊

不同 UNIX 系統對 I/O 重複使用模型的實現不同，提供的系統 API 也不同。Redis 可以支援多個 UNIX 系統的 I/O 重複使用 API。本章分析 Redis 如何使用 Linux 系統的 epoll 實現 I/O 重複使用機制，如果讀者對其他系統的 I/O 重複使用 API 感興趣，則可以自行閱讀原始程式。

7.1 I/O 重複使用模型

本章首先深入講解 I/O 重複使用模型。

在傳統阻塞 I/O 模型下，網路通訊伺服器的實現流程如圖 7-1 所示。

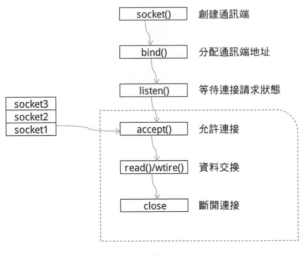

▲ 圖 7-1

這種連續處理 socket 連接的 I/O 模型存在嚴重的性能問題。舉例來說，在 accept 操作後，CPU 需要等待一段時間（等待用戶端發送的資料完成網路傳輸到達伺服器 TCP 接收緩衝區）才可以執行 read 操作。在這段時間內，CPU 不能執行任何操作，只能阻塞等待。而網路傳輸相對 CPU 操作是非常耗時的，這樣會嚴重浪費 CPU 資源。

同樣，如果 TCP 發送緩衝區已滿，則 write 操作需要等待發送緩衝區中的部分資料成功發送後（發送緩衝區寫入）才能執行。如果要在阻塞 I/O 模型下支援高併發，則必須使用大量處理程序或執行緒，這樣會給 CPU 造成壓力，導致性能低下。

如果在某個連接緩衝區資料未準備好時，伺服器處理程序不阻塞等待目前連接，而是直接去處理其他任務（已經準備好資料的連接或定時任務），直到目前連接資料準備處理程序再返回來處理目前連接資料，這樣就可以大大減少處理程序等待時間，提高網路通訊性能。

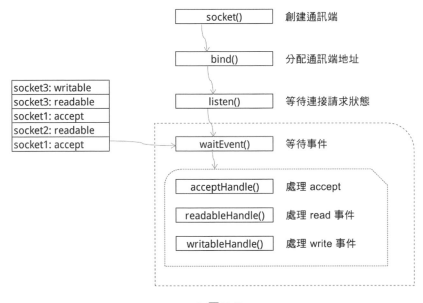

▲ 圖 7-2

這就是 I/O 重複使用模型，使用一個處理程序監聽大量連接，當某個連接緩衝區狀態變化（讀取、寫入）時，系統發送事件通知處理程序處理該連接的資料。在 I/O 重複使用模型下，少數處理程序就可以處理大量用戶端連接，甚至 Redis 單處理程序就可以支援大量的用戶端連接。現在大多數的網路服務程式（如 Nginx、Netty）都實現了 I/O 重複使用機制。

在 I/O 重複使用模式下，網路通訊伺服器的實現流程如圖 7-2 所示。

7.2 epoll 網路程式設計

epoll 是 Linux 提供的 I/O 重複使用 API，也是 Redis 在 Linux 下預設使用的 I/O 重複使用 API。下面是一個使用 epoll 實現的回聲伺服器。透過這段程式，讀者可以了解 UNIX 網路程式設計及 epoll 的使用方式。

【例 7-1】：

```c
#include <stdio.h>
#include <stdlib.h>
#include <string.h>
#include <unistd.h>
#include <arpa/inet.h>
#include <sys/socket.h>
#include <sys/epoll.h>
#include <errno.h>

#define BUF_SIZE 1024
#define EPOLL_SIZE 50

int main(int argc, char *argv[]) {
    // [1]
    int serv_sock= socket(PF_INET, SOCK_STREAM, 0);
    // [2]
    struct sockaddr_in serv_adr;
    memset(&serv_adr, 0, sizeof(serv_adr));
```

```
serv_adr.sin_family=AF_INET;
serv_adr.sin_addr.s_addr=htonl(INADDR_ANY);
serv_adr.sin_port=htons(6371);
if(bind(serv_sock, (struct sockaddr*)&serv_adr, sizeof(serv_adr))==-
1) {
    printf("bind error(%d:%s)\n",errno, strerror(errno));
    exit(1);
}
// [3]
if(listen(serv_sock, 5)==-1) {
    printf("listen error(%d:%s)\n",errno, strerror(errno));
    exit(1);
}
// [4]
int epfd=epoll_create(EPOLL_SIZE);
// [5]
struct epoll_event event;
event.events=EPOLLIN;
event.data.fd=serv_sock;
epoll_ctl(epfd, EPOLL_CTL_ADD, serv_sock, &event);

char buf[BUF_SIZE];
struct epoll_event *ep_events;
ep_events=malloc(sizeof(struct epoll_event)*EPOLL_SIZE);
while(1){
    // [6]
    int event_cnt=epoll_wait(epfd, ep_events, EPOLL_SIZE, -1);

    if(event_cnt==-1){
        printf("epoll_wait error\n");
        break;
    }

    for(int i=0; i < event_cnt; i++) {
        if(ep_events[i].data.fd==serv_sock) {
            // [7]
            struct sockaddr_in read_adr;
            socklen_t adr_sz=sizeof(read_adr);
```

```
                int read_sock=accept(serv_sock, (struct sockaddr*)&read_
adr, &adr_sz);

                event.events=EPOLLIN;
                event.data.fd=read_sock;
                epoll_ctl(epfd, EPOLL_CTL_ADD, read_sock, &event);
                printf("connected client fd:%d\n", read_sock);
            } else {
                printf("receive event:%d\n",ep_events[i].events);
                // [8]
                if(ep_events[i].events & EPOLLIN) {
                    int str_len=read(ep_events[i].data.fd, buf, BUF_SIZE);
                    if(str_len==0) {
                        epoll_ctl(epfd,EPOLL_CTL_DEL,ep_events[i].data.
fd,NULL);
                        close(ep_events[i].data.fd);
                        printf("close client fd:%d\n", ep_events[i].data.
fd);
                    } else {
                        printf("read data:%s\n", buf);
                        write(ep_events[i].data.fd, buf, str_len);
                    }
                }
            }
        }
    }
    // [9]
    close(serv_sock);
    close(epfd);
    return 0;
}
```

【1】 建立一個 IPv4 協定族中連線導向的 Socket 通訊端。函數原型為 int
    socket(int domain,int type,int protocol)，成功則傳回建立的監聽通訊
    端檔案描述符號。

函數參數說明：

- domain：通訊端中使用的協定族（Protocal Family），有以下值：
  - mPF_INET：IPv4 網際網路協定族。
  - mPF_INET6：IPv6 網際網路協定族。
  - mPF_LOCAL：本地通訊的 UNIX 協定族。

- type：通訊端資料傳輸類型，有以下值：
  - mSOCK_STREAM：連線導向的通訊端，使用 TCP 協定。
  - mSOCK_DGRAM：針對訊息的通訊端，使用 UDP 協定。

- protocol：傳輸協定，常用的有 IPPROTO_TCP 和 IPPTOTO_UDP，分別表示 TCP 傳輸協定和 UDP 傳輸協定。通常為 0，作業系統會自動推斷出協定類型。除非某一種協定族和資料傳輸類型的組合下支援不同的傳輸協定。

【2】　分配 IP 位址和通訊埠編號。函數原型為 int bind(int sockfd, struct sockaddr * myaddr, socklen_t addrlen)。

函數參數說明：

- sockfd：待分配 IP 位址和通訊埠編號的通訊端檔案描述符號。
- myaddr：儲存位址資訊的結構變數位址。
- addrlen：第二個結構變數長度。

注意 bind(serv_sock, (struct sockaddr*)&serv_adr, sizeof(serv_adr)) 中第二個參數的處理。sockaddr_in、sockaddr 兩個結構的內容完全一致，不過 sockaddr 使用一個陣列屬性儲存通訊端位址和通訊埠資訊，使用不方便，所以通常使用 sockaddr_in，並強制轉換成 sockaddr 結構。

sockaddr_in、sockaddr 結構的定義比較如下：

```
struct sockaddr_in
{
    sa_family_t    sin_family;        // 位址族
```

```
    unit16_t        sin_port;           // 2 位元組，16 為 TCP/UDP 通訊埠編號
    struct in_addr sin_addr;            // 4 位元組，32 位元 IP 位址
    char            sin_zero[8];        // 不使用
}

struct sockaddr {
    sa_family_t sin_family; // 位址族
    char sa_data[14];       //14 位元組，包含通訊端位址和通訊埠資訊
}
```

sockaddr_in.sin_family 有以下設定值：

- AF_INET：IPv4 網路通訊協定中使用的位址族。
- AF_INET6：IPv6 網路通訊協定中使用的位址族。
- AF_LOCAL：本地通訊使用的 UNIX 協定位址族。

sockaddr_in.sin_addr.s_addr 設定值為 INADDR_ANY，將自動獲取伺服器的 IP 位址。

注意，在對 sockaddr_in.sin_addr.s_addr、serv_adr.sin_port 兩個屬性設定值前，需要先呼叫 htonl、htons 函數將 long、short 類型資料從主機位元組序轉化為網路位元組序。網路傳輸資料時統一使用大端位元組序，稱為網路位元組序，我們只需要轉換 sockaddr_in 結構的位元組序，網路通訊中的其他資料由作業系統轉換位元組序：傳輸前將資料轉為網路位元組序，接收的資料在保存之前先轉為主機位元組序。

【3】伺服器通訊端轉化為可接收連接狀態。函數原型為 int listen(int sock, int backlog)。

函數參數說明：

- sock：待處理的通訊端檔案描述符號。
- backlog：連接請求等待佇列（Queue）長度，若為 5，則佇列長度為 5，表示最多接收 5 個連接請求進入佇列。用戶端在伺服器詢問是否允

許連接，如果伺服器發現請求等待隊還有空位，則回覆允許連接，並
將連接請求增加到請求等待佇列中等待處理。

【4】　建立一個 epoll 實例。函數原型為 int epoll_create(int size)，成功則
傳回 epoll 專用檔案描述符號。從 Linux 2.6.8 開始，size 參數被忽
略（大於 0 即可）。

【5】　在 epoll 實例增加、修改、刪除監聽物件。函數原型為 int epoll_
ctl(int epfd, int op, int fd, struct epoll_event * event)。

函數參數說明：

■ epfd：epoll 專用檔案描述符號，用於指定 epoll 實例。

■ op：指定監聽物件的增加、刪除或更改等操作。op 的部分設定值如
下：

　• EPOLL_CTL_ADD：將監聽物件註冊到 epoll 實例。

　• EPOLL_CTL_DEL：從 epoll 實例中刪除監聽物件。

　• EPOLL_CTL_MOD：更改監聽物件的監聽事件。

■ fd：監聽物件的檔案描述符號。

■ event：event.events 指定監聽的事件類型。event 的部分設定值如下：

　• EPOLLIN 事件：緩衝區目前讀取。

　• EPOLLOUT 事件：緩衝區目前寫入（緩衝區空閒空間超過特定閾
值）。

　• EPOLLERR：發送錯誤。

　• EPOLLHUP：連接被斷開。

　• EPOLLET：以邊緣觸發的方式得到事件通知。

在 I/O 重複使用模型中，當新連接請求進來後，會觸發監聽通訊端的讀取
事件。所以這裡只需要監聽伺服器通訊端的 EPOLLIN 事件即可。

而在第 7 步中，accept 函數得到資料通訊端後，也只監聽了資料通訊端
EPOLLIN 事件。資料通訊端的 EPOLLOUT 事件通常在發送大檔案資料

時才需要監聽。當輸出緩衝區已滿時，透過監聽 EPOLLOUT 事件以便在緩衝區寫入時繼續發送資料。

【6】 等待監聽物件上的事件就緒或指定時間到期。函數原型為 int epoll_wait(int epfd, struct epoll_event * events, int maxevents, int timeout)。

函數參數說明：

- epfd：epoll 專用檔案描述符號，用於指定 epoll 實例。
- events：epoll_event 集合位址，用於保存發生的事件。
- maxevents：第二個參數可以保存的最大事件數量。
- timeout：阻塞等待時間，單位為毫秒，-1 代表一直等待直到有事件就緒。

【7】 在分析 epoll 函數之前，先分析 accept 函數，該函數處理等待佇列中的連接請求。函數原型為 int accept(int sock, struct sockaddr * addr, socklent_t * addrlent)，成功則傳回建立的資料通訊端檔案描述符號。

函數參數說明：

- sock：伺服器監聽通訊端檔案描述符號。
- addr：用於保存用戶端位址資訊，函數呼叫完成後會填充用戶端位址資訊到該參數指向的結構。
- addrlen：第二個參數變數長度。

注意

函數呼叫成功後，accept 函數將自動建立一個用於資料 I/O 的通訊端，並將該通訊端與發起請求的用戶端建立連接。透過該通訊端，伺服器可以與用戶端完成資料交換。

資料通訊端與監聽通訊端區別：

▶ 監聽通訊端：負責監聽、處理新的連接請求。
▶ 資料通訊端：負責完成伺服器與用戶端之間的資料交換。

如果目前沒有待處理的請求並且通訊端沒有設定為非阻塞模式，則 accept 函數會一直阻塞直到新的連接請求進來。如果通訊端設定為非阻塞模式並且沒有待處理的請求，accept 函數會立即返回，並設定 errno 為 EAGAIN 或 EWOULDBLOCK。

> **提示**
>
> errno 是 POSIX 標準定義的全域變數，記錄目前執行緒的最後一次錯誤程式。

下面來看一下 epoll，它實際上是一個函數族，包括 epoll_create、epoll_ctl、epoll_wait 函數。

【8】 已就緒事件是 EPOLLIN 事件，讀取用戶端資料。如果讀取到的資料為空，通常是因為連接斷開了，則關閉用戶端連接。不然將讀取到的資料傳回給用戶端。

【9】 服務結束，關閉 epoll 實例和伺服器通訊端。

epoll 函數中還有兩個重要概念—條件觸發和邊緣觸發，它們指定 EPOLLIN 和 EPOLLOUT 事件的觸發時機。epoll 預設使用條件觸發模式，在該模式下，事件的觸發時機如下：

■ EPOLLIN 事件：緩衝區目前讀取。
■ EPOLLOUT 事件：緩衝區目前寫入。

在邊緣觸發模式下，事件的觸發時機如下：

■ EPOLLOUT 事件：只有在緩衝區從不寫入狀態切換到寫入狀態，才會觸發一次。
■ EPOLLIN 事件：只有在收到用戶端資料時才會觸發一次。

下面透過幾個例子來説明這兩個觸發模式。

例子 1：將例 7-1 程式中的 BUF_SIZE 改成 3（伺服器端每次讀取 3 位元組）。

```
#define BUF_SIZE 3
```

使用 **telnet** 發送資料：

```
binecy@binecy:~/c_program/fund$ telnet 127.0.0.16371
1234567
1234567（收到的結果）
```

伺服器輸出：

```
connected client fd:13
receive event:1
read data:123
receive event:1
read data:456
receive event:1
read data:7
```

提示

receive event 中輸出就緒事件類型，1 為 EPOLLIN。用戶端寫入了 7 位元組，而伺服器端每次讀取 3 位元組。可以看到，在條件觸發模式下，讀取資料後如果快取區內還有資料（讀取狀態），則會再次觸發 EPOLLIN 事件。

例子 2：在例子 1 的基礎上繼續修改程式，在例 7-1 的步驟 7 的 event. events 中再加上 EPOLLOUT，監聽 EPOLLOUT 事件。

```
    if(ep_events[i].data.fd==serv_sock) {
        struct sockaddr_in clnt_adr;
        socklen_t adr_sz=sizeof(clnt_adr);
        int clnt_sock=accept(serv_sock, (struct sockaddr*)&clnt_adr,
  &adr_sz);

        event.events=EPOLLIN|EPOLLOUT;
```

```
        event.data.fd=clnt_sock;
        epoll_ctl(epfd, EPOLL_CTL_ADD, clnt_sock, &event);
        printf("connected client:%d\n", clnt_sock);
    }
```

使用 telnet 連接伺服器後，伺服器便不斷列印內容：

```
connected client fd:5
receive event:4
receive event:4
receive event:4
...
```

提示

receive event 輸出為 4，代表就緒事件為 EPOLLOUT。由於發送緩衝區一直都是寫入狀態，則不斷觸發 EPOLLOUT 事件。

例子 3：在例子 2 的基礎上繼續修改程式，在例 7-1 的步驟 7 的 event.events 中再加上 EPOLLET，轉化為邊緣觸發模式。

```
    if(ep_events[i].data.fd==serv_sock) {
        struct sockaddr_in clnt_adr;
        socklen_t adr_sz=sizeof(clnt_adr);
        int clnt_sock=accept(serv_sock, (struct sockaddr*)&clnt_adr,
 &adr_sz);

        event.events=EPOLLIN|EPOLLOUT|EPOLLET;
        event.data.fd=clnt_sock;
        epoll_ctl(epfd, EPOLL_CTL_ADD, clnt_sock, &event);
        printf("connected client:%d\n", clnt_sock);
    }
```

同樣使用 telnet 發送資料 1234567：

```
binecy@binecy:~/ 文件 /blog-redis-source/part2$ telnet 127.0.0.16371
1234567
123（收到的結果）
```

伺服器輸出：

```
connected client fd:13
receive event:4
receive event:5（收到用戶端資料時觸發）
read data:123
```

receive event 為 5 代表觸發事件為 EPOLLIN|EPOLLOUT。

可以看到，在邊緣觸發模式下，EPOLLIN 事件會在收到用戶端資料時觸發一次（receive event 為 5），並且在讀取資料後，即使快取區內還有資料也不再觸發 EPOLLIN 事件。

另外，EPOLLOUT 事件在連接成功（receive event 為 4）、收到用戶端資料時（receive event 為 5）觸發一次。

UNIX 網路程式設計涉及很多內容，本節希望透過這個簡單例子幫助讀者了解 UNIX 網路程式設計的基礎知識，關於 UNIX 網路程式設計的詳細內容，讀者可以參考以下經典圖書：《TCP/IP 網路程式設計》（尹聖雨著）、《UNIX 網路程式設計》。

7.3 Redis 網路通訊啟動過程

本節我們介紹如何透過 Redis 在 Linux 下實現網路通訊。

7.3.1 Redis 網路服務

Redis 啟動時，呼叫 server.c/listenToPort 函數打開通訊端，並綁定通訊埠（由 initServer 函數觸發）：

```
int listenToPort(int port, int *fds, int *count) {
    int j;

    // [1]
```

```
    if (server.bindaddr_count == 0) server.bindaddr[0] = NULL;
    for (j = 0; j < server.bindaddr_count || j == 0; j++) {
        // [2]
        if (server.bindaddr[j] == NULL) {
            ...
        } else if (strchr(server.bindaddr[j],':')) {
            // [3]
            fds[*count] = anetTcp6Server(server.neterr,port,server.
                          bindaddr[j],server.tcp_backlog);
        } else {
            // [4]
            fds[*count] = anetTcpServer(server.neterr,port,
                          server.bindaddr[j],server.tcp_backlog);
        }
        ...
        // [5]
        anetNonBlock(NULL,fds[*count]);
        (*count)++;
    }
    return C_OK;
}
```

【1】 如果設定項目中沒有指定 IP 位址，則將 server.bindaddr[j] 設定值為 NULL。

【2】 如果 server.bindaddr[j] == NULL，則綁定 0.0.0.0 位址。

【3】 綁定 IPv6 位址。

【4】 綁定 IPv4 位址。

【5】 設定通訊端為非阻塞模式。

anetTcpServer、anetTcp6Server 兩個函數都呼叫了 anet.c/_anetTcpServer 函數來處理相關邏輯：

```
static int _anetTcpServer(char *err, int port, char *bindaddr, int af,
int backlog)
{
    int s = -1, rv;
    char _port[6];
```

```
struct addrinfo hints, *servinfo, *p;
// [1]
snprintf(_port,6,"%d",port);
memset(&hints,0,sizeof(hints));
hints.ai_family = af;
hints.ai_socktype = SOCK_STREAM;
hints.ai_flags = AI_PASSIVE;
if ((rv = getaddrinfo(bindaddr,_port,&hints,&servinfo)) != 0) {
    anetSetError(err, "%s", gai_strerror(rv));
    return ANET_ERR;
}
// [2]
for (p = servinfo; p != NULL; p = p->ai_next) {
    // [3]
    if ((s = socket(p->ai_family,p->ai_socktype,p->ai_protocol)) == -1)
        continue;
    // [4]
    if (af == AF_INET6 && anetV6Only(err,s) == ANET_ERR) goto error;
    if (anetSetReuseAddr(err,s) == ANET_ERR) goto error;
    // [5]
    if (anetListen(err,s,p->ai_addr,p->ai_addrlen,backlog) == ANET_
ERR) s = ANET_ERR;
    goto end;
}
...
}
```

參數說明：

- err：用於記錄錯誤訊息。
- port、bindaddr：綁定的通訊埠和 IP 位址。
- af：指定 IP 類型為 IPv4 或 IPv6。

【1】 getaddrinfo 函數將主機名稱或點分十進位格式的 IP 位址解析為數值
格式的 IP 位址。

【2】 處理 getaddrinfo 函數傳回的所有 IP 位址。

【3】 呼叫 C 語言 socket 函數，打開通訊端。

【4】 anetV6Only 函數開啟 IPv6 連接的 IPV6_V6ONLY 標示，限制該連接僅能發送和接收 IPv6 資料封包。

呼叫 anetSetReuseAddr 函數開啟 TCP 的 SO_REUSEADDR 選項，保證通訊埠釋放後可以立即被再次使用。

【5】 呼叫 anetListen 函數監聽通訊埠。

```
static int anetListen(char *err, int s, struct sockaddr *sa, socklen_t
len, int backlog) {
    // [1]
    if (bind(s,sa,len) == -1) {
        anetSetError(err, "bind: %s", strerror(errno));
        close(s);
        return ANET_ERR;
    }
    // [2]
    if (listen(s, backlog) == -1) {
        anetSetError(err, "listen: %s", strerror(errno));
        close(s);
        return ANET_ERR;
    }
    return ANET_OK;
}
```

【1】 綁定通訊埠。
【2】 伺服器通訊端轉換到可接收連接狀態。

7.3.2 Redis 中的 epoll

上面已經透過回聲伺服器說明了 epoll 函數的用法。下面看一下 ae_epoll.c，Redis 如何利用 epoll 在 Linux 中實現 I/O 重複使用機制。

aeApiState 結構負責存放 epoll 的資料：

```
typedef struct aeApiState {
    int epfd;
```

```
    struct epoll_event *events;
} aeApiState;
```

- epfd：epoll 專用檔案描述符號。
- events：epoll 的事件結構，用於接收已就緒的事件。

aeApiCreate 函數在建立事件循環器時被呼叫，負責初始化 I/O 重複使用
機制的上下文環境：

```
static int aeApiCreate(aeEventLoop *eventLoop) {
    // [1]
    aeApiState *state = zmalloc(sizeof(aeApiState));

    if (!state) return -1;

    state->events = zmalloc(sizeof(struct epoll_event)*eventLoop-
>setsize);
    if (!state->events) {
        zfree(state);
        return -1;
    }
    // [2]
    state->epfd = epoll_create(1024);
    if (state->epfd == -1) {
        zfree(state->events);
        zfree(state);
        return -1;
    }
    // [3]
    eventLoop->apidata = state;
    return 0;
}
```

【1】 建立 aeApiState 結構，並為 aeApiState.events 申請空間，用於後續
存放已就緒事件。

【2】 呼叫 epoll_create 函數建立一個 epoll 實例。

【3】 將 aeApiState 結構設定值給 eventLoop.apidata。

aeApiAddEvent 函數在事件循環器註冊檔案事件時被呼叫，負責增加對應的監聽物件：

```
static int aeApiAddEvent(aeEventLoop *eventLoop, int fd, int mask) {
    aeApiState *state = eventLoop->apidata;
    struct epoll_event ee = {0};

    // [1]
    int op = eventLoop->events[fd].mask == AE_NONE ?
            EPOLL_CTL_ADD : EPOLL_CTL_MOD;
    // [2]
    ee.events = 0;
    mask |= eventLoop->events[fd].mask;
    if (mask & AE_READABLE) ee.events |= EPOLLIN;
    if (mask & AE_WRITABLE) ee.events |= EPOLLOUT;
    ee.data.fd = fd;
    // [3]
    if (epoll_ctl(state->epfd,op,fd,&ee) == -1) return -1;
    return 0;
}
```

【1】 如果該檔案描述符號已經存在監聽物件，則使用 EPOLL_CTL_
MOD 標示修改監聽物件，否則使用 EPOLL_CTL_ADD 標示增加監
聽物件。

【2】 將 AE 抽象層事件類型轉化為 epoll 事件類型。AE 抽象層定義的
AE_READABLE 對應 epoll 的 EPOLLIN 事件，AE 抽象層定義的
AE_WRITABLE 對應 epoll 的 EPOLLOUT 事件。從這裡也可以看
到，Redis 使用了 epoll 的條件觸發模式。

【3】 呼叫 epoll_ctl 函數，在 epoll 實例增加或修改監聽物件。

aeApiPoll 在事件循環器每次迴圈中被呼叫，負責阻塞處理程序等待事件
發生或指定時間到期：

```
static int aeApiPoll(aeEventLoop *eventLoop, struct timeval *tvp) {
    aeApiState *state = eventLoop->apidata;
    int retval, numevents = 0;
```

```
// [1]
retval = epoll_wait(state->epfd,state->events,eventLoop->setsize,
        tvp ? (tvp->tv_sec*1000 + tvp->tv_usec/1000) : -1);
if (retval > 0) {
    int j;
    numevents = retval;
    // [2]
    for (j = 0; j < numevents; j++) {
        int mask = 0;
        struct epoll_event *e = state->events+j;

        if (e->events & EPOLLIN) mask |= AE_READABLE;
        if (e->events & EPOLLOUT) mask |= AE_WRITABLE;
        if (e->events & EPOLLERR) mask |= AE_WRITABLE|AE_READABLE;
        if (e->events & EPOLLHUP) mask |= AE_WRITABLE|AE_READABLE;
        eventLoop->fired[j].fd = e->data.fd;
        eventLoop->fired[j].mask = mask;
    }
}
return numevents;
}
```

【1】 呼叫 epoll_wait 函數，阻塞等待事件發生或指定時間到期。

【2】 如果 I/O 重複使用機制中有事件就緒，則將已就緒事件載入到
eventLoop.fired 中。

- epoll 的 EPOLLIN、EPOLLERR、EPOLLHUP 事件轉化為 AE 抽象層
的 AE_READABLE 事件。

- epoll 的 EPOLLOUT、EPOLLERR、EPOLLHUP 事件轉化為 AE 抽象
層的 AE_WRITABLE 事件。

讀者可以結合本章對 epoll 函數的講解，以及上一章對 Redis 事件機制的
分析，深入了解 Redis 中的事件機制，並將以下流程梳理清楚：

（1）如何為某一個檔案描述符號註冊事件回呼函數？

（2）什麼場景下檔案描述符號會觸發檔案事件（用戶端連接、發送請求）？

（3）檔案事件被觸發後如何呼叫回呼函數？

用戶端

前面的章節已經分析了 Redis 伺服器中網路通訊的實現，本章分析 Redis 中對用戶端的封裝處理。

本章中的用戶端是指 Redis 伺服器將每個客戶連接封裝為用戶端。而用戶端還有一個含義，指 redis-cli 等 Redis 使用工具，請讀者不要混淆這兩個概念。

8.1 定義

connection.h/connection 結構負責儲存每個連接的相關資訊：

```
struct connection {
    ConnectionType *type;
    ConnectionState state;
    short int flags;
    short int refs;
    int last_errno;
    void *private_data;
    ConnectionCallbackFunc conn_handler;
    ConnectionCallbackFunc write_handler;
    ConnectionCallbackFunc read_handler;
    int fd;
};
```

- type：ConnectionType 結構，包含操作連接通道的函數，如 connect、write、read。

- state：ConnectionState 結構，定義連接狀態，包括 CONN_STATE_ CONNECTING、CONN_STATE_ACCEPTING、CONN_STATE_ CONNECTED、CONN_STATE_CLOSED、CONN_STATE_ERROR 等 值。
- last_errno：該連接最新的 errno。
- private_data：用於存放附加資料，如 client。
- conn_handler、write_handler、read_handler：執行連接、讀取、寫入 操作的回呼函數。
- fd：資料通訊端描述符號。

Redis 將與連接相關的邏輯都封裝到 connection 中，connection.type 是操 作連接的 API。Redis 透過 connection.type 提供的函數操作連接，而非直 接操作連接。

Redis 在收到新的連接請求時，會呼叫 connCreateAcceptedSocket 函數為 網路連接建立一個 connection，這些 connection 的 type 屬性都指向 CT_ Socket，CT_Socket 指定了所有操作 Socket 連接的函數。

```
ConnectionType CT_Socket = {
    .ae_handler = connSocketEventHandler,
    .close = connSocketClose,
    .write = connSocketWrite,
    .read = connSocketRead,
    .accept = connSocketAccept,
    .connect = connSocketConnect,
    .set_write_handler = connSocketSetWriteHandler,
    .set_read_handler = connSocketSetReadHandler,
    ...
};
```

set_write_handler、set_read_handler 負責為連接註冊 write、read 事件回呼 函數，connSocket- SetWriteHandler、connSocketSetReadHandler 函數會 將 ae_handler 註冊為回呼函數，ae_handler 指向 connSocketEventHandler

函數，connSocketEventHandler 函數是一個分發函數，將根據事件類型，呼叫真正的回呼函數（connection.write_handler，connection.read_handler）執行邏輯處理。

> **提示**
>
> CT_Socket 結構中的屬性以 "." 開頭，這是 C99 標準定義的結構初始化方法，在宣告屬性的同時初始化屬性。

下面看一下用戶端結構，server.h/client 結構負責儲存每個用戶端的相關資訊，連接建立成功後，Redis 將建立一個 client 結構維護用戶端資訊。

```
typedef struct client {
    uint64_t id;
    connection *conn;
    int resp;
    redisDb *db;
    robj *name;
    sds querybuf;
    size_t qb_pos;
    sds pending_querybuf;
    size_t querybuf_peak;
    int argc;
    robj **argv;
    ...
} client;
```

本章關注以下屬性：

- querybuf：查詢緩衝區，用於存放用戶端請求資料。
- qb_pos：查詢緩衝區最新讀取位置。
- querybuf_peak：用戶端單次讀取請求資料量的峰值。
- reqtype：請求資料協定類型。
- multibulklen：目前解析的指令請求中尚未處理的指令參數量。
- bulklen：目前讀取指令參數長度。

- reply、reply_bytes：鏈結串列回覆緩衝區及其位元組數（回覆緩衝區用於快取 Redis 傳回給用戶端的回應資料）。
- buf、bufpos：固定回覆緩衝區及其最新操作位置。
- flags：用戶端標示。

本章關注以下用戶端標示：

- CLIENT_MASTER：用戶端是主節點用戶端（目前服務節點是從節點）。
- CLIENT_SLAVE：用戶端是從節點用戶端（目前服務節點是主節點）。
- CLIENT_BLOCKED：客戶端正在被 BRPOP、BLPOP 等指令阻塞。
- CLIENT_PENDING_READ：用戶端請求資料已交給 I/O 執行緒。
- CLIENT_PENDING_COMMAND：I/O 執行緒已處理完成用戶端請求資料，主處理程序可以執行指令。
- CLIENT_CLOSE_AFTER_REPLY：不再執行新指令，發送完回覆緩衝區的內容後立即關閉用戶端。出現該標示通常由於使用者對該用戶端執行了 CLIENT_KILL 指令，或用戶端請求資料封包含了錯誤的協定內容。
- CLIENT_CLOSE_AFTER_COMMAND：執行完目前指令並傳回內容後即關閉用戶端。通常在 ACL 中刪除某個使用者後，Redis 會對該使用者用戶端打開這個標示。
- CLIENT_CLOSE_ASAP：該客戶端正在關閉。
- CLIENT_MULTI：該客戶端正在執行交易。
- CLIENT_LUA：該用戶端是在 Lua 指令稿中執行 Redis 指令的偽用戶端。在 Lua 指令稿中透過 redis.call 等函數呼叫 Redis 指令，Redis 將建立一個偽用戶端執行指令。
- CLIENT_FORCE_AOF：強制將執行的指令寫入 AOF 檔案，即使指令並沒有變更資料。
- CLIENT_FORCE_REPL：強制將目前執行的指令複製給所有從節點，即使指令並沒有變更資料。

- CLIENT_PREVENT_AOF_PROP：禁止將目前執行的指令寫入 AOF 檔案，即使指令已變更資料。
- CLIENT_PREVENT_REPL_PROP：禁止將目前執行的指令複製給從節點，即使指令已變更資料。
- CLIENT_PREVENT_PROP：禁止將目前執行的指令寫入 AOF 檔案及複製給從節點，即使指令已變更資料。
- CMD_CALL_SLOWLOG：記錄慢查詢。
- CMD_CALL_STATS：統計指令執行資訊。
- CLIENT_TRACKING_CACHING：用戶端開啟了用戶端快取功能。

8.2 建立用戶端

Redis 啟動時，會為 Socket 連接（監聽通訊端）註冊 AE_READABLE 檔案事件的回呼函數 acceptTcpHandler 函數（可回顧第 5 章對 server.c/ initServer 函數的分析）。acceptTcpHandler 函數負責接收用戶端連接，建立資料交換通訊端，並為資料通訊端註冊檔案事件回呼函數：

```
void acceptTcpHandler(aeEventLoop *el, int fd, void *privdata, int mask)
{
    int cport, cfd, max = MAX_ACCEPTS_PER_CALL;
    char cip[NET_IP_STR_LEN];
    UNUSED(el);
    UNUSED(mask);
    UNUSED(privdata);
    // [1]
    while(max--) {
        // [2]
        cfd = anetTcpAccept(server.neterr, fd, cip, sizeof(cip), &cport);
        if (cfd == ANET_ERR) {
            if (errno != EWOULDBLOCK)
                serverLog(LL_WARNING,
                    "Accepting client connection: %s", server.neterr);
            return;
```

```
        }
        serverLog(LL_VERBOSE,"Accepted %s:%d", cip, cport);
        // [3]
        acceptCommonHandler(connCreateAcceptedSocket(cfd),0,cip);
    }
}
```

【1】 每次事件循環中最多接受 MAX_ACCEPTS_PER_CALL(1000) 個客
戶請求，防止短時間內處理過多客戶請求導致處理程序阻塞。

【2】 anetTcpAccept 函數會呼叫 C 語言的 accept 函數接收新的用戶端連
接，並傳回資料通訊端檔案描述符號。如果目前沒有待處理的連接
請求，則該函數傳回 ANET_ERR，這時會退出函數。當有新的連接
請求進來時，Redis 事件循環器會重新呼叫 acceptTcpHandler 函數。

【3】 connCreateAcceptedSocket 函數建立並傳回 connection 結構。該函
數前面已經介紹過了。

acceptCommonHandler 函數執行連接建立後的邏輯，如建立 client 結構、
為資料通訊端註冊檔案事件回呼函數：

```
static void acceptCommonHandler(connection *conn, int flags, char *ip) {

    client *c;
    char conninfo[100];
    UNUSED(ip);
    ...

    // [1]
    if (listLength(server.clients) + getClusterConnectionsCount()
        >= server.maxclients)
    {
        ...
        server.stat_rejected_conn++;
        connClose(conn);
        return;
    }

    // [2]
    if ((c = createClient(conn)) == NULL) {
```

```
    ...
    connClose(conn);
    return;
  }

  c->flags |= flags;

  // [3]
  if (connAccept(conn, clientAcceptHandler) == C_ERR) {
      ...
      return;
  }
}
```

【1】 如果 client 數量加上 Cluster 連接數量已經超過 server.maxclients 設
定項目，則傳回錯誤訊息並關閉網路連接。

【2】 建立 client 結構，儲存用戶端資料。

【3】 設定 clientAcceptHandler 為 Accept 回呼函數。該函數會被立即
呼叫，它主要檢查伺服器是否開啟 protected 模式，如果開啟了
protected 模式而且用戶端連接沒有滿足要求，則傳回錯誤訊息並關
閉用戶端。

createClient 函數為每個連接建立對應的 client 結構：

```
client *createClient(connection *conn) {
    client *c = zmalloc(sizeof(client));

    // [1]
    if (conn) {
        connNonBlock(conn);
        connEnableTcpNoDelay(conn);
        if (server.tcpkeepalive)
            connKeepAlive(conn,server.tcpkeepalive);
        connSetReadHandler(conn, readQueryFromClient);
        connSetPrivateData(conn, c);
    }
    // [2]
    selectDb(c,0);
```

```
    uint64_t client_id = ++server.next_client_id;
    c->id = client_id;
    c->resp = 2;
    c->conn = conn;
    ...
    // [3]
    if (conn) linkClient(c);
    initClientMultiState(c);
    return c;
}
```

【1】 如果 conn 參數為 NULL 則建立偽用戶端。

偽用戶端很有用，因為 Redis 的所有指令都必須在 client 上下文中執行，當指令在其他上下文環境中執行時（如 Lua 指令稿），就需要建立一個偽用戶端。

connNonBlock 函數將檔案描述符號設定為非阻塞模式，connEnableTcpNo Delay 函數關閉 TCP 的 Delay 選項。

connKeepAlive 函數開啟 TCP 的 keepAlive 選項，伺服器定時向空閒用戶端發送 ACK 進行探測。

connSetReadHandler 函數為資料通訊端註冊 AE_READABLE 檔案事件的處理函數 readQueryFromClient。connSetReadHandler 函數中會呼叫 ConnectionType.set_read_handler 函數給連接註冊回呼函數，當連接的 readable 事件就緒後，將觸發 readQueryFromClient 函數。readQueryFrom Client 函數負責讀取用戶端發送的請求資料。

connSetPrivateData 函數將 client 設定值給 conn.private_data。

【2】 選擇 0 號資料庫並初始化 client 屬性。

【3】 linkClient 函數將 client 增加到 server.client、server.clients_index 中。initClientMultiState 函數初始化 client 交易上下文。

8.3 關閉用戶端

用戶端發送 quit 指令，或 Socket 連接斷開，伺服器會呼叫 freeClient Async 函數將用戶端增加到 server.clients_to_close 中，以便後續關閉用戶端。freeClientsInAsyncFreeQueue 函數（beforeSleep 函數觸發）會遍歷 server.clients_to_close，呼叫 freeClient 函數關閉用戶端。

freeClient 函數會執行以下邏輯：

- 釋放記憶體空間，如查詢緩衝區。
- 如果用戶端是主節點用戶端，則快取該用戶端資訊，並將主從狀態轉為待連接狀態，以便後續與主節點重新建立連接。
- 取消所有的 Pub/Sub 訂閱。
- 如果用戶端是從節點用戶端，則將其從 server.monitors 或 server.slaves 中剔除，並減少 server.repl_good_slaves_count 計數。
- 呼叫 unlinkClient 函數，關閉 Socket 連接。

另外，serverCron 時間事件會呼叫 clientsCron 關閉逾時未發送指令的用戶端：

```
#define CLIENTS_CRON_MIN_ITERATIONS 5
void clientsCron(void) {

    // [1]
    int numclients = listLength(server.clients);
    int iterations = numclients/server.hz;
    mstime_t now = mstime();

    if (iterations < CLIENTS_CRON_MIN_ITERATIONS)
        iterations = (numclients < CLIENTS_CRON_MIN_ITERATIONS) ?
                     numclients : CLIENTS_CRON_MIN_ITERATIONS;

    // [2]
    while(listLength(server.clients) && iterations--) {
        client *c;
```

```
        listNode *head;

        listRotateTailToHead(server.clients);
        head = listFirst(server.clients);
        c = listNodeValue(head);
        if (clientsCronHandleTimeout(c,now)) continue;
        if (clientsCronResizeQueryBuffer(c)) continue;
        if (clientsCronTrackExpansiveClients(c)) continue;
        if (clientsCronTrackClientsMemUsage(c)) continue;
    }
}
```

【1】 每次處理 numclients（用戶端數量）/server.hz 個用戶端。由於該函
數每秒呼叫 server.hz 次，所以每秒都會將所有用戶端處理一遍。

【2】 clientsCronHandleTimeout 函數會關閉超過 server.maxidletime 指定
時間內沒有發送請求的用戶端。

clientsCronResizeQueryBuffer 收縮用戶端查詢緩衝區以節省記憶體。
clientsCronTrackExpansive- Clients 追蹤最近幾秒內使用記憶體量最大的
用戶端，以便在 INFO 指令中提供此類資訊。

clientsCronTrackClientsMemUsage 統計增加的記憶體使用量，以便在
INFO 指令中提供此類資訊。

下面看一下 clientsCronResizeQueryBuffer 函數如何收縮用戶端查詢緩衝
區：

```
int clientsCronResizeQueryBuffer(client *c) {
    size_t querybuf_size = sdsAllocSize(c->querybuf);
    time_t idletime = server.unixtime - c->lastinteraction;

    if (querybuf_size > PROTO_MBULK_BIG_ARG &&
        ((querybuf_size/(c->querybuf_peak+1)) > 2 ||
         idletime > 2))
    {

        if (sdsavail(c->querybuf) > 1024*4) {
```

```
            c->querybuf = sdsRemoveFreeSpace(c->querybuf);
        }
    }
    c->querybuf_peak = 0;
    ...
    return 0;
}
```

收縮用戶端查詢緩衝區需滿足以下條件：

- 查詢緩衝區總空間大於 PROTO_MBULK_BIG_ARG（32KB）。
- 查詢緩衝區總空間遠大於單次讀取資料量峰值（大於 2 倍），或用戶端目前處於非活躍狀態。
- 查詢緩衝區空閒空間大於 4KB。

8.4 用戶端設定

下面介紹涉及用戶端的常用設定。

- client-output-buffer-limit：設定用戶端回覆緩衝區（buf+reply）使用記憶體限制。該設定格式為 client-output-buffer-limit <class> <hard limit> <soft limit> <soft seconds>。
  - <class>：目前支持 3 種用戶端類型，normal（普通用戶端）、replica（從節點用戶端）、Pub/Sub（訂閱了某個 Pub/Sub 頻道的用戶端）。
  - <hard limit>：若用戶端回覆緩衝區大小超過該值，則 Redis 會立即關閉該用戶端。
  - <soft limit> <soft seconds>：若用戶端回覆緩衝區大小超過 soft limit 且這種情況的持續時間超過 soft seconds，則 Redis 將關閉該用戶端。
- 預設設定如下：
  - client-output-buffer-limit normal 0 0 0。
  - client-output-buffer-limit replica 256mb 64mb 60。
  - client-output-buffer-limit pubsub 32mb 8mb 60。

- client-query-buffer-limit：預設為 1GB，如果用戶端查詢緩衝區總大小超過該設定將顯示出錯。
- proto-max-bulk-len：預設為 512MB，如果某個指令參數長度超過該設定將顯示出錯。
- timeout：預設為 0（代表禁用），單位為秒，如果用戶端超過該設定指定時間沒有發送請求，那麼伺服器將斷開連接。
- maxclients：預設為 10000，如果用戶端連接數量（包括 Cluster 連接）超過該設定，那麼伺服器將拒接新的用戶端連接。
- tcp-keepalive：預設為 300，單位為秒，如果不為 0，則設定以下 TCP KeepAlive 相關選項：
  - mSO_KEEPALIVE：設定為 1，代表開啟 TCP KeepAlive 功能。
  - mTCP_KEEPIDLE：等於 server.tcpkeepalive，發送探測封包的時間間隔。
  - mTCP_KEEPINTVL：等於 server.tcpkeepalive/3，探測失敗後重新發送探測封包的時間間隔。
  - mTCP_KEEPCNT：固定為 3，判斷連接故障的探測失敗次數。

預設設定下，如果用戶端一直沒發送請求，那麼伺服器會在 300 秒後發送一個探測封包。如果探測失敗（伺服器接收不到用戶端對探測封包的回應），那麼伺服器每隔 100 秒重發一個探測封包，3 次探測失敗就認為連接中斷，將關閉用戶端。

《複習》

- client 結構存放用戶端資訊。
- acceptTcpHandler 函數負責接收新用戶端連接請求，建立 client 結構、資料交換通訊端。
- Redis 將待關閉用戶端增加到 server.clients_to_close 中，由 freeClientsIn AsyncFreeQueue 函數關閉用戶端。

Redis 指令執行過程

本章分析 Redis 伺服器處理指令的過程，包括以下幾點：

- 伺服器如何解析用戶端請求資料。
- 伺服器如何傳回回應資料。
- 伺服器執行指令過程。

9.1 RESP 協定

RESP（Redis Serialization Protocol）定義了用戶端與伺服器通訊的資料序列化協定。

RESP 可以序列化以下幾種類型資料：整數、錯誤訊息、單行字串、多行字串、陣列。

- 整數：格式為 ":<data>\r\n"，如 ":666\r\n"。
- 錯誤訊息：格式為 "-<data>\r\n"，如 "-ERR syntax error\r\n"。
- 單行字串：格式為 "+<data>\r\n"，如 "+OK\r\n"。
- 多行字串：格式為 "$<length>\r\n<data>\r\n"，如 "$11\r\nhello world\r\n"。
- 陣列：格式為 "*<element-num>\r\n<element1>\r\n...<elementN>\r\n"，如 "*2\r\n$3\ r\nfoo\r\n$3\r\nbar\r\n"。

資料的類型透過它的第一個位元組進行判斷。

用戶端請求的資料格式都是多行字串陣列，如一個簡單指令 "SET mykey myvalue" 的請求封包：

```
*3\r\n$3\r\nSET\r\n$5\r\nmykey\r\n$7\r\nmyvalue\r\n
```

服務端需要根據不同的指令回覆不同類型的回應資料。

> **提示**
>
> 這裡說的是 RESP2 協定，Redis6 提供的 RESP3 協定後面再分析。

再了解一下 TCP 封包沾黏和封包拆解問題。

我們知道，TCP 透過資料封包發送資料，如果一個指令請求資料太長，則會被分成多個資料封包，因此可能發生以下情況：一個指令請求資料只有一部分資料封包送達伺服器 TCP 接收緩衝區，剩下的資料封包可能因為伺服器 TCP 接收緩衝區已滿而沒有發送（或發送了卻沒有送達伺服器）。這就是我們常說的 TCP 封包拆解場景。

RESP 協定支持封包拆解場景，因為 RESP 協定使用 "\r\n" 作為結束標示或直接記錄字串長度（多行字串），讀取參數資料時如果沒有讀取到結束標示或指定長度，則認為該參數沒有讀取完全，需要繼續讀取資料，本章後面會分析該場景的處理（用戶端請求資料都是多行字串陣列，所以只需要根據長度讀取參數資料即可）。

RESP 協定同樣支持封包沾黏場景，即在一個資料封包中包含多個請求的內容，也可以正常解析。Redis 支持用戶端 pipeline 機制，即用戶端在一個請求中發送多筆指令，Redis 伺服器會正確解析請求內容，並處理其中所有的指令。

9.2 解析請求

下面看一下 Redis 如何解析用戶端請求。

> **提示**
>
> 本章程式如無特別說明，均在 networking.c 中。

第 8 章說過，readQueryFromClient 函數負責讀取請求資料：

```
void readQueryFromClient(connection *conn) {
    // [1]
    client *c = connGetPrivateData(conn);
    int nread, readlen;
    size_t qblen;

    // [2]
    if (postponeClientRead(c)) return;


    server.stat_total_reads_processed++;
    // [3]
    readlen = PROTO_IOBUF_LEN;

    // [4]
    if (c->reqtype == PROTO_REQ_MULTIBULK && c->multibulklen &&
c->bulklen != -1
        && c->bulklen >= PROTO_MBULK_BIG_ARG)
    {
        ssize_t remaining = (size_t)(c->bulklen+2)-sdslen(c->querybuf);

        if (remaining > 0 && remaining < readlen) readlen = remaining;
    }
    // [5]
    qblen = sdslen(c->querybuf);
    if (c->querybuf_peak < qblen) c->querybuf_peak = qblen;
    c->querybuf = sdsMakeRoomFor(c->querybuf, readlen);
    nread = connRead(c->conn, c->querybuf+qblen, readlen);
```

```
    ...
    if (c->flags & CLIENT_MASTER) {

        c->pending_querybuf = sdscatlen(c->pending_querybuf,
                                        c->querybuf+qblen,nread);
    }

    sdsIncrLen(c->querybuf,nread);
    c->lastinteraction = server.unixtime;
    // [6]
    if (c->flags & CLIENT_MASTER) c->read_reploff += nread;
    server.stat_net_input_bytes += nread;
    ...

    // [7]
     processInputBuffer(c);
}
```

【1】　從 connection 中獲取 client。

【2】　如果開啟了 I/O 執行緒，則交替 I/O 執行緒讀取並解析請求資料，
　　　該函數直接返回。postponeClientRead 函數會將目前用戶端增加到
　　　server.clients_pending_read 中，等待 I/O 執行緒。

【3】　readlen 為讀取請求最大位元組數，預設為 PROTO_IOBUF_LEN
　　　（16KB）。

【4】　如果目前讀取的是超大參數，則需要保證查詢緩衝區中只有目前參
　　　數資料。

超大參數即長度大於 PROTO_MBULK_BIG_ARG（32KB）的參數。

client.multibulklen 不為 0，代表發生了 TCP 封包拆解，readQueryFrom
Client 函數上一次並沒有讀取一個完整指令請求（讀取到完整的指令請求
會將該屬性重置為 0）。如果這時讀取的是超大參數，並且該參數剩餘位
元組數小於 readlen，則讀取目前參數剩餘位元組數，從而保證查詢緩衝
區中只有目前參數資料。

【5】 更新單次讀取資料量峰值 client.querybuf_peak，再呼叫 sdsMake
RoomFor 函數擴充查詢緩衝區，保證其可用記憶體不小於讀取位元
組數 readlen，最後呼叫 connRead 函數從 Socket 中讀取資料，該函
數傳回實際讀取位元組數。

【6】 如果用戶端是主節點用戶端，那麼還需要更新 client.read_reploff，
該變數用於主從同步機制。

【7】 處理讀取的資料。

processInputBuffer 函數處理已讀取的資料：

```
void processInputBuffer(client *c) {

    // [1]
    while(c->qb_pos < sdslen(c->querybuf)) {
        // [2]
        ...

        // [3]
        if (!c->reqtype) {
            if (c->querybuf[c->qb_pos] == '*') {
                c->reqtype = PROTO_REQ_MULTIBULK;
            } else {
                c->reqtype = PROTO_REQ_INLINE;
            }
        }
        // [4]
        if (c->reqtype == PROTO_REQ_INLINE) {
            ...
        } else if (c->reqtype == PROTO_REQ_MULTIBULK) {
            if (processMultibulkBuffer(c) != C_OK) break;
        } else {
            serverPanic("Unknown request type");
        }

        // [5]
        if (c->argc == 0) {
            resetClient(c);
```

```
        } else {
            if (c->flags & CLIENT_PENDING_READ) {
                c->flags |= CLIENT_PENDING_COMMAND;
                break;
            }

            if (processCommandAndResetClient(c) == C_ERR) {
                return;
            }
        }
    }

    // [6]
    if (c->qb_pos) {
        sdsrange(c->querybuf,c->qb_pos,-1);
        c->qb_pos = 0;
    }
}
```

【1】 client.qb_pos 為查詢緩衝區最新讀取位置,該位置小於查詢緩衝區
內容長度時,while 迴圈繼續執行。

【2】 以下幾種情況下不執行指令,直接退出:

■ 用戶端是從伺服器,而且目前服務處於 Paused 狀態。

■ 目前伺服器處於阻塞狀態。

■ 解析資料任務已交給 I/O 執行緒。

■ 用戶端是主節點用戶端,並且目前伺服器處於 Lua 指令稿逾時狀態。

■ 用戶端標示中存在 CLIENT_CLOSE_AFTER_REPLY、CLIENT_CLOSE_
ASAP 標示,不再執行指令,儘快關閉用戶端。

【3】 請求資料類型未確認,代表目前解析的是一個新指令請求,因此需
要在這裡判斷請求的資料類型。RESP 協定請求以 "*" 開頭,類型
為 PROTO_REQ_MULTIBULK。非 "*" 開頭的資料判定為 PROTO_
REQ_INLINE 類型,該類型用於支援 telnet 用戶端發送的請求。

【4】 呼叫 processMultibulkBuffer 函數從請求封包中解析指令參數（指令名即第一個指令參數），該函數如果傳回 C_OK，則代表目前指令參數已經讀取完全，可以執行指令，否則就是 TCP 封包拆解場景，函數直接返回，事件循環器會再次呼叫 readQueryFromClient 繼續讀取該指令請求的剩餘資料。

這裡只關注 RESP 協定的處理。

【5】 如果參數量為 0，則直接重置用戶端（主從同步等場景會發送空行請求）。不然呼叫 processCommandAndResetClient 函數執行指令並重置用戶端。重置用戶端後，用戶端的 multibulklen、reqtype 屬性都重置為 0，代表目前指令請求資料已處理完成。

【6】 到這裡，說明指令執行成功，拋棄查詢緩衝區中已處理的指令請求封包，並設定值 qb_pos 為 0。

processMultibulkBuffer 函數從查詢緩衝區的資料中解析請求封包，獲取指令名稱及指令參數：

```
int processMultibulkBuffer(client *c) {
    char *newline = NULL;
    int ok;
    long long ll;
    // [1]
    if (c->multibulklen == 0) {
        ...
    }
    ...

    // [2]
    while(c->multibulklen) {
        if (c->bulklen == -1) {
            // [3]
            newline = strchr(c->querybuf+c->qb_pos,'\r');
            ...

            ok = string2ll(c->querybuf+c->qb_pos+1,newline-(c-
>querybuf+c->qb_pos+1),&ll);
```

```
            c->qb_pos = newline-c->querybuf+2;
            // [4]
            if (ll >= PROTO_MBULK_BIG_ARG) {
                if (sdslen(c->querybuf)-c->qb_pos <= (size_t)ll+2) {
                    sdsrange(c->querybuf,c->qb_pos,-1);
                    c->qb_pos = 0;
                    c->querybuf = sdsMakeRoomFor(c->querybuf,ll+2);
                }
            }
            c->bulklen = ll;
        }

        if (sdslen(c->querybuf)-c->qb_pos < (size_t)(c->bulklen+2)) {
            // [5]
            break;
        } else {
            if (c->qb_pos == 0 &&
                c->bulklen >= PROTO_MBULK_BIG_ARG &&
                sdslen(c->querybuf) == (size_t)(c->bulklen+2))
            {
                // [6]
                c->argv[c->argc++] = createObject(OBJ_STRING,c-
>querybuf);
                c->argv_len_sum += c->bulklen;
                sdsIncrLen(c->querybuf,-2); /* remove CRLF */
                c->querybuf = sdsnewlen(SDS_NOINIT,c->bulklen+2);
                sdsclear(c->querybuf);
            } else {
                // [7]
                c->argv[c->argc++] =
                    createStringObject(c->querybuf+c->qb_pos,c->bulklen);
                c->argv_len_sum += c->bulklen;
                c->qb_pos += c->bulklen+2;
            }
            c->bulklen = -1;
            c->multibulklen--;
        }
    }
```

```
    // [8]
    if (c->multibulklen == 0) return C_OK;

    return C_ERR;
}
```

【1】client.multibulklen==0 代表上一個指令請求資料已解析完全，這裡開始解析一個新的指令請求。透過 "\r\n" 分隔符號從目前請求資料中解析目前指令參數量，設定值給 client.multibulklen。

【2】讀取目前指令的所有參數。client.multibulklen 為目前解析的指令請求中尚未處理的指令參數的個數。

【3】透過 "\r\n" 分隔符號讀取目前參數長度，設定值給 client.bulklen。

【4】如果目前參數是一個超大參數，則執行以下最佳化操作—清除查詢緩衝區中其他參數的資料（這些參數已處理），確保查詢緩衝區只有目前參數資料，並對查詢緩衝區擴充，確保它可以容納目前參數。

【5】目前查詢緩衝區字串長度小於目前參數長度，説明目前參數並沒有讀取完整，退出函數，等待下次 readQueryFromClient 函數被呼叫後繼續讀取剩餘資料。

【6】如果讀取的是超大參數，則直接使用查詢緩衝區建立一個 redisObject 作為參數（redisObject.ptr 指向查詢緩衝區），並申請新的記憶體空間作為查詢緩衝區。前面已經做了很多工作，確保讀取超大參數時，查詢緩衝區中只有該參數資料。

【7】如果讀取的非超大參數，則呼叫 createStringObject 函數複製查詢緩衝區中的資料並建立一個 redisObject 作為參數（該函數在第 1 章已經分析過了）。

【8】multibulklen==0 代表目前指令資料已讀取完全，傳回 C_OK，這時返回 processInputBuffer 函數後會執行指令，否則傳回 C_ERR，這時需要 readQueryFromClient 函數下次執行時繼續讀取資料。

前面說過，Redis 中使用的是 epoll 條件觸發模式，使用者發送請求資料後，觸發 AE_READABLE 事件，Redis 會呼叫 readQueryFromClient 函數處理事件。readQueryFromClient 函數執行後如果沒有讀取完全一個指令請求資料，則並不會執行指令，而是直接返回。作業系統會再次發送 AE_READABLE 事件，使 Redis 再次呼叫 readQueryFromClient 函數繼續讀取請求剩餘資料。

9.3 傳回回應

下面分析 Redis 如何傳回回應資料給用戶端。

client 中定義了兩個回覆緩衝區，用於快取傳回給用戶端的回應資料。

- client.buf：字元陣列，大小為 16KB，bufpos 記錄最新寫入位置。
- client.reply：clientReplyBlock 結構鏈結串列。clientReplyBlock 的定義如下：

```
typedef struct clientReplyBlock {
    size_t size, used;
    char buf[];
} clientReplyBlock;
```

buf 陣列負責儲存資料，size、used 屬性記錄 buf 陣列總長度和已使用長度。

回應資料通常小於 16KB，這時只需要使用 client.buf 即可。client.buf 和 client 結構存放在同一個區塊中，可以減少記憶體分配次數及記憶體碎片。只有當回應資料大於 16KB 時，才需要使用 client.reply 並申請新的區塊。本書將 client.buf、client.reply 統稱為回覆緩衝區。

networking.c 中 提 供 了 addReply、addReplyBulk、addReplyDouble、addReplySds 等一系列函數用於將回應資料寫入回覆緩衝區，這裡不一一展示。它們都執行以下邏輯：

（1）按 RESP 協定處理資料。

（2）先嘗試寫入 client.buf，如果 client.buf 寫不下，則寫入 client.reply。

（3）每次寫入前，都呼叫 prepareClientToWrite 函數，該函數會將目前
　　　client 增加到 server.clients_pending_write 中。

傳回回應資料的最後一步是將回覆緩衝區資料寫入 TCP 發送緩衝
區（TCP 機制會保證將發送緩衝區內容發送給用戶端）。該步驟是由
handleClientsWithPendingWrites 函數完成的（由 beforeSleep 函數觸發）：

```c
int handleClientsWithPendingWrites(void) {
    // [1]
    listIter li;
    listNode *ln;
    int processed = listLength(server.clients_pending_write);
    listRewind(server.clients_pending_write,&li);
    while((ln = listNext(&li))) {
        client *c = listNodeValue(ln);
        c->flags &= ~CLIENT_PENDING_WRITE;
        listDelNode(server.clients_pending_write,ln);

        ...

        // [2]
        if (writeToClient(c,0) == C_ERR) continue;

        // [3]
        if (clientHasPendingReplies(c)) {
            int ae_barrier = 0;
            if (server.aof_state == AOF_ON &&
                server.aof_fsync == AOF_FSYNC_ALWAYS)
            {
                ae_barrier = 1;
            }
            if (connSetWriteHandlerWithBarrier(c->conn,
sendReplyToClient, ae_barrier) == C_ERR) {
                freeClientAsync(c);
            }
        }
```

```
    }
    return processed;
}
```

【1】 遍歷 server.clients_pending_write。

【2】 writeToClient 函數負責將 client 回覆緩衝區內容寫入 TCP 發送緩衝
     區。

【3】 如果 client 回覆緩衝區中還有資料，則說明 client 回覆緩衝區的內
     容過多，無法一次寫到 TCP 發送緩衝區中，這時要為目前連接註冊
     WRITABLE 檔案事件回呼函數，等到 TCP 發送緩衝區寫入後，繼
     續寫入資料。

9.4 執行指令

前面分析了 Redis 如何解析請求資料。經過上述解析過程，指令參數已
經儲存在 client.argv 中。client.argv[0] 是指令名稱，後面是執行指令的參
數。接下來分析指令執行過程。

server.h/redisCommand 儲存了 Redis 指令的相關資訊：

```
struct redisCommand {
    char *name;
    redisCommandProc *proc;
    int arity;
    ...
};
```

- name：指令名稱，如 SET、GET、DEL 等。
- proc：指令處理函數，負責執行指令的邏輯。
- arity：指令參數量。注意，指令名稱也是一個參數。

前面說過，server.c 中定義了 redisCommandTable 陣列，用於存放伺服器
所有支持的指令：

```
struct redisCommand redisCommandTable[] = {
    {"module",moduleCommand,-2,
     "admin no-script",
     0,NULL,0,0,0,0,0,0},

    {"get",getCommand,2,
     "read-only fast @string",
     0,NULL,1,1,1,0,0,0},

    {"set",setCommand,-3,
     "write use-memory @string",
     0,NULL,1,1,1,0,0,0},
     ...
}
```

Redis 啟動時，會呼叫 populateCommandTable 函數載入 redisCommandTable 資料，將指令名稱和指令記錄到 server.commands 指令字典中（可回顧 initServerConfig 函數）。

processCommandAndResetClient 函數呼叫 processCommand 函數執行指令，並在指令執行後呼叫 commandProcessed 執行後續邏輯。

processCommand 函數負責執行指令：

```
int processCommand(client *c) {
    // [1]
    moduleCallCommandFilters(c);

    // [2]
    if (!strcasecmp(c->argv[0]->ptr,"quit")) {
        addReply(c,shared.ok);
        c->flags |= CLIENT_CLOSE_AFTER_REPLY;
        return C_ERR;
    }

    // [3]
    c->cmd = c->lastcmd = lookupCommand(c->argv[0]->ptr);
    ...
```

```
// [4]
...

// [5]
if (c->flags & CLIENT_MULTI &&
    c->cmd->proc != execCommand && c->cmd->proc != discardCommand &&
    c->cmd->proc != multiCommand && c->cmd->proc != watchCommand)
{
    queueMultiCommand(c);
    addReply(c,shared.queued);
} else {
    call(c,CMD_CALL_FULL);
    c->woff = server.master_repl_offset;
    if (listLength(server.ready_keys))
        handleClientsBlockedOnKeys();
}
return C_OK;
}
```

【1】 觸發 Module Filter。後面章節會分析 Module 機制。

【2】 針對 quit 指令進行處理，替 client 增加 CLIENT_CLOSE_AFTER_
REPLY 標示，退出。

【3】 使用指令名稱，從 server.commands 指令字典中尋找對應的 redis
Command，並檢查參數量是否滿足指令要求。

【4】 這裡執行了以下邏輯：

（1） 如果伺服器要求用戶端身份驗證，則檢查用戶端是否透過身
份驗證，未透過驗證的用戶端只能執行 AUTH 指令，將拒絕
其他指令。

（2） 根據 ACL 許可權控制清單，檢查該用戶端使用者是否有許可
權執行該指令。

（3） 如果該伺服器執行在 Cluster 模式下，並且目前節點不是該指
令的鍵的儲存節點，則傳回 ASK 或 MOVED 通知用戶端請求
真正的儲存節點。

（4） 如果該伺服器設定了記憶體最大限制 maxmemory，則檢查記

憶體佔用情況，並在有需要時進行資料淘汰。如果資料淘汰失敗，則拒絕指令。

（5） Redis Tracking 機制要求伺服器記錄用戶端查詢過的鍵，如果伺服器記錄的鍵的數量大於 server.tracking_table_max_keys 設定，那麼隨機刪除其中一些鍵，並向對應的用戶端發送故障訊息。

（6） 如果該伺服器是主節點並且目前存在持久化錯誤，則拒絕指令。

（7） 如果該伺服器是主節點並且正常從伺服器數量小於 server.min-replicas-to-write 設定，則拒絕指令。

（8） 如果該伺服器是從節點並且用戶端非主節點用戶端，則拒絕指令。

（9） 用戶端處於 Pub/Sub 模式下，而且使用的是 RESP2 協定，只支援 PING、SUBSCRIBE、UNSUBSCRIBE、PSUBSCRIBE、PUNSUBSCRIBE 指令，拒絕其他指令。Redis 6 新增了 RESP3 協定，後面會分析。

（10）該伺服器是從節點並且與主節點處於斷連狀態，拒絕查詢資料的指令（可以執行 INFO 之類的指令）。可以透過關閉伺服器 server.repl_serve_stale_data 設定跳過該檢查，允許從伺服器傳回過期資料。

（11）伺服器正在載入資料，只有特定指令能執行。

（12）伺服器處於 Lua 指令稿逾時狀態，只有特定指令能執行。

這裡涉及很多功能，如 Redis Tracking、ACL、資料淘汰等，在後面章節中會詳細分析。

【5】 如果目前 client 處於交易上下文中，那麼除 EXEC、DISCARD、MULTI 和 WATCH 外的指令都會被加入佇列到交易佇列中，否則執行指令。

經過一系列的檢查，終於呼叫 server.c/call 函數執行指令：

```
void call(client *c, int flags) {
    ...

    // [1]
    if (listLength(server.monitors) &&
        !server.loading &&
        !(c->cmd->flags & (CMD_SKIP_MONITOR|CMD_ADMIN)))
    {
        replicationFeedMonitors(c,server.monitors,c->db->id,c->argv,c-
>argc);
    }

    // [2]
    c->flags &= ~(CLIENT_FORCE_AOF|CLIENT_FORCE_REPL|CLIENT_PREVENT_PROP);
    redisOpArray prev_also_propagate = server.also_propagate;
    redisOpArrayInit(&server.also_propagate);

    // [3]
    dirty = server.dirty;
    updateCachedTime(0);
    start = server.ustime;
    c->cmd->proc(c);
    duration = ustime()-start;
    dirty = server.dirty-dirty;
    if (dirty < 0) dirty = 0;

    ...
    // more
}
```

【1】 發送指令資訊給監控模式下的用戶端。

【2】 指令執行前，重置傳播控制標示（CLIENT_FORCE_AOF、CLIENT_FORCE_REPL、CLIENT_PREVENT_PROP），這些標示應該只在指令執行過程中開啟。由於 call 可以遞迴呼叫，所以執行指令前先清除這些標示。

【3】 呼叫指令處理函數 redisCommand.proc，執行指令處理邏輯。

指令處理完後，執行以下邏輯：

（1）將 CLIENT_CLOSE_AFTER_COMMAND 標記（如果存在）替換為 CLIENT_CLOSE_ AFTER_REPLY，要求儘快關閉用戶端。

（2）如果目前正載入資料並且目前指令執行的是 Lua 指令稿，則清除慢日誌，指令統計這兩個用戶端標示，即該指令既不輸出到慢日誌，也不增加到指令統計中。

（3）如果目前用戶端是一個 Lua 指令稿偽用戶端，則將該用戶端的 CLIENT_FORCE_REPL、CLIENT_FORCE_AOF 標示轉移到真實用戶端中。

在 Lua 指令稿中呼叫 redis.call 函數，Redis 會建構偽用戶端呼叫 call 函數並將真實用戶端 client 記錄到 server.lua_caller 中，這樣指令執行過程中打開的 CLIENT_FORCE_REPL、CLIENT_ FORCE_AOF 會增加到偽用戶端中，所以這裡需要轉移這些標示。

（4）記錄慢日誌並統計指令資訊。

繼續分析 call 函數：

```
void call(client *c, int flags) {
    ...
        // [4]
    if (flags & CMD_CALL_PROPAGATE &&
        (c->flags & CLIENT_PREVENT_PROP) != CLIENT_PREVENT_PROP)
    {
        int propagate_flags = PROPAGATE_NONE;

        ...

        if (propagate_flags != PROPAGATE_NONE && !(c->cmd->flags & CMD_
MODULE))
            propagate(c->cmd,c->db->id,c->argv,c->argc,propagate_flags);
    }

    // [5]
    c->flags &= ~(CLIENT_FORCE_AOF|CLIENT_FORCE_REPL|CLIENT_PREVENT_
```

```
PROP);
    c->flags |= client_old_flags &
        (CLIENT_FORCE_AOF|CLIENT_FORCE_REPL|CLIENT_PREVENT_PROP);

    // [6]
    if (server.also_propagate.numops) {
        ...
    }
    server.also_propagate = prev_also_propagate;

    // [7]
    if (c->cmd->flags & CMD_READONLY) {
        client *caller = (c->flags & CLIENT_LUA && server.lua_caller) ?
                            server.lua_caller : c;
        if (caller->flags & CLIENT_TRACKING &&
            !(caller->flags & CLIENT_TRACKING_BCAST))
        {
            trackingRememberKeys(caller);
        }
    }

    ...
}
```

【4】 propagate 函數根據 propagate_flags 變數中的標示,將指令記錄到
AOF 檔案或複製到從伺服器中。propagate_flags 變數根據以下判斷
條件生成:

(1)如果執行指令修改了資料,則 propagate_flags 增加 PROPAGATE_
AOF、PROPAGATE_ REPL 標示。

(2)如 果 client 被 打 開 了 CLIENT_FORCE_AOF、CLIENT_
FORCE_REPL 標示,則 propagate_ flags 增加 PROPAGATE_
AOF、PROPAGATE_REPL 標示。

(3)如 果 client 被 打 開 了 CLIENT_PREVENT_AOF_PROP、
CLIENT_PREVENT_REPL_PROP 標示,則 propagate_flags 清
除 PROPAGATE_AOF、PROPAGATE_REPL 標示。

【5】 指令執行前會清除 client 中的傳播控制標示。如果 client.flags 中本來存在這些標示，則將它們重新設定值給 client.flags。

【6】 server.also_propagate 中存放了一系列需額外傳播的指令，這裡將它記錄到 AOF 或複製到從伺服器中。

【7】 如果執行的是一個查詢指令，那麼 Redis 要記住該指令，後續當查詢的鍵發生變化時，需要通知用戶端。這是 Redis 6 新增的 Tracking 機制。

指令執行完成後，由 commandProcessed 函數執行後續邏輯：

```
void commandProcessed(client *c) {
    long long prev_offset = c->reploff;
    // [1]
    if (c->flags & CLIENT_MASTER && !(c->flags & CLIENT_MULTI)) {
        c->reploff = c->read_reploff - sdslen(c->querybuf) + c->qb_pos;
    }

    // [2]
    if (!(c->flags & CLIENT_BLOCKED) ||
        c->btype != BLOCKED_MODULE)
    {
        resetClient(c);
    }

    // [3]
    if (c->flags & CLIENT_MASTER) {
        ...
    }
}
```

【1】 如果用戶端是主節點用戶端，並且用戶端不處於交易上下文中，則更新 client.reploff，該屬性記錄目前伺服器已同步指令偏移量，用於主從同步機制。

【2】 重置用戶端。重置用戶端並不會清除 client 回覆緩衝區。所以 handleClientsWith- PendingWrites 函數仍然可以讀取回覆緩衝區的內容。

【3】　如果用戶端是主節點用戶端，則呼叫 replicationFeedSlavesFromMasterStream 函數將接收的指令繼續複製到目前伺服器的從節點。

到這裡，Redis 指令的執行過程已經分析完畢。

《複習》

- RESP 協定定義了用戶端與伺服器通訊的資料格式。
- RESP 協定支持 TCP 封包拆解場景。
- processCommand 函數在執行指令前完成許可權檢查、Cluster 重新導向等準備工作。

Chapter

10

網路 I/O 執行緒

在 Redis 6 之前，網路 I/O 資料的讀 / 寫是單執行緒連續處理的，在資料
輸送量特別大的時候，網路 I/O 資料的讀 / 寫將佔用 Redis 執行期間大部
分 CPU 時間，成為 Redis 主要性能瓶頸之一。因此，Redis 6 對此進行了
最佳化，建立了 I/O 執行緒，並將不同用戶端的 I/O 資料的讀取 / 寫入操
作分配到不同的 I/O 執行緒中進行處理，從而提高網路 I/O 性能。

我們可以透過 io-threads 設定項目設定 I/O 執行緒數量。預設為 1，即只
使用單執行緒。

```
io-threads 4
```

本章分析 Redis I/O 執行緒的實現。

10.1 執行緒概述

我們先了解處理程序與執行緒的概念。處理程序是處於執行期的程式，
作業系統在啟動一個程式的時候，會為其建立一個處理程序。執行緒是
處理程序中執行任務的單元（每個處理程序必然存在一個執行緒，稱為
主執行緒）。我們可以這麼了解，處理程序由兩部分組成：處理程序擁有
的資源（記憶體空間、打開的檔案描述符號等），以及負責執行任務的執
行緒。

在 C 語言程式中，每個處理程序都有一個處理程序空間，包括核心空間（kernel space）和使用者空間（user space）。核心空間供核心程式使用，所有處理程序中都共用同一個核心空間。使用者空間則是每個處理程序私有的，對其他處理程序不可見，儲存每個處理程序所需的內容，包括：

- 程式段（tete segmentxt）：程式碼在記憶體中的映射，存放程式的二進位碼。
- 初始化資料段（data segment）：儲存程式中已明確指定初值的全域變數。
- 未初始化資料段（bss segment）：儲存程式中定義但未初始化的全域變數。
- 堆疊（stack）：在函數被呼叫時，儲存函數參數、區域變數、函數的返回指標等，用於控制函數的呼叫和返回。
- 堆（heap）：用於分配動態記憶體空間或記憶體映射，後面章節會詳細分析。

一個處理程序中建立的所有執行緒都共用一個處理程序空間，即處理程序空間中的資料可以被該處理程序建立所有的執行緒存取（當然，每個執行緒也有部分獨立資料不允許其他執行緒存取，如執行緒堆疊）。

不同作業系統對執行緒的實現方式並不相同，舉例來説，Linux 不嚴格區分執行緒、處理程序，執行緒就是一個羽量級處理程序，執行緒和處理程序被 Linux 核心使用同樣的策略進行呼叫，平等競爭 CPU 時間。

現代系統都提供兩種虛擬機器制：虛擬處理器與虛擬記憶體，即使系統中存在多個處理程序共用一個處理器，虛擬處理器也會讓這些處理程序覺得自己在獨享處理器。而虛擬記憶體讓處理程序在分配和管理記憶體時覺得自己擁有整個系統所有記憶體資源。舉例來説，在 32 位元 Linux 系統中，每個處理程序可以使用 4GB 虛擬位址空間，其中使用者空間佔 3GB，核心空間佔 1GB。

POSIX 標準定義了以下函數用於建立執行緒：

```
int pthread_create(pthread_t *thread, const pthread_attr_t *attr,void
*(*start_routine) (void *), void *arg);
```

- thread：傳入 pthread_t 指標，pthread_t 是執行緒識別符號（也稱為執行緒 ID，在 UNIX 系統下就是 long 類型），作為執行緒的唯一標示（在該執行緒所屬處理程序內）。
- attr：設定執行緒屬性。
- start_routine：執行緒執行函數指標。
- arg：執行緒執行函數的參數。

10.2 互斥量概述

由於一個處理程序中的所有執行緒都共用同一個處理程序空間，所以當我們在某個執行緒中修改某個資料時，如果其他執行緒也存取或修改該資料，則需要對這些執行緒進行同步，避免由於多個執行緒同時操作某個記憶體單元導致資料出錯。UNIX 系統中實現執行緒同步的方法有很多種，這裡只介紹本章所涉及的互斥量。POSIX 標準定義了互斥量結構 pthread_mutex_t，透過對該結構進行加鎖可以保證在任一時刻只有一個執行緒存取加鎖資料。

透過 pthread_mutex_init 函數可以初始化互斥量：

- int pthread_mutex_init(pthread_mutex_t *mutex,const pthread_mutexattr_t *attr);
  - mutex：pthread_mutex_t 指標，作為互斥量識別符號。
  - attr：互斥量屬性。

透過以下函數可以加 / 解鎖：

- int pthread_mutex_lock(pthread_mutex_t *mutex);

- 對互斥量加鎖。該操作需搶奪互斥量，如果互斥量被其他執行緒鎖定，則加鎖不成功，這時執行緒將阻塞，直到鎖定該互斥量的執行緒解鎖，目前執行緒才能再次搶奪互斥量。
- int pthread_mutex_unlock(pthread_mutex_t *mutex);
- 對互斥量解鎖。在解鎖的同時，會將阻塞在該鎖上的所有執行緒全部喚醒，至於哪個執行緒先被喚醒，取決於系統排程。

關於作業系統處理程序、執行緒、互斥量的詳細內容，讀者可以參考以下經典圖書：《深入了解電腦系統》《UNIX 環境進階程式設計》。

10.3 初始化 I/O 執行緒

下面我們分析 Redis 中 I/O 執行緒的實現。

> **提示**
> 本章程式如無特別說明，均在 networking.c 中。

networking.c 定義了以下變數：

- io_threads：pthread_t 陣列，儲存所有執行緒的執行緒識別符號 pthread_t。
- io_threads_mutex：pthread_mutex_t 陣列，用於啟停 I/O 執行緒的互斥量。
- io_threads_op：int 類型，標示目前 I/O 執行緒執行的是 read 或 write 操作。
- io_threads_list：list 陣列（list 是 Redis 內部定義的佇列），每個執行緒的用戶端佇列。
- io_threads_pending：long 陣列，每個執行緒待處理用戶端數量。

Redis 啟動時，會呼叫 initThreadedIO 函數建立 I/O 執行緒（由 server.c/
InitServerLast 函數觸發）：

```
void initThreadedIO(void) {
    // [1]
    server.io_threads_active = 0;

    ...

    for (int i = 0; i < server.io_threads_num; i++) {
        io_threads_list[i] = listCreate();
        // [2]
        if (i == 0) continue;

        pthread_t tid;
        // [3]
        pthread_mutex_init(&io_threads_mutex[i],NULL);
        io_threads_pending[i] = 0;
        // [4]
        pthread_mutex_lock(&io_threads_mutex[i]);
        if (pthread_create(&tid,NULL,IOThreadMain,(void*)(long)i) != 0) {
            serverLog(LL_WARNING,"Fatal: Can't initialize IO thread.");
            exit(1);
        }
        io_threads[i] = tid;
    }
}
```

【1】 I/O 執行緒預設處於停用狀態。server.io_threads_active 變數用於標
示 I/O 執行緒狀態。當該變數為 1 時，I/O 執行緒啟用狀態，當該
變數為 0 時，I/O 執行緒停用狀態，這時 I/O 的讀取 / 寫入操作都在
主執行緒中執行（單執行緒模式）。

【2】 i==0，代表執行緒目前是主執行緒，直接返回。

【3】 pthread_mutex_init 函數初始化該執行緒的互斥量 io_threads_mutex。

【4】 首先呼叫 pthread_mutex_lock 函數鎖住了 io_threads_mutex，再
呼叫 pthread_create 函數建立一個執行緒，執行緒執行函數為

IOThreadMain。注意函數的最後一個參數。Redis 透過該參數為每個 I/O 執行緒指定了一個 ID，為了描述方便，下面將該 ID 稱為 rid。rid 為 0 的執行緒為主執行緒，不需要建立執行緒，在第 2 步中直接返回。

10.4 解析請求

前面說到，postponeClientRead 函數會將待讀取資料的用戶端放入 server. clients_pending_read 中，交 啟 用 I/O 執 行 緒 （ 可 回 顧 readQueryFrom Client 函數 ）。實際上，postponeClientRead 函數會判斷 I/O 執行緒是否處於啟用的狀態，如果是，則增加用戶端到 server.clients_pending_read 中，否則返回失敗，這時主執行緒會處理用戶端（單執行緒模式）。

另外，Redis 認為多執行緒執行 I/O 讀取操作對性能影響不大（應該是因為請求資料通常內容比較少），預設使用單執行緒執行 I/O 讀取操作。如果要使用多執行緒執行 I/O 讀取操作，則需增加以下設定：

```
io-threads-do-reads yes
```

handleClientsWithPendingReadsUsingThreads 函 數 （ 由 beforeSleep 函 數觸發 ）會將 server. clients_pending_read 的用戶端分配給各個 I/O 執行緒，等待 I/O 執行緒讀取並解析請求資料。

```
int handleClientsWithPendingReadsUsingThreads(void) {
    // [1]
    if (!server.io_threads_active || !server.io_threads_do_reads) return 0;
    ...

    // [2]
    listIter li;
    listNode *ln;
    listRewind(server.clients_pending_read,&li);
    int item_id = 0;
```

```
while((ln = listNext(&li))) {
    client *c = listNodeValue(ln);
    int target_id = item_id % server.io_threads_num;
    listAddNodeTail(io_threads_list[target_id],c);
    item_id++;
}

// [3]
io_threads_op = IO_THREADS_OP_READ;
for (int j = 1; j < server.io_threads_num; j++) {
    int count = listLength(io_threads_list[j]);
    io_threads_pending[j] = count;
}

// [4]
listRewind(io_threads_list[0],&li);
while((ln = listNext(&li))) {
    client *c = listNodeValue(ln);
    readQueryFromClient(c->conn);
}
listEmpty(io_threads_list[0]);

// [5]
while(1) {
    unsigned long pending = 0;
    for (int j = 1; j < server.io_threads_num; j++)
        pending += io_threads_pending[j];
    if (pending == 0) break;
}
if (tio_debug) printf("I/O READ All threads finshed\n");

// [6]
while(listLength(server.clients_pending_read)) {
    ln = listFirst(server.clients_pending_read);
    client *c = listNodeValue(ln);
    c->flags &= ~CLIENT_PENDING_READ;
    listDelNode(server.clients_pending_read,ln);

    if (c->flags & CLIENT_PENDING_COMMAND) {
```

```
            c->flags &= ~CLIENT_PENDING_COMMAND;
            if (processCommandAndResetClient(c) == C_ERR) {
                continue;
            }
        }
        processInputBuffer(c);
    }

    server.stat_io_reads_processed += processed;

    return processed;
}
```

【1】 如果 I/O 執行緒處於停用狀態或沒有開啟多執行緒讀取 I/O 的設定，則直接退出。

【2】 將待處理用戶端劃分到各個執行緒的用戶端佇列中。io_threads_list 陣列存放各個 I/O 執行緒待處理的用戶端，陣列索引就是執行緒 rid，如 io_threads_list[1] 存放的是分配給 rid 為 1 的 I/O 執行緒的用戶端。透過將用戶端劃分到 io_threads_list 不同佇列上，每個執行緒只需要處理自己佇列的用戶端，從而將資料分隔，執行緒之間獨立執行，互不影響，避免加鎖操作。

【3】 設定 io_threads_op 及每個執行緒的 io_threads_pending。io_threads_pending 記錄 I/O 執行緒待處理用戶端數量，I/O 執行緒會在檢測到 io_threads_pending 不為 0 後開始工作，並在處理完所有用戶端後將 io_threads_pending 設定為 0。

【4】 主執行緒也需要處理分配給它的用戶端。

【5】 不斷檢測每個執行緒的 io_threads_pending，直到所有 io_threads_pending 都為 0。這時所有執行緒都已經完成工作。

【6】 執行到這裡，server.clients_pending_read 中所有的用戶端請求資料已經被讀取並解析完成，用戶端 argv 屬性中存放解析後得到的指令參數。這時，主處理程序可以遍歷所有的用戶端，執行指令。

只有 I/O 操作交給 I/O 執行緒，Redis 指令還是由主執行緒單執行緒執行。這是出於以下考慮：

- Redis 作為記憶體中資料庫，瓶頸通常不在於資料處理操作，而在於記憶體和網路 I/O。
- 單執行緒降低了資料操作的複雜度。
- 多執行緒可能存在執行緒切換甚至加 / 解鎖、鎖死造成的性能損耗。
- 這種方式可以與 Redis 6 前的程式最大相容。

10.5 I/O 執行緒主邏輯

IOThreadMain 是建立 I/O 執行緒時指定的執行緒執行函數，該函數負責處理分配給目前執行緒的用戶端：

```
void *IOThreadMain(void *myid) {
    long id = (unsigned long)myid;
    char thdname[16];

    snprintf(thdname, sizeof(thdname), "io_thd_%ld", id);
    redis_set_thread_title(thdname);
    // [1]
    redisSetCpuAffinity(server.server_cpulist);
    makeThreadKillable();

    while(1) {
        // [2]
        for (int j = 0; j < 1000000; j++) {
            if (io_threads_pending[id] != 0) break;
        }

        // [3]
        if (io_threads_pending[id] == 0) {
            pthread_mutex_lock(&io_threads_mutex[id]);
            pthread_mutex_unlock(&io_threads_mutex[id]);
            continue;
```

```
        }

        serverAssert(io_threads_pending[id] != 0);

        if (tio_debug) printf("[%ld] %d to handle\n", id, (int)
listLength(io_threads_list[id]));

        // [4]
        listIter li;
        listNode *ln;
        listRewind(io_threads_list[id],&li);
        while((ln = listNext(&li))) {
            client *c = listNodeValue(ln);
            if (io_threads_op == IO_THREADS_OP_WRITE) {
                writeToClient(c,0);
            } else if (io_threads_op == IO_THREADS_OP_READ) {
                readQueryFromClient(c->conn);
            } else {
                serverPanic("io_threads_op value is unknown");
            }
        }
        // [5]
        listEmpty(io_threads_list[id]);
        io_threads_pending[id] = 0;

        if (tio_debug) printf("[%ld] Done\n", id);
    }
}
```

參數說明：

- myid：該 ID 就是執行緒的 rid。透過 rid，每個執行緒可以獲取 io_threads_list、io_threads_pending、io_threads_mutex 中屬於自己的資料。

【1】 盡可能將 I/O 執行緒綁定到使用者設定的 CPU 清單上，減少不要的執行緒切換，提高性能（主執行緒也綁定到該 CPU 列表上，具體可回顧 main 函數）。

【2】 不斷檢查 io_threads_pending[rid]，如果 io_threads_pending[rid] 不
為 0，則開始處理任務。這裡使用「忙等」方式，I/O 執行緒等待主
執行緒將待處理用戶端分配完成後再開始工作。

【3】 對 io_threads_mutex[rid] 互斥量執行一次鎖定及釋放操作，如果主
執行緒已經鎖住了 io_threads_mutex[rid]，那麼這時執行緒會阻塞
等待，I/O 執行緒進入停用狀態。

【4】 遍歷 io_threads_list[rid] 的用戶端，根據 io_threads_op 標示，執行
I/O 的讀取 / 寫入操作。

【5】 清空 io_threads_list[rid]，並重置 io_threads_pending[rid] 為 0，表示
目前執行緒已完成工作。

10.6 傳回回應

前面說過，Redis 會將回應資料寫到用戶端的回覆緩衝區中，並將用戶
端放入 server.clients_ pending_write，最後在 handleClientsWithPending
Writes 函數中將用戶端回覆緩衝區寫入 TCP 發送緩衝區。

實際上，handleClientsWithPendingWrites 函數由 handleClientsWithPendin
gWritesUsingThreads 函數觸發（handleClientsWithPendingWritesUsingThre
ads 函數由 beforeSleep 函數觸發），handleClientsWithPendingWritesUsing
Threads 函數會嘗試將 server.clients_pending_write 的用戶端分配給 I/O 執
行緒。

```
int handleClientsWithPendingWritesUsingThreads(void) {
    int processed = listLength(server.clients_pending_write);
    if (processed == 0) return 0;

    // [1]
    if (server.io_threads_num == 1 || stopThreadedIOIfNeeded()) {
        return handleClientsWithPendingWrites();
    }
```

```
    // [2]
    if (!server.io_threads_active) startThreadedIO();

    if (tio_debug) printf("%d TOTAL WRITE pending clients\n", processed);

    // [3]
    ...
}
```

【1】 stopThreadedIOIfNeeded 函數會根據用戶端情況，判斷是否需要停
用 I/O 執行緒。如果停用了 I/O 執行緒，則該函數會傳回 1。這時
會呼叫 handleClientsWithPendingWrites 函數使用單執行緒 server.
clients_pending_write 的用戶端。

【2】 執行到這裡，說明啟用 I/O 執行緒。如果 I/O 執行緒目前並沒處於
啟用狀態，則需要啟動 I/O 執行緒。

【3】 將 server.clients_pending_write 用戶端分配到各 I/O 執行緒中，並等
待 I/O 執行緒完成。與 handleClientsWithPendingReadsUsingThreads
函數的邏輯類似，不再贅述。

10.7　I/O 執行緒狀態切換

I/O 執行緒的啟用狀態和停用狀態的切換很重要。我們看一下 I/O 執行緒
在什麼情況下啟用，在什麼情況下停用。

stopThreadedIOIfNeeded 負責根據待處理用戶端數量決定是否停用 I/O 執
行緒：

```
int stopThreadedIOIfNeeded(void) {
    int pending = listLength(server.clients_pending_write);

    // [1]
    if (server.io_threads_num == 1) return 1;

    // [2]
```

```
    if (pending < (server.io_threads_num*2)) {
        if (server.io_threads_active) stopThreadedIO();
        return 1;
    } else {
        return 0;
    }
}
```

【1】 io_threads_num 為 1，只使用主執行緒。

【2】 如果待處理用戶端數量小於 server.io_threads_num×2，則停用 I/O 執行緒。

stopThreadedIO 函數負責停用 I/O 執行緒：

```
void stopThreadedIO(void) {
    // [1]
    handleClientsWithPendingReadsUsingThreads();

    ...
    // [2]
    for (int j = 1; j < server.io_threads_num; j++)
        pthread_mutex_lock(&io_threads_mutex[j]);
    server.io_threads_active = 0;
}
```

【1】 這時 server.clients_pending_read 中可能還有一些用戶端在等待 I/O 執行緒，在停用 I/O 執行緒之前需處理它們。

【2】 鎖住所有的 io_threads_mutex，並將 server.io_threads_active 設定值 為 0。回顧一下 IOThreadMain 函數，I/O 執行緒會在開始處理新一 輪任務之前，對互斥量 io_threads_mutex 執行一次加鎖，這樣 I/O 執行緒就會被阻塞，進入停用狀態。

而 startThreadedIO 函數則是釋放所有的 io_threads_mutex，並將 server. io_threads_active 設定值為 1，這裡不再展示程式。

回顧一下 initThreadedIO 函數，主執行緒在建立 I/O 執行緒前，會先鎖定所有的 io_threads_mutex，可見 I/O 執行緒預設處於停用狀態，直到啟用條件滿足後再開啟 I/O 執行緒。

Redis 啟用 I/O 執行緒需滿足以下條件：

（1）io-threads 設定指定執行緒數量大於 1。
（2）待處理用戶端足夠多（大於或等於 I/O 執行緒數量的 2 倍）。

當沒有任務處理時，I/O 執行緒會使用「忙等」的方式（啟用狀態下）。由於 I/O 執行緒「忙等」也需要佔用 CPU 時間，為了避免 I/O 執行緒影響主處理程序執行指令，Redis 建議執行機器的 CPU 不應該小於 4 核心。另外，I/O 執行緒數量應該少於 CPU 核心數，如果是 4 核心機器，那麼設定 2 到 3 個 I/O 執行緒；如果是 8 核心機器，則設定 6 個 I/O 執行緒。

可能有讀者存在疑惑，為什麼在 IOThreadMain 函數中修改 io_threads_pending、io_threads_ list 變數，不需要加鎖？這裡解釋一下：

（1）io_threads_pending 是原子類型變數，定義如下：

```
_Atomic unsigned long io_threads_pending[IO_THREADS_MAX_NUM];
```

　　_Atomic 限定詞是 C11 標準新增的，可以定義原子類型變數。當一個原子類型變數執行原子操作時，其他執行緒不能存取該變數，從而保證該操作執行緒安全。

（2）io_threads_list 變數是透過 io_threads_pending 變數控制主執行緒與 I/O 執行緒交錯存取來避開共用資料競爭問題的。io_threads_pending 為 0，I/O 執行緒只存取 io_threads_list 變數，主執行緒存取並修改 io_threads_list 變數，io_threads_pending 不為 0，主執行緒只存取 io_threads_list 變數，I/O 執行緒存取並修改 io_threads_list 變數。

《複習》

- Redis 將網路 I/O 的讀取 / 寫入操作分配到多個 I/O 執行緒中進行處理，從而提高網路 I/O 性能。
- 透過將不同用戶端劃分給不同 I/O 執行緒，每個 I/O 執行緒負責的資料互相獨立，因此 I/O 執行緒之間並不需要加鎖同步。
- Redis 僅在 I/O 繁忙時啟用 I/O 執行緒。

第 3 部分
持久化與複製

Redis 是記憶體中資料庫，執行期間所有的資料都保存在記憶體中，如果 Redis 重新啟動，那麼記憶體中保存的資料將消失。因此，Redis 提供了持久化功能，將 Redis 資料保存到磁碟檔案中，以便 Redis 重新啟動後可以從磁碟檔案中載入資料。

Redis 支援兩種持久化機制：RDB 和 AOF。本章講解 Redis RDB 機制的實現原理。

RDB（Redis DataBase）：在不同的時間點，將資料庫的快照（snapshot）以二進位格式保存到檔案中，Redis 重新啟動後直接載入資料。

SAVE 條件設定可以指定 RDB 檔案的生成規則：

```
save 601000
dbfilename dump.rdb
```

以上設定的含義為，如果 60 秒內有不少於 1000 個鍵發生了變更，那麼 Redis 就生成一個新的 RDB 檔案。SAVE 條件可以設定多個，Redis 啟動後將該設定項目保存在 server.saveparams 中。dbfilename 設定指定 RDB 檔案名稱，預設為 dump.rdb。另外，Redis 收到 SAVE 或 BGSAVE 指令後也會生成 RDB 檔案。

11.1 RDB 定時邏輯

serverCron 函數負責定時生成 RDB 檔案：

```
int serverCron(struct aeEventLoop *eventLoop, long long id, void
*clientData) {
    ...
    // [1]
    if (hasActiveChildProcess() || ldbPendingChildren())
    {
        checkChildrenDone();
    } else {
        // [2]
        for (j = 0; j < server.saveparamslen; j++) {
            struct saveparam *sp = server.saveparams+j;

            if (server.dirty >= sp->changes &&
                server.unixtime-server.lastsave > sp->seconds &&
                (server.unixtime-server.lastbgsave_try >
                 CONFIG_BGSAVE_RETRY_DELAY ||
                 server.lastbgsave_status == C_OK))
            {
                serverLog(LL_NOTICE,"%d changes in %d seconds. Saving...",
                    sp->changes, (int)sp->seconds);
                rdbSaveInfo rsi, *rsiptr;
                rsiptr = rdbPopulateSaveInfo(&rsi);
                rdbSaveBackground(server.rdb_filename,rsiptr);
                break;
            }
        }
        ...
    }

    ...
}
```

【1】 如果目前程式中存在子處理程序，則呼叫 checkChildrenDone 函數
檢查是否有子處理程序已執行完成，如果有，則執行對應的父處理
程序收尾工作。

【2】 server.dirty 記錄上一次生成 RDB 後，Redis 伺服器變更了多少個
鍵。如果滿足以下條件，則呼叫 rdbSaveBackground 函數生成 RDB
檔案：

- 滿足 server.saveparams 設定的條件。
- 上一次 RDB 操作成功或現在離上一次 RDB 操作已過去時間大於
CONFIG_BGSAVE_ RETRY_DELAY（5 秒）。

另外，rdbPopulateSaveInfo 函數生成一個 rdbSaveInfo 變數，該變數作
為 rdbPopulateSaveInfo 函數的參數，用於控制 RDB 過程中生成的輔助欄
位。

11.2 RDB 持久化過程

11.2.1 fork 子處理程序

> 提示
> 本章程式如無特殊說明，均在 rdb.h、rdb.c 中。

rdbSaveBackground 函 數 負 責 在 後 台 生 成 RDB 檔 案（該 函 數 也 是
BGSAVE 指 令 處 理 函 數）。bgsaveCommand 函 數 會 建 立 一 個 子 處 理 程
序，由子處理程序負責將 Redis 資料快照保存到磁碟中，而父處理程序繼
續處理用戶端請求。

下面將該子處理程序稱為 RDB 處理程序，父處理程序稱為主處理程序。

```
int rdbSaveBackground(char *filename, rdbSaveInfo *rsi) {
    pid_t childpid;
    ...
    // [1]
    if ((childpid = redisFork(CHILD_TYPE_RDB)) == 0) {
        int retval;
```

```
        // [2]
        redisSetProcTitle("redis-rdb-bgsave");
        redisSetCpuAffinity(server.bgsave_cpulist);
        // [3]
        retval = rdbSave(filename,rsi);
        if (retval == C_OK) {
            sendChildCOWInfo(CHILD_TYPE_RDB, "RDB");
        }
        // [4]
        exitFromChild((retval == C_OK) ? 0 : 1);
    } else {
        // [5]
        ...
        server.rdb_save_time_start = time(NULL);
        server.rdb_child_pid = childpid;
        server.rdb_child_type = RDB_CHILD_TYPE_DISK;
        return C_OK;
    }
    return C_OK;
}
```

【1】 redisFork 函數建立 RDB 處理程序。

【2】 盡可能將 RDB 處理程序綁定到使用者設定的 CPU 清單 bgsave_cpulist 上，減少不要的處理程序切換，最大限度地提高性能。

【3】 RDB 處理程序執行這裡的程式，呼叫 rdbSave 函數生成 RDB 檔案。

【4】 退出 RDB 處理程序。

【5】 主處理程序執行這裡的程式，更新 server 的執行時期資料。server. rdb_child_pid 記錄 RDB 處理程序 ID，不為 -1 代表目前 Redis 中存在 RDB 處理程序。

UNIX 程式設計：

redisFork 函數會呼叫 C 語言 fork 函數建立處理程序。fork 函數是 UNIX 系統提供的處理程序控制函數，負責建立一個子處理程序。

```
pid_t fork(void);
```

前面我們已經説過，C 語言中每個處理程序都有處理程序空間，而處理程序上所有執行緒都共用一個處理程序空間。處理程序與執行緒最大的區別在於：子處理程序會「複製」父處理程序的使用者空間作為自己的使用者空間。所以子處理程序和父處理程序都有自己獨立的處理程序空間（父子處理程序也會共用部分資料，如程式碼部分）。

這樣 RDB 檔案保存的是建立子處理程序時的 Redis 資料快照。舉例來説，Redis 中存在一個鍵 "k1"，值為 "v1"。"fork" 處理程序後，主處理程序收到使用者請求，將 "k1" 的值修改為 "v2"。但 RDB 處理程序中 "k1" 的值還是 "v1"，所以保存到 RDB 檔案中的值也是 "v1"。

另外，fork 函數還有一個特別之處：fork 函數呼叫一次，卻分別在父處理程序、子處理程序兩處返回（可以視為子處理程序複製了父處理程序程式，並從 fork 函數返回處繼續執行）。它在父處理程序中傳回子處理程序 PID，在子處理程序中傳回 0，如圖 11-1 所示。

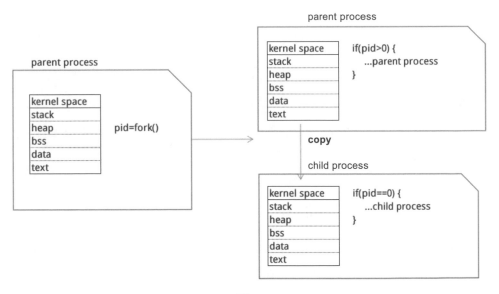

▲ 圖 11-1

下面是一個使用 fork 函數的簡單範例：

```c
#include <unistd.h>
#include <stdio.h>

int main()
{
    int pid = fork();
    if (pid == 0) {
        printf("I am child, my pid is %d\n", getpid());
        return 0;
    }
    else if(pid > 0) {
        printf("I am parent, my pid is %d\n", getpid());
        return 0;
    } else {
        printf("fork err\n");
        return -1;
    }
}
```

該範例程式的執行結果如下：

```
I am parent, my pid is 8343
I am child, my pid is 8344
```

可以看到，fork 函數返回了兩次，分別執行了父處理程序和子處理程序的邏輯。

redisFork 函數呼叫也有兩次返回，返回後分別執行主處理程序與 RDB 處理程序的邏輯。

11.2.2 生成 RDB 檔案

生成 RDB 檔案需要執行 I/O 寫入操作。Redis 專門設計了 I/O 的讀 / 寫層 rio，將不同儲存媒體的 I/O 操作統一封裝到 rio.h/rio 中：

```c
struct _rio {
    size_t (*read)(struct _rio *, void *buf, size_t len);
    size_t (*write)(struct _rio *, const void *buf, size_t len);
```

```
off_t (*tell)(struct _rio *);
int (*flush)(struct _rio *);
...
union {
    struct {
        sds ptr;
        off_t pos;
    } buffer;
    struct {
        FILE *fp;
        off_t buffered;
        off_t autosync;
    } file;
    ...
} io;
};
```

- read、write、flush：對底層媒體執行讀、寫、更新操作的函數。
- io：底層媒體，支援檔案 file、記憶體 buffer、連接 conn、檔案描述符號 fd。

下面看一下 rdbSave 函數如何生成 RDB 檔案：

```
int rdbSave(char *filename, rdbSaveInfo *rsi) {
    ...
    // [1]
    snprintf(tmpfile,256,"temp-%d.rdb", (int) getpid());
    fp = fopen(tmpfile,"w");
    ...
    // [2]
    rioInitWithFile(&rdb,fp);
    startSaving(RDBFLAGS_NONE);
    // [3]
    if (server.rdb_save_incremental_fsync)
        rioSetAutoSync(&rdb,REDIS_AUTOSYNC_BYTES);
    // [4]
    if (rdbSaveRio(&rdb,&error,RDBFLAGS_NONE,rsi) == C_ERR) {
        errno = error;
        goto werr;
```

```
}

// [5]
if (fflush(fp)) goto werr;
if (fsync(fileno(fp))) goto werr;
if (fclose(fp)) { fp = NULL; goto werr; }
fp = NULL;

// [6]
if (rename(tmpfile,filename) == -1) {
    ...
    return C_ERR;
}

serverLog(LL_NOTICE,"DB saved on disk");
// [7]
server.dirty = 0;
server.lastsave = time(NULL);
server.lastbgsave_status = C_OK;
stopSaving(1);
return C_OK;
...
}
```

【1】 呼叫 C 函數 fopen 打開一個暫存檔案用於保存資料，檔案名稱為 temp-<pid>.rdb。

snprintf 函數原型為 int snprintf (char * str, size_t size, const char * format, ...)。

該函數將可變參數內容按 format 格式化成字串並設定值給第一個參數 str，常用於拼接字串。

【2】 rioInitWithFile 函數初始化 rio 變數，該函數傳回 rio.c/rioFileIO，rioFileIO 負責讀取 / 寫入檔案。

【3】 如果設定了 server.rdb_save_incremental_fsync，則將該設定設定值給 rio.io.file.autosync 屬性。當系統快取的資料量大於該屬性值時，Redis 將執行一次 "fsync"。

【4】 rdbSaveRio 函數將 Redis 資料庫的內容寫到暫存檔案中。

【5】 呼叫 fflush 函數、fsync 函數將系統快取更新到檔案中。

【6】 重新命名暫存檔案，替換舊的 RDB 檔案。RDB 檔案名稱由 server. rdb_filename 指定。

【7】 更新 server 中 RDB 的相關屬性。

如果在主處理程序中呼叫 rdbSave 函數，則需要在這裡修改 server 屬性。

注意，SAVE 指令會在 Redis 主處理程序中呼叫 rdbSave 函數生成 RDB 檔案，可能導致主處理程序長期阻塞，所以不提倡在生產環境中使用該指令。

11.2.3 寫入 RDB 資料

下面看一下 RDB 中的資料儲存格式。

Redis 會在 RDB 檔案的每一部分內容之前增加一個類型位元組，標示其內容類別型，如表 11-1 所示。

表 11-1

標示	內容
RDB_OPCODE_IDLE	鍵閒置時間，用於 LRU 演算法
RDB_OPCODE_FREQ	鍵 LFU 計數，用於 LFU 演算法
RDB_OPCODE_AUX	RDB 輔助欄位
RDB_OPCODE_MODULE_AUX	Module 自訂類型的輔助欄位
RDB_OPCODE_RESIZEDB	資料庫字典大小和過期字典大小
RDB_OPCODE_EXPIRETIME_MS	鍵過期時間戳記，單位為毫秒
RDB_OPCODE_EXPIRETIME	鍵過期時間戳記，單位為秒
RDB_OPCODE_SELECTDB	資料庫索引標示
RDB_OPCODE_EOF	結束標示

rdbSaveRio 函數負責將 Redis 資料寫到檔案中：

```
int rdbSaveRio(rio *rdb, int *error, int rdbflags, rdbSaveInfo *rsi) {
    ...
    if (server.rdb_checksum)
        rdb->update_cksum = rioGenericUpdateChecksum;
    // [1]
    snprintf(magic,sizeof(magic),"REDIS%04d",RDB_VERSION);
    if (rdbWriteRaw(rdb,magic,9) == -1) goto werr;
    // [2]
    if (rdbSaveInfoAuxFields(rdb,rdbflags,rsi) == -1) goto werr;
    // [3]
    if (rdbSaveModulesAux(rdb, REDISMODULE_AUX_BEFORE_RDB) == -1) goto
werr;
    // [4]
    for (j = 0; j < server.dbnum; j++) {
        redisDb *db = server.db+j;
        dict *d = db->dict;
        if (dictSize(d) == 0) continue;
        di = dictGetSafeIterator(d);

        // [5]
        if (rdbSaveType(rdb,RDB_OPCODE_SELECTDB) == -1) goto werr;
        if (rdbSaveLen(rdb,j) == -1) goto werr;

        // [6]
        uint64_t db_size, expires_size;
        db_size = dictSize(db->dict);
        expires_size = dictSize(db->expires);
        if (rdbSaveType(rdb,RDB_OPCODE_RESIZEDB) == -1) goto werr;
        if (rdbSaveLen(rdb,db_size) == -1) goto werr;
        if (rdbSaveLen(rdb,expires_size) == -1) goto werr;

        // [7]
        while((de = dictNext(di)) != NULL) {
            sds keystr = dictGetKey(de);
            robj key, *o = dictGetVal(de);
            long long expire;
```

```
                initStaticStringObject(key,keystr);
                expire = getExpire(db,&key);
                if (rdbSaveKeyValuePair(rdb,&key,o,expire) == -1) goto werr;

                ...
            }
            dictReleaseIterator(di);
            di = NULL;
        }

        // [8]
        if (rsi && dictSize(server.lua_scripts)) {
            di = dictGetIterator(server.lua_scripts);
            while((de = dictNext(di)) != NULL) {
                robj *body = dictGetVal(de);
                if (rdbSaveAuxField(rdb,"lua",3,body->ptr,sdslen(body->ptr))
== -1)
                    goto werr;
            }
            dictReleaseIterator(di);
            di = NULL;
        }

        if (rdbSaveModulesAux(rdb, REDISMODULE_AUX_AFTER_RDB) == -1) goto
werr;

        // [9]
        if (rdbSaveType(rdb,RDB_OPCODE_EOF) == -1) goto werr;

        // [10]
        cksum = rdb->cksum;
        memrev64ifbe(&cksum);
        if (rioWrite(rdb,&cksum,8) == 0) goto werr;
        return C_OK;
        ...
    }
```

【 1 】 寫入一個 RDB 標示，內容為 "REDIS<RDB_VERSION>"，標示該
檔案是 RDB 檔案。

【2】 rdbSaveInfoAuxFields 函數依次寫入以下輔助欄位：

- redis-ver：Redis 版本編號。
- redis-bits：64/32 位元 Redis。
- ctime：RDB 建立時間。
- used-mem：記憶體使用量。

如果函數參數 rsi 不為空，則還會生成以下輔助欄位：
- repl-stream-db：儲存 server.slaveseldb 屬性。
- repl-id：儲存 server.replid 屬性。
- repl-offset：儲存 server.master_repl_offset 屬性。

repl-stream-db、repl-id、repl-offset 這 3 個欄位用於實現主從複製機制，將在主從複製章節詳細分析。

【3】 rdbSaveModulesAux 函數觸發 Module 自訂類型中指定的 aux_save 回呼函數，該函數可將資料庫字典之外的資料保存到 RDB 檔案中。分析 Module 模組時再討論該函數。

【4】 遍歷所有的資料庫 redisDb。

【5】 寫入 RDB_OPCODE_SELECTDB 標示和資料庫 ID。

【6】 寫入 RDB_OPCODE_RESIZEDB 標示和資料庫字典大小、過期字典大小。

【7】 遍歷資料庫中的鍵值對，呼叫 rdbSaveKeyValuePair 函數將每一個鍵值對的鍵、值、過期時間寫入 RDB 檔案。

【8】 執行到這裡，所有資料庫的資料都已經寫入 RDB 檔案。這裡將 Redis 中 Lua 指令稿內容寫入 RDB 檔案。

【9】 寫入結束標示 RDB_OPCODE_EOF。

【10】寫入 CRC64 驗證碼。

rdbSaveKeyValuePair 函數負責寫入一個鍵值對的內容：

```
int rdbSaveKeyValuePair(rio *rdb, robj *key, robj *val, long long
expiretime) {
```

```
    ...
    // [1]
    if (expiretime != -1) {
        if (rdbSaveType(rdb,RDB_OPCODE_EXPIRETIME_MS) == -1) return -1;
        if (rdbSaveMillisecondTime(rdb,expiretime) == -1) return -1;
    }
    // [2]
    ...
    // [3]
    if (rdbSaveObjectType(rdb,val) == -1) return -1;
    if (rdbSaveStringObject(rdb,key) == -1) return -1;
    if (rdbSaveObject(rdb,val,key) == -1) return -1;
    ...
    return 1;
}
```

【1】 如果設定了過期時間，則寫入 RDB_OPCODE_EXPIRETIME_MS 標示和過期時間戳記。

【2】 如果 Redis 記憶體淘汰策略使用的是 LRU 演算法或 LFU 演算法，則記錄鍵的閒置時間或 LFU 計數。

【3】 寫入 RDB 鍵值對標示，再寫入鍵內容（以字元陣列格式保存），最後寫入值內容。

可以看到，鍵值對儲存格式以下（不包括過期時間、鍵閒置時間或 LFU 計數）：

< 鍵值對標示 >< 鍵 >< 值 >

Redis 鍵值對中的鍵都是字串類型，而值可能是不同編碼的資料類型。針對不同的資料類型，Redis 定義了對應的鍵值對標示，並採用不同的保存方式，如表 11-2 所示。

表 11-2

資料類型	編碼	鍵值對標示	值保存方式
字串	OBJ_ENCODING_INT	RDB_TYPE_STRING	以數值型態格式寫入
	OBJ_ENCODING_EMBSTR、OBJ_ENCODING_RAW	RDB_TYPE_STRING	以字元陣列格式寫入
列表	OBJ_ENCODING_QUICKLIST	RDB_TYPE_LIST_QUICKLIST	如果節點已壓縮，則寫入壓縮後的位元組陣列，否則直接將 ziplist 以字元陣列格式寫入
集合	OBJ_ENCODING_INTSET	RDB_TYPE_SET_INTSET	將 intset 以字元陣列格式寫入
	OBJ_ENCODING_HT	RDB_TYPE_SET	寫入字典鍵值對數量，再遍歷字典，將鍵內容以字元陣列格式寫入，忽略值內容
有序集合	OBJ_ENCODING_ZIPLIST	RDB_TYPE_ZSET_ZIPLIST	直接將 ziplist 以字元陣列格式寫入
	OBJ_ENCODING_SKIPLIST	RDB_TYPE_ZSET_2	寫入 skiplist 節點數量，再反在遍歷 skiplist，保存節點資料（字元陣列）、節點分數（數值型態）。這裡將 skiplist 元素從大到小保存，這樣在載入時，下一個元素一直都是最小的元素，會被直接增加到串列頭，插入效率是 $O(1)$ 而非 $O(\log(N))$
雜湊	OBJ_ENCODING_ZIPLIST	RDB_TYPE_HASH_ZIPLIST	直接將 ziplist 以字元陣列格式寫入
	OBJ_ENCODING_HT	RDB_TYPE_HASH	寫入字典鍵值對數量，再遍歷字典，將鍵、值內容以字元陣列格式寫入

資料類型	編碼	鍵值對標示	值保存方式
訊息流	OBJ_ENCODING_STREAM	RDB_TYPE_STREAM_LISTPACKS	後續單獨章節分析
Module 自訂類型	OBJ_ENCODING_RAW	RDB_TYPE_MODULE_2	後續單獨章節分析

由於 RDB 是二進位格式，所以 Redis 只需將資料以字元陣列（或位元組陣列）格式寫入檔案即可。但是在寫入陣列內容之前，需要先記錄陣列長度。

rdbSaveLen 函數負責寫入陣列長度，該數值位元組序為大端位元組序，並使用變長編碼格式，編碼格式如下：

（1）第一個位元組以 00 開頭，則陣列長度小於 2^6，存放在第一個位元組低 6 位元中。

（2）第一個位元組以 01 開頭，則陣列長度小於 214，存放在第一個低 6 位元及第二個位元組中。

（3）第一個位元組等於 10000000，則陣列長度小於或等於 232，存放在後面 4 位元組中。

（4）第一個位元組等於 10000001，則陣列長度大於 232，存放在後面 8 位元組中。

另外，rdbSaveRawString 函數寫入一個字元陣列內容（包括字串、ziplist、intset 內容）時，會執行以下最佳化邏輯：

■ 如果字元陣列長度大於 20，並且開啟了資料壓縮設定 server.rdb_compression，那麼 Redis 會使用 LZF 演算法壓縮資料。

■ 如果字元陣列長度不大於 11，並且可以轉為數值，那麼 Redis 會將它轉為數值保存，以減少 RDB 檔案大小。轉化後的數值位元組序為小端位元組序，也使用變長編碼格式，編碼格式以下（可查看 rdbEncodeInteger 函數）：

（1）第一個位元組等於 11000000，則數值範圍為 $[-2^7, 2^7)$，存放在後面 2 位元組中。

（2）第一個位元組等於 11000001，則數值範圍為 $[-2^{15}, 2^{15})$，存放在後面 3 位元組中。

（3）第一個位元組等於 11000002，則數值範圍為 $[-2^{31}, 2^{31})$，存放在後面 5 位元組中。

注意這時不需要保存陣列長度。

所以當解析一個字元陣列內容時，需要先讀取陣列長度。如果讀取到的陣列長度的第一個位元組以 11 開頭，則證明該數值並非陣列長度，而是字元陣列轉換後的數值，直接將該數值轉化為字元陣列即可。否則根據該陣列長度再讀取對應的陣列內容。

11.2.4 父處理程序收尾

前面提到，server.rdb_child_pid 記錄 RDB 處理程序 ID，如果該屬性不是 -1，則代表程式中存在 RDB 處理程序。所以 RDB 處理程序處理完成後應該將該變數設定為 -1，代表 RDB 處理程序已結束。

由於 RDB 處理程序和主處理程序有獨立的處理程序空間（即主處理程序、RDB 處 理 程 序 都 存 在 server.rdb_child_pid 變數），所以並不能在 RDB 處理程序中修改 server.rdb_child_pid 變數，必須在 RDB 處理程序結束後由主處理程序修改主處理程序的 server.rdb_child_pid 變數。

該收尾工作是在 checkChildrenDone 函數（serverCron 函數觸發）中完成的，該函數會檢查子處理程序是否執行完成，子處理程序執行完成後，主處理程序完成收尾工作：

```
void checkChildrenDone(void) {
    ...
    // [1]
    if ((pid = wait3(&statloc,WNOHANG,NULL)) != 0) {
        int exitcode = WEXITSTATUS(statloc);
        int bysignal = 0;
        // [2]
        if (WIFSIGNALED(statloc)) bysignal = WTERMSIG(statloc);

        if (exitcode == SERVER_CHILD_NOERROR_RETVAL) {
            bysignal = SIGUSR1;
            exitcode = 1;
        }

        if (pid == -1) {
            ...
        } else if (pid == server.rdb_child_pid) {
            // [3]
            backgroundSaveDoneHandler(exitcode,bysignal);
            if (!bysignal && exitcode == 0) receiveChildInfo();
        } ...
    }
}
```

【1】 呼叫 C 語言的 wait3 函數檢測是否存在已結束的子處理程序。

【2】 獲取子處理程序的結束程式和中斷訊號，需要根據這些標示進行不同的邏輯處理。

【3】 如果子處理程序是 RDB 處理程序，則呼叫 backgroundSaveDone Handler 函數。如果 RDB 處理程序處理成功，那麼 backgroundSave DoneHandler 函數會更新父處理程序的 server.dirty、server.lastbgsave_ status、server.lastsave 等屬性。該函數還有一個很重要的操作，如果 RDB 資料保存到磁碟中，則需要將 RDB 檔案發送給正在進行全量同步的從伺服器，這部分內容將在主從複製章節詳細分析。

UNIX 程式設計：

C 語言的 wait3 函數是 wait 函數族中的一員，它可以阻塞目前處理程序，直到某個子處理程序結束。如果在呼叫 wait3() 時已經存在某個已結束的子處理程序，則 wait3() 會立即傳回該子處理程序 ID。

Redis 當然不會阻塞主處理程序，透過設定 wait3 函數的第 2 個參數為 WNOHANG，指定了不阻塞目前處理程序，如果存在已結束的子處理程序，則傳回對應的 pid，否則傳回 1。

以下 3 個巨集負責獲取子處理程序的結束程式和中斷訊號：

- WEXITSTATUS：獲取子處理程序 exit() 傳回的結束程式。
- WIFSIGNALED：如果子處理程序是因為訊號而結束的，則此巨集的值為真。
- WTERMSIG：如果子處理程序因訊號而終止，則獲取該訊號程式。

舉例來說，可以透過 kill 函數發送 SIGKILL 訊號給其他處理程序，如果其他處理程序回應該訊號並終止處理程序，則使用 WTERMSIG 巨集可以獲取 SIGKILL 訊號。

11.3 RDB 檔案載入過程

Redis 會在啟動過程中呼叫 loadDataFromDisk 函數嘗試載入 RDB 資料（由 main 函數觸發）。loadDataFromDisk 函數依次呼叫以下函數：loadDataFromDisk→rdbLoad→rdbLoadRio，最後在 rdbLoadRio 函數中執行相關邏輯：

```
int rdbLoadRio(rio *rdb, int rdbflags, rdbSaveInfo *rsi) {
    uint64_t dbid;
    int type, rdbver;
    redisDb *db = server.db+0;
    char buf[1024];
```

```
    rdb->update_cksum = rdbLoadProgressCallback;
    rdb->max_processing_chunk = server.loading_process_events_interval_
bytes;
    // [1]
    if (rioRead(rdb,buf,9) == 0) goto eoferr;
    ...

    while(1) {
        sds key;
        robj *val;
        // [2]
        if ((type = rdbLoadType(rdb)) == -1) goto eoferr;
        ...

        // [3]
        if ((key = rdbGenericLoadStringObject(rdb,RDB_LOAD_SDS,NULL)) ==
NULL)
            goto eoferr;
        if ((val = rdbLoadObject(type,rdb,key)) == NULL) {
            sdsfree(key);
            goto eoferr;
        }

        // [4]
        if (iAmMaster() &&
            !(rdbflags&RDBFLAGS_AOF_PREAMBLE) &&
            expiretime != -1 && expiretime < now)
        {
            sdsfree(key);
            decrRefCount(val);
        } else {
            robj keyobj;
            initStaticStringObject(keyobj,key);
            // [5]
            int added = dbAddRDBLoad(db,key,val);
            ...
        }
        ...
    }
```

```
    // [6]
    if (rdbver >= 5) {
        uint64_t cksum, expected = rdb->cksum;

        if (rioRead(rdb,&cksum,8) == 0) goto eoferr;
        if (server.rdb_checksum) {
            memrev64ifbe(&cksum);
            ...
        }
    }
    return C_OK;
    ...
}
```

【1】 讀取 RDB 檔案的 RDB 標示。

【2】 分析 RDB 檔案。首先讀取標示位組，再根據標示位組進行對應的處理。這裡不一一展示程式。

【3】 執行到這裡，説明讀取的是鍵值對類型。rdbGenericLoadString Object 函數讀取鍵內容。rdbLoadObject 函數讀取設定值內容，並轉化為 redisObject。

【4】 如果鍵已過期，而且目前伺服器是主節點，則刪除該鍵。
該函數除了解析 RDB 檔案，也負責解析主從同步時主節點發送的 RDB 資料。這時從節點不主動刪除過期鍵（從節點需要在主節點刪除過期鍵並傳播 DEL 指令後再刪除鍵）。

【5】 呼叫 dbAddRDBLoad 函數將讀取的鍵值對增加到資料庫字典中。

【6】 如果生成 RDB 檔案的 Redis 版本大於或等於 5，那麼還需要檢查 CRC64 驗證碼。

11.4 RDB 檔案分析範例

圖 11-2 解析了一個 RDB 檔案，幫助讀者更直觀地了解 RDB 檔案的格式。

二進位內容	解析說明
52 45 44 49 53 30 30 30 39	REDIS0009
fa 09 72 65 64 69 73 2d 76 65 05 36 2e 30 2e 39	[RDB_OPCODE_AUX] {9} (redis-ver) {5} (6.0.9)
fa 0a 72 65 64 69 73 2d 62 69 74 73 c0 40	[RDB_OPCODE_AUX] {10} [redis-bits] <1> (64)
fa 05 63 74 69 6d 65 c2 2c 91 1e 60	[RDB_OPCODE_AUX] [05] [ctime] <5> (1612615980)
fa 08 75 73 65 64 2d 6d 65 6d c2 10 f1 08 00	[RDB_OPCODE_AUX] {08} (used-mem) <5> (586000)
fa 0c 61 6f 66 2d 70 72 65 61 6d 62 6c 65 c0 00	[RDB_OPCODE_AUX] {12} (aof-preamble) <1> (0)
fe 00	[RDB_OPCODE_SELECTDB] (0)
fb 01 00	[RDB_OPCODE_RESIZEDB] (1) (0)
00 05 4d 79 4b 45 59 0a 48 65 6c 6c 6f 57 6f 72 6c 64	'RDB_TYPE_STRING' {5} (MyKEY) {10} (HelloWorld)
ff	[RDB_OPCODE_EOF]
27 df 58 a4 33 bb 43 b9	cksum

資料說明中使用不同的符號區分資料內容：
[標示位元組]
{字元陣列長度}
<由字元陣列轉化的數值佔用位元組數>
'鍵值對類型標示位元組'
(資料)

▲ 圖 11-2

> **提示**
>
> 由字元陣列轉化的數值長度使用小端位元組序，讀者在分析 RDB 檔案時需要
> 注意。

可以使用 redis-check-rdb 工具分析 RDB 檔案：

```
# redis-check-rdb dump.rdb
[offset 0] Checking RDB file dump1.rdb
[offset 26] AUX FIELD redis-ver = '6.0.9'
[offset 40] AUX FIELD redis-bits = '64'
[offset 52] AUX FIELD ctime = '1612614239'
[offset 67] AUX FIELD used-mem = '587824'
[offset 83] AUX FIELD aof-preamble = '0'
[offset 85] Selecting DB ID 0
[offset 115] Checksum OK
[offset 115] \o/ RDB looks OK! \o/
[info] 1 keys read
[info] 0 expires
[info] 0 already expired
```

11.5 RDB 設定

RDB 機制中常用的設定如下：

- save <seconds> <changes>：在指定秒數內如果變更的鍵數量不少於 changes 參數，那麼將生成一個 RDB 檔案。
- dbfilename：預設為 dump.rdb，RDB 檔案名稱。
- dir：預設為 "./"，RDB 檔案保存目錄。
- rdbchecksum：預設為 yes，載入 RDB 檔案後檢驗 CRC64 驗證碼，Redis 5 開始支持。
- rdbcompression：預設為 yes，Redis 資料保存到檔案前先壓縮。

11.6 UNIX 寫入時複製機制

建立處理程序後，如果父子處理程序都只對處理程序空間資料執行讀取操作，則這時直接複製一份父處理程序空間是非常浪費記憶體和 CPU 資源的，因為父子處理程序可以共用同一份資料。所以，UNIX 系統採用了寫入時複製機制（copy-on-write）進行最佳化。

"fork" 函數生成子處理程序後，核心把父處理程序中所有的記憶體分頁的許可權都設為 read-only，然後子處理程序的位址空間指向父處理程序，父子處理程序共用記憶體空間。如果父子處理程序都唯讀記憶體，則一切正常。而當其中某個處理程序寫入記憶體時，CPU 硬體檢測到記憶體分頁是 read-only 的，會觸發頁異常中斷。這時，核心就會把觸發異常的頁複製一份，於是父子處理程序各自持有獨立的一份記憶體分頁。"fork"後，如果父處理程序或子處理程序進行大量的寫入操作，就會觸發大量中斷和記憶體拷貝，可能導致性能低下。所以，在 RDB 處理程序生成檔案期間，父子處理程序都應該儘量減少對記憶體資料的修改。如果 Redis 在這時進行擴充操作，必然導致大量記憶體資料的修改，性能較低。因此，Redis 定義了 dict_force_resize_ratio 參數，在 RDB 過程中，開啟 dict_force_resize_ratio。這時只有在負載因數等於 5 時才會強制擴充。

11.7 UNIX I/O 與快取

11.7.1 核心緩衝區

眾所皆知，讀取 / 寫入磁碟的代價昂貴，因此 UNIX 系統核心定義了核心緩衝區，只有當緩衝區已滿或讀取資料不在緩衝區時才會讀取 / 寫入磁碟。

POSIX 標準定義了一系列函數，如 open、read、write、fsync 等，它們都會使用核心緩衝區。這些函數通常被稱為不帶緩衝的 I/O 函數。

假設核心快取區長度為 60 位元組，呼叫 write 函數每次寫入 10 位元組，則需呼叫 6 次才能將核心緩衝區寫滿並更新到檔案。而核心緩衝區未寫滿時資料會暫存在核心緩衝區。fsync 函數負責磁碟同步，將核心緩衝區內容更新到磁碟上。

11.7.2 I/O 快取區

由於在使用者空間讀 / 寫資料比進入核心讀 / 寫資料更快，所以 C 標準函數庫在使用者空間也定義了 I/O 快取區（也稱為使用者處理程序快取區），並且定義了一系列使用 I/O 快取的函數，如 fopen、fwrite、fget、fflush 等，這些函數通常被稱為標準 I/O 函數。

使用這些函數，C 語言會先讀 / 寫 I/O 緩衝區，當 I/O 緩衝區已滿或讀取資料不存在時，才進入核心讀 / 寫資料。

假設 I/O 快取區長度為 30 位元組，核心快取區為 60 位元組，呼叫 fwrite 每次寫入 10 位元組資料，則需呼叫 3 次才能將 I/O 快取區寫滿並更新到核心緩衝區，而將核心緩衝區寫滿並更新到檔案則需要呼叫 6 次。fflush 函數負責將 I/O 緩衝區內容更新到核心緩衝區。

所以，如果使用了標準 I/O 函數寫入檔案，那麼為了保證所有資料修改都寫入磁碟，需要先呼叫 fflush，再呼叫 fsync。舉例來說，在 rio.c/rioFileIO 變數中使用 fread、fwrite 函數讀 / 寫資料，所以 rdbSave 函數為了保證所有 RDB 資料都寫入磁碟，必須先呼叫 fflush 函數，再呼叫 fsync 函數。

如果使用不帶緩衝的 I/O 函數，則只需要呼叫 fsync 函數更新核心緩衝區內容到磁碟即可。

11.7.3 sync 與 fdatasync

sync 函數更新緩衝區時，還會同步檔案的描述資訊（metadata，包括 size、st_atime 和 st_mtime 等），因為檔案的資料和檔案描述資訊通常保存在硬碟的不同地方，因此 fsync 往往需要兩次或以上 I/O 寫入操作。

sync 函數中多餘的一次 I/O 操作的代價是非常昂貴的，所以 POSIX 標準定義了 fdatasync 函數，該函數同樣可以更新核心緩衝區，但它僅在必要的情況下才會同步檔案描述資訊。

《複習》

- Redis 定時生成 RDB 檔案，用於保存和還原 Redis 資料。
- Redis 會建立子處理程序，由子處理程序生成 RDB 檔案，主處理程序繼續提供服務。
- RDB 是二進位檔案，對於不同類型的鍵值對，Redis 使用不同方式保存值物件。

本章分析 Redis AOF 機制的實現原理。

AOF（Append Only File）：在 Redis 執行期間，不斷將 Redis 執行的寫入指令（修改資料的指令）寫到檔案中，Redis 重新啟動後，只要將這些寫入指令重複執行一遍就可以恢復資料。

本章中指的指令，包括指令名稱及執行指令的參數。

由於 AOF 只是將少量的寫入指令寫入 AOF 檔案，所以它執行的頻率可以比 RDB 高很多，開啟 AOF 功能後即使 Redis 發生故障停機，遺失的資料也很少。

將寫入指令記錄到記錄檔，再使用記錄檔恢復資料，是很多資料庫通用的做法，如 MySQL Binlog。

開啟 AOF 功能，只需以下設定：

```
appendonly  yes
appendfilename appendonly.aof
```

- appendonly：預設值為 no，代表使用 RDB 方式持久化。設定為 yes，代表開啟 AOF 持久化方式。
- appendfilename：AOF 檔案名稱，預設為 appendonly.aof。

AOF 功能包括以下兩部分：

- AOF 持久化：將執行的寫入指令寫入 AOF 緩衝區，並定時更新緩衝區到檔案。
- AOF 重新定義：將目前資料庫內容保存一份到檔案中，替換原來的 AOF 檔案。

由於不斷將指令寫到檔案中，隨著時間演進，AOF 檔案會越來越大（同一個鍵可能存在多個寫入指令，已刪除或已過期資料的指令也會保留在裡面）。所以 Redis 提供 AOF 重新定義功能，將目前資料庫內容保存一份到檔案中，替換原來的 AOF 檔案，這樣每個鍵只有最後一次寫入指令，已刪除或已過期資料相關指令會被去除。

> 提示
> AOF 檔案是文字格式，以 RESP 協定格式儲存每一個指令的指令名稱，以及執行指令的所有參數。

12.1 AOF 定時邏輯

serverCron 時間事件負責定時觸發更新 AOF 緩衝區和重新定義 AOF 檔案的操作：

```
int serverCron(struct aeEventLoop *eventLoop, long long id, void
*clientData) {
    ...
    // [1]
    if (!hasActiveChildProcess() &&
        server.aof_rewrite_scheduled)
    {
        rewriteAppendOnlyFileBackground();
    }
```

```
    if (hasActiveChildProcess() || ldbPendingChildren())
    {
        checkChildrenDone();
    } else {
        ...

        // [2]
        if (server.aof_state == AOF_ON &&
            !hasActiveChildProcess() &&
            server.aof_rewrite_perc &&
            server.aof_current_size > server.aof_rewrite_min_size)
        {
            long long base = server.aof_rewrite_base_size ?
                server.aof_rewrite_base_size : 1;
            long long growth = (server.aof_current_size*100/base) - 100;
            if (growth >= server.aof_rewrite_perc) {
                serverLog(LL_NOTICE,"Starting automatic rewriting of AOF
on %lld%% growth",growth);
                rewriteAppendOnlyFileBackground();
            }
        }
    }

    // [3]
    if (server.aof_flush_postponed_start) flushAppendOnlyFile(0);

    // [4]
    run_with_period(1000) {
        if (server.aof_last_write_status == C_ERR)
            flushAppendOnlyFile(0);
    }
    ...
}
```

flushAppendOnlyFile 函數負責更新 AOF 緩衝區內容到檔案。rewrite
AppendOnlyFileBackground 函數負責重新定義 AOF 檔案。

【1】 server.aof_rewrite_scheduled 不為 0，代表存在延遲的 AOF 重新定義入操作，如果程式目前沒有子處理程序，則執行 AOF 重新定義入操作。

【2】 伺服器開啟了 AOF 功能，而且滿足以下條件，執行 AOF 重新定義入操作。

- 目前 AOF 檔案大小大於 server.aof_rewrite_min_size 設定。
- 對上次 AOF 重新定義後的 AOF 檔案大小，目前 AOF 檔案增加的空間大小所佔比例已經超過 server.aof_rewrite_perc 設定。server.aof_rewrite_perc 設定預設為 100，舉例來說，上次 AOF 重新定義後的 AOF 檔案大小為 60MB，目前 AOF 檔案大小達到 120MB 就滿足該條件的要求。

【3】 server.aof_flush_postponed_start 不為 0，代表存在延遲的 AOF 緩衝區更新操作，這時更新 AOF 緩衝區內容到檔案。

【4】 run_with_period 是 Redis 定義的巨集，可以指定任務執行週期。這裡指定每經過 1000 毫秒，執行以下操作：如果上次 AOF 緩衝區更新操作中寫入磁碟出錯，則再次更新 AOF 緩衝區。

可以看到，serverCron 時間事件中只有在 AOF 緩衝區操作被延遲或寫入出錯時才觸發 flushAppendOnlyFile 函數，正常場景下的 flushAppendOnlyFile 函數是在 beforeSleep 函數中觸發的。

12.2 AOF 持久化過程

AOF 持久化過程可以分為以下 3 個步驟：

（1）指令傳播。
（2）更新 AOF 緩衝區。
（3）同步磁碟。

server.aof_fsync 是一個很重要的屬性,由 appendfsync 設定項目設定,用於指定 AOF 緩衝區同步磁碟的策略,其有以下值:

- no:使用作業系統的同步機制,Redis 不執行 fsync,由作業系統保證資料同步到磁碟,速度最快,安全性最低。
- always:每次寫入都執行 fsync,以保證資料同步到磁碟,效率最低。
- AOF_FSYNC_EVERYSEC:每秒執行一次 fsync,性能和安全的折衷處理,極端情況下可能遺失最近 1 秒的資料。

> **提示**
> 本章程式如無特殊説明,均在 aof.c 中。

12.2.1 指令傳播

開啟 AOF 功能後,Redis 將執行的每個寫入指令都傳播到 AOF 緩衝區 server.aof_buf。

feedAppendOnlyFile 函數負責將指令傳播到 AOF 緩衝區(由 propagate 函數觸發):

```
void feedAppendOnlyFile(struct redisCommand *cmd, int dictid, robj
**argv, int argc) {
    sds buf = sdsempty();
    robj *tmpargv[3];

    ...

    // [1]
    if (cmd->proc == expireCommand || cmd->proc == pexpireCommand ||
        cmd->proc == expireatCommand) {
        buf = catAppendOnlyExpireAtCommand(buf,cmd,argv[1],argv[2]);
    } ...
    else {
        // [2]
```

```
        buf = catAppendOnlyGenericCommand(buf,argc,argv);
    }

    // [3]
    if (server.aof_state == AOF_ON)
        server.aof_buf = sdscatlen(server.aof_buf,buf,sdslen(buf));

    // [4]
    if (server.aof_child_pid != -1)
        aofRewriteBufferAppend((unsigned char*)buf,sdslen(buf));

    sdsfree(buf);
}
```

【1】 對 EXPIRE、EXPIREAT、PEXPIRE、SETEX、PSETEX， 或 帶
EX、PX 選項的 SET 指令的特殊處理。由於在這些指令中對鍵設定
了過期時間，需要將這些指令轉為 PEXPIREAT 指令，將過期時間
的時間戳記寫入 buf 暫存區。

【2】 對於其他指令，呼叫 catAppendOnlyGenericCommand 函數將指令
寫入 buf 暫存區。

【3】 如果伺服器開啟 AOF 功能，則將 buf 暫存區內容寫入 AOF 緩衝區。

【4】 如果目前存在 AOF 處理程序執行 AOF 重新定義入操作，那麼還需
要將 buf 暫存區內容寫入 AOF 重新定義快取區 server.aof_rewrite_
buf_blocks。

12.2.2 更新 AOF 緩衝區

flushAppendOnlyFile 函數負責將 AOF 緩衝區內容寫入 AOF 檔案：

```
void flushAppendOnlyFile(int force) {
    ssize_t nwritten;
    int sync_in_progress = 0;
    mstime_t latency;

    // [1]
```

```
if (sdslen(server.aof_buf) == 0) {
    if (server.aof_fsync == AOF_FSYNC_EVERYSEC &&
        server.aof_fsync_offset != server.aof_current_size &&
        server.unixtime > server.aof_last_fsync &&
        !(sync_in_progress = aofFsyncInProgress())) {
        goto try_fsync;
    } else {
        return;
    }
}


// [2]
if (server.aof_fsync == AOF_FSYNC_EVERYSEC)
    sync_in_progress = aofFsyncInProgress();

if (server.aof_fsync == AOF_FSYNC_EVERYSEC && !force) {
    if (sync_in_progress) {
        if (server.aof_flush_postponed_start == 0) {
            server.aof_flush_postponed_start = server.unixtime;
            return;
        } else if (server.unixtime - server.aof_flush_postponed_start
< 2) {
            return;
        }
        ...
    }
}


// [3]
nwritten = aofWrite(server.aof_fd,server.aof_buf,sdslen(server.aof_
buf));
    ...

server.aof_current_size += nwritten;

// [4]
if ((sdslen(server.aof_buf)+sdsavail(server.aof_buf)) < 4000) {
    sdsclear(server.aof_buf);
} else {
```

```
        sdsfree(server.aof_buf);
        server.aof_buf = sdsempty();
    }

    // more
}
```

【1】 當 AOF 緩衝區為空時,執行以下邏輯:

如果磁碟同步策略為每秒同步,並且目前存在待同步磁碟的資料,距上次磁碟同步也過去了 1 秒,則執行磁碟同步。不然直接退出函數。

【2】 aofFsyncInProgress 函數檢查目前是否存在後台執行緒正在同步磁碟。如果存在,則執行以下邏輯:

如果磁碟同步策略為每秒同步,則延遲該 AOF 緩衝區更新操作,退出函數。如果已延遲多次並且延遲時間超過 2 秒,則強制更新 AOF 緩衝區,函數繼續向下執行。

【3】 aofWrite 函數將 AOF 緩衝區內容寫入檔案。

【4】 執行到這裡,AOF 緩衝區內容已更新成功。這時如果 AOF 緩衝區總空間小於 4KB,則清空內容並重用 AOF 緩衝區,否則建立一個新的 AOF 緩衝區。

提示

server.unixtime 是 Redis 維護的時間戳記,精度為秒(serverCron 函數每秒更新一次該值)。

12.2.3 同步磁碟

同步磁碟的操作同樣在 flushAppendOnlyFile 函數中完成:

```
void flushAppendOnlyFile(int force) {
    ...
try_fsync:
    // [5]
```

```
    if (server.aof_no_fsync_on_rewrite && hasActiveChildProcess())
        return;

    if (server.aof_fsync == AOF_FSYNC_ALWAYS) {
        latencyStartMonitor(latency);
        // [6]
        redis_fsync(server.aof_fd);
        latencyEndMonitor(latency);
        latencyAddSampleIfNeeded("aof-fsync-always",latency);
        server.aof_fsync_offset = server.aof_current_size;
        server.aof_last_fsync = server.unixtime;
    } else if ((server.aof_fsync == AOF_FSYNC_EVERYSEC &&
                server.unixtime > server.aof_last_fsync)) {
        // [7]
        if (!sync_in_progress) {
            aof_background_fsync(server.aof_fd);
            server.aof_fsync_offset = server.aof_current_size;
        }
        server.aof_last_fsync = server.unixtime;
    }
}
```

【5】 如果程式存在子處理程序，並且開啟了 server.aof_no_fsync_on_rewrite 設定，則不同步磁碟。

【6】 如果磁碟同步策略為每次同步，則呼叫 redis_fsync 函數同步磁碟。

【7】 如果磁碟同步策略為每秒同步，並且現在距上次磁碟同步已經過去了 1 秒，則增加一個後台工作負責同步磁碟。

Redis 4 引入了後台執行緒，負責處理非阻塞刪除、磁碟同步等較耗時的操作，具體內容在後面的單獨章節詳細分析。

UNIX 程式設計：
aofWrite 函數呼叫 C 語言的 write 函數寫入資料，所以不需要呼叫 fflush 函數。redis_fsync 是 Redis 定義的巨集，如果 Redis 執行在 Linux 系統中，則呼叫 fdatasync，如果執行在其他 UNIX 系統中，則呼叫 fsync 函數。

12.3 AOF 重新定義過程

Redis 4 提供了 AOF 混合持久化，透過 aof-use-rdb-preamble 設定進行控制，預設為 yes，代表啟用，設定為 no 則可以禁用。開啟 AOF 混合持久化後，AOF 重新定義時，會將 Redis 資料以 RDB 格式保存到新檔案中（生成檔案更小，載入速度更快），再將重新定義緩衝區的增量指令以 AOF 格式寫入檔案。關閉 AOF 混合持久化後，AOF 重新定義時，則將 Redis 所有資料轉為寫入指令寫入新檔案。

AOF 重新定義過程可以分為 3 個步驟：

（1）"fork" 一個子處理程序，稱為 AOF 處理程序，AOF 處理程序負責將目前記憶體資料保存到一個新檔案中。
（2）AOF 處理程序將步驟 1 執行期間主處理程序執行的增量指令寫到新檔案中，最後結束 AOF 處理程序。
（3）主處理程序進行收尾工作，將步驟 2 執行期間主處理程序執行的增量指令也寫到新檔案中，替換 AOF 檔案，AOF 重新定義完成。

下面將這 3 個步驟稱為「AOF 重新定義三步驟」。

12.3.1 fork 子處理程序

rewriteAppendOnlyFileBackground 函數負責在後台完成 AOF 重新定義入操作。

Redis 提供了 BGREWRITEAOF 指令來執行 AOF 重新定義入操作，也是呼叫 rewriteAppendOnlyFile- Background 函數實現的。

該函數會建立 AOF 處理程序，並在 AOF 處理程序中呼叫 rewriteAppend OnlyFile 函數重新定義 AOF 檔案。另外，該函數呼叫了 aofCreatePipes 函數打開了一筆資料管道和兩條控制管道，資料管道用於主處理程序向

AOF 處理程序傳輸增量指令，控制管道用於父子處理程序互動，控制何時停止資料傳輸。

AOF 使用的管道檔案描述符號如表 12-1 所示。

表 12-1

管道檔案描述符號	作用
server.aof_pipe_write_data_to_child	父處理程序向子處理程序寫入資料
server.aof_pipe_read_data_from_parent	子處理程序從父處理程序讀取資料
server.aof_pipe_write_ack_to_parent	子處理程序向父處理程序發送停止標示，告訴父處理程序停止寫入資料
server.aof_pipe_read_ack_from_child	父處理程序從子處理程序讀取停止標示
server.aof_pipe_write_ack_to_child	父處理程序收到停止標示後，向子處理程序回覆確認標示
server.aof_pipe_read_ack_from_parent	子處理程序從父處理程序讀取回覆確認標示

UNIX 程式設計：

管道是 UNIX 系統提供的處理程序間通訊方式。管道是一種特殊的檔案，可以使用檔案 I/O 函數（read、write、I/O 重複使用函數）來操作。

匿名管道可以在父子處理程序之間通訊，透過 pipe 函數可以在父處理程序中打開一個匿名管道，該管道打開後在父子處理程序中都可以讀 / 寫。

函數原型為 int pipe(int pipefd[2])。

提示

一個匿名管道中有兩個檔案描述符號，前者用來讀取，後者用來寫入。管道推薦使用單工模式，即只單向傳輸資料，一個處理程序寫入管道，另一個處理程序唯讀管道。

UNIX 還支援具名管道，感興趣的讀者可以自行了解。

12.3.2 子處理程序處理

rewriteAppendOnlyFileBackground 函數建立 AOF 處理程序後,在 AOF
處理程序中呼叫 rewriteAppendOnlyFile 函數重新定義 AOF:

```c
int rewriteAppendOnlyFile(char *filename) {
    rio aof;
    FILE *fp = NULL;
    char tmpfile[256];
    char byte;

    // [1]
    snprintf(tmpfile,256,"temp-rewriteaof-%d.aof", (int) getpid());
    fp = fopen(tmpfile,"w");
    ...

    server.aof_child_diff = sdsempty();
    rioInitWithFile(&aof,fp);

    if (server.aof_rewrite_incremental_fsync)
        rioSetAutoSync(&aof,REDIS_AUTOSYNC_BYTES);

    startSaving(RDBFLAGS_AOF_PREAMBLE);
    // [2]
    if (server.aof_use_rdb_preamble) {
        int error;
        if (rdbSaveRio(&aof,&error,RDBFLAGS_AOF_PREAMBLE,NULL) == C_ERR)
{
            errno = error;
            goto werr;
        }
    } else {
        if (rewriteAppendOnlyFileRio(&aof) == C_ERR) goto werr;
    }

    if (fflush(fp) == EOF) goto werr;
    if (fsync(fileno(fp)) == -1) goto werr;

    // [3]
    int nodata = 0;
    mstime_t start = mstime();
```

```
    while(mstime()-start < 1000 && nodata < 20) {
        if (aeWait(server.aof_pipe_read_data_from_parent, AE_READABLE, 1)
<= 0)
        {
            nodata++;
            continue;
        }
        nodata = 0;
        aofReadDiffFromParent();
    }

    // [4]
    if (write(server.aof_pipe_write_ack_to_parent,"!",1) != 1) goto werr;
    if (anetNonBlock(NULL,server.aof_pipe_read_ack_from_parent) != ANET_OK)
        goto werr;

    if (syncRead(server.aof_pipe_read_ack_from_parent,&byte,1,5000) != 1 ||
        byte != '!') goto werr;

    // [5]
    aofReadDiffFromParent();

    // [6]
    if (rioWrite(&aof,server.aof_child_diff,sdslen(server.aof_child_
diff)) == 0)
        goto werr;

    if (fflush(fp)) goto werr;
    if (fsync(fileno(fp))) goto werr;
    if (fclose(fp)) { fp = NULL; goto werr; }
    fp = NULL;

    // [7]
    if (rename(tmpfile,filename) == -1) {
        ...
        return C_ERR;
    }
    serverLog(LL_NOTICE,"SYNC append only file rewrite performed");
    stopSaving(1);
    return C_OK;
}
```

【1】 打開一個暫存檔案並初始化 rio 變數。

【2】 如果伺服器開啟了 AOF 混合持久化，則生成 RDB 資料到暫存檔案中，不然將 Redis 所有資料轉化為寫入指令寫入暫存檔案。

【3】 重複從 server.aof_pipe_read_data_from_parent 中讀取增量指令，存放到 server.aof_child_diff 暫存區。直到滿足以下條件之一才停止讀取資料：

- 讀取增量指令的總時間超過 1 秒。

- 連續 20 毫秒沒有讀取到增量指令。

如果 aeWait 函數沒有讀取到增量指令，那麼將阻塞 1 毫秒等待增量指令。

【4】 向 server.aof_pipe_write_ack_to_parent 發送停止標示（"!" 字元），通知主處理程序停止發送增量指令。然後從 server.aof_pipe_read_ack_from_parent 中讀取父處理程序的確認標示（"!" 字元）。到這裡，父子處理程序達成共識，父處理程序不再發送增量指令到 server.aof_pipe_read_data_from_parent。

【5】 再一次從 server.aof_pipe_read_data_from_parent 中讀取增量指令到 server.aof_child_diff 暫存區，以保證管道中所有的指令資料都被讀取。

【6】 將 server.aof_child_diff 暫存區內容寫入檔案並同步磁碟。

【7】 將檔案重新命名為 temp-rewriteaof-bg-%d.aof，代表「AOF 重新定義三步驟」中的第 2 步驟完成。

下面看一下主處理程序如何寫入增量指令到管道中。前面説的 aofRewriteBufferAppend 函數除了將指令寫入 AOF 重新定義緩衝區，還會為 server.aof_pipe_write_data_to_child 管道註冊一個 WRITE 事件回呼函數 aofChildWriteDiffData，該函數會將重新定義緩衝區的內容寫到 server.aof_pipe_read_data_from_parent 中。

這裡使用了 Redis 事件機制對管道進行讀 / 寫。

aofCreatePipes 函數建立匿名管道後，還會為 aof_pipe_read_ack_from_ child 註冊 READ 事件的回呼函數 aofChildPipeReadable。該函數在讀取到 AOF 處理程序發送的停止標示（"!" 字元）後，會向 server.aof_pipe_ write_ack_to_child 寫入確認標示（"!" 字元），並且刪除 server.aof_ pipe_ write_data_to_child 上 WRITE 事件的回呼函數，這時主處理程序不再向管道發送指令。

12.3.3 父處理程序收尾

前一章分析 RDB 時說過，checkChildrenDone 函數會在子處理程序結束後呼叫，完成父處理程序的收尾工作。在 checkChildrenDone 函數中如果發現子處理程序是 AOF 處理程序，則呼叫 backgroundRewrite-DoneHandler 函數：

```
void backgroundRewriteDoneHandler(int exitcode, int bysignal) {
    if (!bysignal && exitcode == 0) {
        int newfd, oldfd;
        char tmpfile[256];
        long long now = ustime();
        ...
        // [1]
        snprintf(tmpfile,256,"temp-rewriteaof-bg-%d.aof",
            (int)server.aof_child_pid);
        newfd = open(tmpfile,O_WRONLY|O_APPEND);
        ...
        // [2]
        if (aofRewriteBufferWrite(newfd) == -1) {
            close(newfd);
            goto cleanup;
        }

        ...
        // [3]
        if (rename(tmpfile,server.aof_filename) == -1) {
            ...
            goto cleanup;
```

```
        }

        // [4]
        ...
    } ...
}
```

【1】 打開 AOF 處理程序建立的暫存檔案。

【2】 再次將重新定義緩衝區內容寫入暫存檔案。當主處理程序不再發送指令到管道後，主處理程序執行的增量指令會暫存在重新定義緩衝區中。

【3】 將暫存檔案重指令為 server.aof_filename 指定的檔案名稱，該 AOF 檔案會替換舊的 AOF 檔案。

【4】 磁碟同步並且清空 server.aof_buf 內容。

至此，AOF 重新定義完成，伺服器執行的指令會被寫入新的 AOF 檔案。

AOF 重新定義的執行過程如圖 12-1 所示。

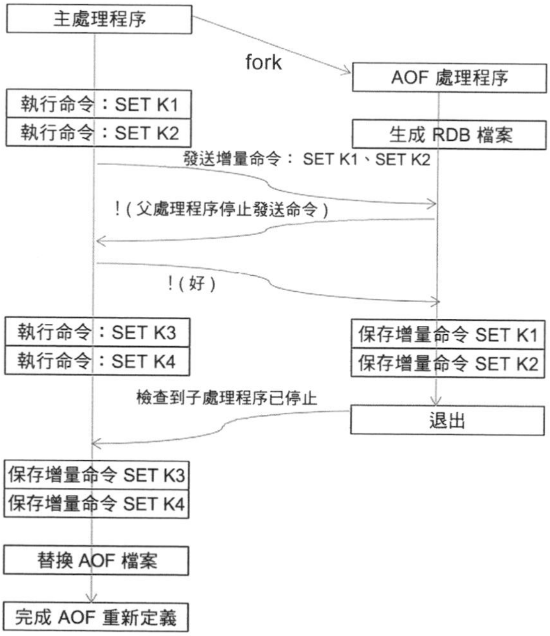

▲ 圖 12-1

12.4 AOF 檔案載入過程

前一章說過，Redis 啟動時會呼叫 loadDataFromDisk 函數載入持久化資料。

如果伺服器開啟了 AOF 機制，則 loadDataFromDisk 函數會呼叫 loadData FromDisk 函數從 AOF 檔案中載入資料：

```c
int loadAppendOnlyFile(char *filename) {
    struct client *fakeClient;
    // [1]
    FILE *fp = fopen(filename,"r");
    ...

    // [2]
    fakeClient = createAOFClient();
    startLoadingFile(fp, filename, RDBFLAGS_AOF_PREAMBLE);

    // [3]
    char sig[5];
    if (fread(sig,1,5,fp) != 5 || memcmp(sig,"REDIS",5) != 0) {
        if (fseek(fp,0,SEEK_SET) == -1) goto readerr;
    } else {
        rio rdb;

        if (fseek(fp,0,SEEK_SET) == -1) goto readerr;
        rioInitWithFile(&rdb,fp);
        if (rdbLoadRio(&rdb,RDBFLAGS_AOF_PREAMBLE,NULL) != C_OK) ...
    }

    // [4]
    while(1) {
        int argc, j;
        unsigned long len;
        robj **argv;
        char buf[128];
        sds argsds;
```

```
        struct redisCommand *cmd;
        // [5]
        ...
        argc = atoi(buf+1);
        if (argc < 1) goto fmterr;

        argv = zmalloc(sizeof(robj*)*argc);
        fakeClient->argc = argc;
        fakeClient->argv = argv;
        // [6]
        for (j = 0; j < argc; j++) {
            ...
        }

        // [7]
        cmd = lookupCommand(argv[0]->ptr);
        ...

        // [8]
        fakeClient->cmd = fakeClient->lastcmd = cmd;
        if (fakeClient->flags & CLIENT_MULTI &&
            fakeClient->cmd->proc != execCommand)
        {
            queueMultiCommand(fakeClient);
        } else {
            cmd->proc(fakeClient);
        }

        ...
    }
    ...
}
```

【1】 打開 AOF 檔案。

【2】 建立一個偽用戶端，用於執行 AOF 檔案中的指令。

【3】 如果 AOF 檔案以 Redis 標示開頭，則該 AOF 檔案使用混合持久化
方式生成，呼叫 rdbLoadRio 函數載入 RDB 內容。

【4】 從這裡開始處理 AOF 檔案中的指令。這裡的 while 迴圈會處理所有
的指令。

【5】 按照 RESP 協定格式，讀取指令參數量。

【6】 讀取每一個參數。

【7】 尋找指令 redisCommand。

【8】 呼叫 redisCommand.proc 函數，執行指令。

12.5 AOF 檔案分析範例

啟動一個 Redis 伺服器，內容為空，執行以下指令：

```
SETEX MyKEY  60 HelloWorld
```

生成的 AOF 檔案的內容如下：

```
*2\r\n$6\r\nSELECT\r\n$1\r\n0\r\n
*3\r\n$3\r\nSET\r\n$5\r\nMyKEY\r\n$10\r\nHelloWorld\r\n
*3\r\n$9\r\nPEXPIREAT\r\n$5\r\nMyKEY\r\n$13\r\n1613994070512\r\n
```

> **提示**
>
> 為了直觀展示，每筆指令單獨一行顯示，實際在 AOF 檔案中並不會另起一
> 行。

從 AOF 檔案可以看到，SETEX 指令被轉為 SET 指令和 PEXPIREAT 指
令，AOF 檔案一共有 3 筆指令：

```
SELECT 0
SET MyKEY HelloWorld
PEXPIREAT MyKEY 1613994070512
```

12.6 AOF 設定

AOF 機制中常用設定如下：

- appendonly：預設為 no，設定為 yes 才能啟用 AOF 機制。
- appendfilename：預設為 appendonly.aof，AOF 檔案名稱，AOF 檔案保存目錄同樣使用 dir 設定。
- appendfsync：預設為 everysec，代表每秒執行一次 AOF 緩衝區資料磁碟同步操作。
- no-appendfsync-on-rewrite：預設為 no，代表存在 RDB 或 AOF 子處理程序時，仍允許 AOF 緩衝區資料磁碟同步。
- auto-aof-rewrite-percentage、auto-aof-rewrite-min-size：預設為 100、64MB，代表上次 AOF 重新定義後，AOF 檔案大小的增長率超過 100 並且目前 AOF 檔案大於 64MB，執行 AOF 重新定義入操作。
- aof-use-rdb-preamble：預設為 yes，開啟 AOF 混合持久化。

《複習》

- AOF 檔案是文字格式，以 RESP 協定格式儲存 Redis 執行的寫入指令。
- Redis 將寫入指令寫入 AOF 緩衝區，並定時更新 AOF 緩衝區到檔案。
- Redis 將定時重新定義 AOF 檔案，由子處理程序將目前 Redis 資料保存一份到檔案中，替換原來的 AOF 檔案，預設使用 AOF 混合持久化。

主從複製

Redis 主從複製機制中有兩個角色：主節點與從節點。主節點處理使用者請求，並將資料複製給從節點。主從複製機制主要有以下作用：

（1）資料容錯，將資料熱備份到從節點，即使主節點由於磁碟損壞遺失資料，從節點依然保留資料備份。

（2）讀 / 寫分離，可以由主節點提供寫入服務，從節點提供讀取服務，提高 Redis 服務整體輸送量。

（3）故障恢復，主節點故障下線後，可以手動將從節點切換為主節點，繼續提供服務。

（4）高可用基礎，主從複製機制是 Sentinel 和 Cluster 機制的基礎，Sentinel 和 Cluster 都實現了容錯移轉，即主節點故障停止後，Redis 負責選擇一個從節點切換為主節點，繼續提供服務。

本章分析 Redis 主從複製的實現原理。

13.1 流程概述

本書將主從複製流程分為三個階段。

（1）交握階段：主從連接成功後，從節點需要將自身資訊（如 IP 位址、通訊埠等）發送給主節點，以便主節點能認識自己。

（2）同步階段：從節點連接主節點後，需要先同步資料，資料達到一致（或只有最新的變更不一致）後才進入複製階段。

Redis 支援兩種同步機制：

- 全量同步：從節點發送指令 PSYNC ? -1，要求進行全量同步，主節點傳回回應 +FULLRESYNC，表明同意全量同步。隨後，主節點生成 RDB 資料併發送給從節點。這種方式常用於新的從節點第一次同步資料。

- 部分同步：從節點發送指令 PSYNC replid offset，要求進行部分同步，主節點回應 +CONTINUE，表明同意部分同步。主節點只需要把複製積壓區中 offset 偏移量之後的指令發送給從節點即可（主節點會將執行的寫入指令都寫入複製積壓區）。這種方式常用於主從連接斷開重連時同步資料。如果 offset 不在複製積壓區中，那麼主節點也會傳回 +FULLRESYNC，要求進行全量同步。

（3）複製階段：主節點在執行期間，將執行的寫入指令傳播給從節點，從節點接收並執行這些指令，從而達到複製資料的效果。Redis 使用的是非同步複製，主節點傳播指令後，並不會等待從節點傳回 ACK 確認。非同步複製的優點是低延遲和高性能，缺點是可能在短期內主從節點資料不一致。

本章中指的指令，包含指令名稱及執行指令的參數。

PSYNC 指令涉及以下屬性：

- server.master_repl_offset：記錄目前伺服器已執行指令的偏移量。
- server.replid：40 位元十六進位的隨機字串，在主節點中是自身 ID，在從節點中記錄的是主節點 ID。
- server.replid2：用於主節點，存放上一個主節點 ID。
- server.repl_backlog：複製積壓區，主節點將最近執行的寫入指令寫入複製積壓區，用於實現部分同步。

13.2 主從交握流程

主從複製的機制是由從節點發起流程，我們可以發送 REPLICAOF 指令到某個伺服器，要求它成為指定伺服器的從節點：

```
REPLICAOF <masterip> <masterport>
```

或在設定檔中增加設定 REPLICAOF <masterip> <masterport>，這樣 Redis 伺服器啟動後將成為指定伺服器的從節點。

> **提示**
>
> 從 Redis 5 開始為 SLAVEOF 指令提供別名 REPLICAOF，這兩個指令的作用一樣。

下面以從節點的角度，分析主從交握的過程。

從節點交握階段涉及以下屬性。

- server.repl_state：用於從節點，標示從節點目前複製狀態。有以下值：
  - REPL_STATE_NONE：無主從複製關係。
  - REPL_STATE_CONNECT：待連接。
  - REPL_STATE_CONNECTING：正在連接。
  - …（部分交握狀態並沒有列出）
  - REPL_STATE_TRANSFER：從節點正在接收 RDB 資料。
  - REPL_STATE_CONNECTED：已連接，主從同步完成。

13.2.1 處理 REPLICAOF 指令

從節點使用 replicaofCommand 函數處理 REPLICAOF 指令。該函數執行以下邏輯：

（1）如果處理的指令是 REPLICAOF NO ONE，則將目前伺服器轉為主節點，取消原來的主從複製關係，退出函數。

（2）呼叫 replicationSetMaster 函數，與指定伺服器建立主從複製關係。

replicationSetMaster 函數非常重要，它負責建立主從複製關係：

```
void replicationSetMaster(char *ip, int port) {
    int was_master = server.masterhost == NULL;

    sdsfree(server.masterhost);
    server.masterhost = sdsnew(ip);
    server.masterport = port;
    // [1]
    if (server.master) {
        freeClient(server.master);
    }
    disconnectAllBlockedClients();

    setOOMScoreAdj(-1);

    // [2]
    disconnectSlaves();
    cancelReplicationHandshake();

    ...
    // [3]
    server.repl_state = REPL_STATE_CONNECT;
}
```

【1】 如果目前已連接了主節點，則斷開原來的主從連接。

【2】 斷開目前伺服器所有從節點的連接，使這些從節點重新發起同步流程。

【3】 將 server.repl_state 設定為 REPL_STATE_CONNECT 狀態。

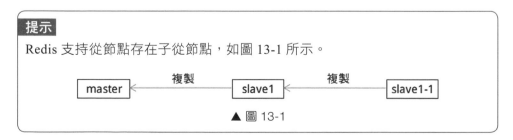

提示

Redis 支持從節點存在子從節點，如圖 13-1 所示。

▲ 圖 13-1

另外，我們在設定檔中設定 REPLICAOF <masterip> <masterport>，Redis 載入該設定，也會將 server.repl_state 設定為 REPL_STATE_CONNECT 狀態（config.c）。

13.2.2 主從連接

從節點 server.repl_state 進入 REPL_STATE_CONNECT 狀態後，主從複製流程已經開始。

serverCron 時間事件負責對 REPL_STATE_CONNECT 狀態進行處理：

```
int serverCron(struct aeEventLoop *eventLoop, long long id, void
*clientData) {
    ...
    if (server.repl_state == REPL_STATE_CONNECT) {
        if (connectWithMaster() == C_OK) {
            serverLog(LL_NOTICE,"MASTER <-> REPLICA sync started");
        }
    }
}
```

呼叫 connectWithMaster 函數進行處理，該函數負責建立主從網路連接：

```
int connectWithMaster(void) {
    // [1]
    server.repl_transfer_s = server.tls_replication ? connCreateTLS() :
connCreateSocket();
    // [2]
    if (connConnect(server.repl_transfer_s, server.masterhost, server.
masterport,
            NET_FIRST_BIND_ADDR, syncWithMaster) == C_ERR) {
        ...
        return C_ERR;
    }

    // [3]
    server.repl_transfer_lastio = server.unixtime;
```

```
server.repl_state = REPL_STATE_CONNECTING;
return C_OK;
}
```

【1】 建立一個 Socket 通訊端。connCreateTLS 函數建立 TLS 連接，
connCreateSocket 函數建立 TCP 連接，它們都傳回通訊端檔案描述
符號。該連接是主從節點網路通訊的連接，本書稱之為主從連接。

【2】 connConnect 函數負責連接到主節點，並且在連接成功後呼叫
syncWithMaster 函數。

【3】 從節點 server.repl_state 進入 REPL_STATE_CONNECTING 狀態。

13.2.3 交握流程

網路連接成功後，從節點呼叫 syncWithMaster 函數，進入交握階段：

```
void syncWithMaster(connection *conn) {
    char tmpfile[256], *err = NULL;
    int dfd = -1, maxtries = 5;
    int psync_result;
    ...
    // [1]
    if (server.repl_state == REPL_STATE_CONNECTING) {
        connSetReadHandler(conn, syncWithMaster);
        connSetWriteHandler(conn, NULL);
        server.repl_state = REPL_STATE_RECEIVE_PONG;
        err = sendSynchronousCommand(SYNC_CMD_WRITE,conn,"PING",NULL);
        if (err) goto write_error;
        return;
    }
    ...
    // [2]
    if (server.repl_state != REPL_STATE_RECEIVE_PSYNC) {
        goto error;
    }

    // more
}
```

【1】　根據 server.repl_state 狀態，執行對應操作。

程式邏輯複習如表 13-1 所示。

表 13-1

狀態	操作
REPL_STATE_CONNECTING	註冊 READ 事件回呼函數 syncWithMaster，發送 PING 指令，進入 REPL_STATE_RECEIVE_PONG 狀態，退出函數（這裡使用 Redis 事件機制處理主從連接）
REPL_STATE_RECEIVE_PONG	由於上一步已經註冊 syncWithMaster 為主從連接 READ 事件回呼函數，當主節點傳回 PING 指令回應時，從節點將再次呼叫 syncWithMaster 函數。這裡讀取主節點的回應，進入 REPL_STATE_ SEND_AUTH 狀態
REPL_STATE_SEND_AUTH	如果開啟了主從認證，則發送 AUTH 指令及認證密碼，進入 REPL_STATE_RECEIVE_AUTH 狀態，否則直接進入 REPL_STATE_ SEND_PORT 狀態
REPL_STATE_RECEIVE_AUTH	讀取主節點的回應資料，無錯誤則進入 REPL_STATE_SEND_PORT 狀態
REPL_STATE_SEND_PORT	發送從節點通訊埠資訊給主節點，進入 REPL_STATE_RECEIVE_PORT 狀態
REPL_STATE_RECEIVE_PORT	讀取主節點的回應資料，無錯誤則進入 REPL_STATE_SEND_IP 狀態
REPL_STATE_SEND_IP	發送從節點 IP 位址給主節點，進入 REPL_STATE_RECEIVE_IP 狀態
REPL_STATE_RECEIVE_IP	讀取主節點的回應資料，無錯誤則進入 REPL_STATE_SEND_CAPA 狀態
REPL_STATE_SEND_CAPA	發送 CAPA 資訊，進入 REPL_STATE_RECEIVE_CAPA 狀態
REPL_STATE_RECEIVE_CAPA	讀取主節點的回應資料，無錯誤則進入 REPL_STATE_SEND_PSYNC 狀態
REPL_STATE_SEND_PSYNC	呼叫 slaveTryPartialResynchronization 函數，發送 PSYNC 指令到主節點，發起同步流程，進入 REPL_STATE_RECEIVE_PSYNC 狀態

> **提示**
>
> CAPA 的全稱是 capabilities，代表從節點支持的複製能力，Redis 4 開始支持
> EOF 和 PSYNC2 協定。本書只關注 SYNC2 的實現原理。

從節點發送給主節點的資訊，主節點會記錄在從節點用戶端，並在 INFO
指令中輸出這些資訊。另外，Sentinel 模組需要從主節點 INFO 指令回應
中獲取這些從節點資訊。具體內容在 Sentinel 章節中會詳細說明。

【2】 執行到這裡，主從交握階段已經完成。server.repl_state 必須處於
REPL_STATE_ RECEIVE_PSYNC 狀態，否則顯示出錯。

> **提示**
>
> syncWithMaster 函數還有一部分全量同步的處理邏輯，13.3.3 節會繼續分析該
> 函數。

下面使用 Linux tcpdump 工具抓取主從連接封包，分析主從節點交握階段
的通訊內容（主節點通訊埠為 6000）：

```
tcpdump tcp  -i lo  -nn   port  6000 -T RESP
```

tcpdump 支援 RESP 協定，最後一個選項 -T RESP 要求 tcpdump 以 RESP
協定格式解析封包。

輸出如下：

```
127.0.0.1.60374 > 127.0.0.1.6000: length 14: RESP "PING"
127.0.0.1.6000 > 127.0.0.1.60374: length 34: RESP "NOAUTH Authentication
required."
127.0.0.1.60374 > 127.0.0.1.6000: length 25: RESP "AUTH" "16357"
127.0.0.1.6000 > 127.0.0.1.60374: length 5: RESP "OK"
127.0.0.1.60374 > 127.0.0.1.6000: length 49: RESP "REPLCONF" "listening-
port" "6001"
127.0.0.1.6000 > 127.0.0.1.60374: length 5: RESP "OK"
127.0.0.1.60374 > 127.0.0.1.6000: length 55: RESP "REPLCONF" "ip-address"
"192.168.0.113"
```

```
127.0.0.1.6000 > 127.0.0.1.60374: length 5: RESP "OK"
127.0.0.1.60374 > 127.0.0.1.6000: length 59: RESP "REPLCONF" "capa" "eof"
"capa" "psync2"
127.0.0.1.6000 > 127.0.0.1.60374: length 5: RESP "OK"
```

其中 6000 通訊埠為主節點通訊埠，60374 通訊埠為從節點通訊連接埠。
從 tcpdump 的輸出可以清晰地看到主從節點在交握階段的通訊內容。

> **提示**
>
> tcpdump 解析後的 RESP 內容並不會展示資料類型的標示符號，如主節點對從
> 節點 PING 指令的回應實際上是 "-NOAUTH Authentication required."，請讀
> 者閱讀原始程式時注意。

以主節點角度分析交握階段，主節點不斷處理來自從節點的指令（包括
PING、AUTH、REPLCONF），這部分指令處理本書不關注，感興趣的讀
者可自行閱讀程式。

13.3 從節點同步流程

下面以從節點角度分析從節點同步流程。

從節點同步流程涉及以下屬性：

- server.master：主節點用戶端，記錄目前伺服器的主節點用戶端。
- server.cached_master：主節點用戶端快取，主從連接斷開後用於快取
  主節點用戶端。

13.3.1 發送 PSYNC 指令

我們先看一下 slaveTryPartialResynchronization 函數。它是一個很重要的
函數，負責發送 PSYNC 指令及處理主節點對 PSYNC 指令的回應。該函
數包含兩部分不同的程式邏輯，由 read_reply 參數指定函數執行的程式邏

輯。當 read_reply 為 0 時，slaveTryPartialResynchronization 函數負責發送 PSYNC 指令：

```
int slaveTryPartialResynchronization(connection *conn, int read_reply) {
    char *psync_replid;
    char psync_offset[32];
    sds reply;

    // [1]
    if (!read_reply) {
        server.master_initial_offset = -1;

        if (server.cached_master) {
            // [2]
            psync_replid = server.cached_master->replid;
            snprintf(psync_offset,sizeof(psync_offset),"%lld", server.
cached_master-> reploff+1);
        } else {
            // [3]
            psync_replid = "?";
            memcpy(psync_offset,"-1",3);
        }

        // [4]
        reply = sendSynchronousCommand(SYNC_CMD_WRITE,conn,"PSYNC",psync_
replid, psync_offset,NULL);
        ...
        return PSYNC_WAIT_REPLY;
    }

    // more
}
```

【1】 read_reply 參數為 0，發送 PSYNC 指令。

【2】 server.cached_master 不為空，使用 server.cached_master 資訊發送 PSYNC 指令，這時嘗試發起部分同步流程。

• PSYNC 指令的 replid 參數：使用 server.cached_master.replid。

- PSYNC 指令的 offset 參數：使用 server.cached_master.reploff。

【3】 server.cached_master 不 存 在 ， 只 能 使 用 全 量 同 步 機 制 ， 發 送
PSYNC ? -1 指令。

【4】 呼叫 sendSynchronousCommand 函數發送 PSYNC 指令，最後退出
函數，傳回 PSYNC_ WAIT_REPLY。

13.3.2 部分同步

當 read_reply 參數為 1 時，slaveTryPartialResynchronization 函數處理主
節點對 PSYNC 指令的回應。如果主節點同意進行部分同步，則在該函數
中完成部分同步的邏輯處理。

```
int slaveTryPartialResynchronization(connection *conn, int read_reply) {
    char *psync_replid;
    char psync_offset[32];
    sds reply;
    ...

    // [5]
    reply = sendSynchronousCommand(SYNC_CMD_READ,conn,NULL);
    // [6]
    if (sdslen(reply) == 0) {
        sdsfree(reply);
        return PSYNC_WAIT_REPLY;
    }

    connSetReadHandler(conn, NULL);

    if (!strncmp(reply,"+FULLRESYNC",11)) {
        char *replid = NULL, *offset = NULL;

        // [7]
        ...
        memcpy(server.master_replid, replid, offset-replid-1);
        server.master_replid[CONFIG_RUN_ID_SIZE] = '\0';
```

```
        server.master_initial_offset = strtoll(offset,NULL,10);

        replicationDiscardCachedMaster();
        sdsfree(reply);
        return PSYNC_FULLRESYNC;
    }

    if (!strncmp(reply,"+CONTINUE",9)) {
        // [8]
        ...

        sdsfree(reply);
        // [9]
        replicationResurrectCachedMaster(conn);

        if (server.repl_backlog == NULL) createReplicationBacklog();
        return PSYNC_CONTINUE;
    }
    // [10]
    ...
    return PSYNC_NOT_SUPPORTED;
}
```

【5】 執行到這裡，説明 read_reply 不為 0，讀取主節點對 PSYNC 指令的回應資料。

【6】 主節點並沒有傳回有效資料，退出函數，傳回 PSYNC_WAIT_REPLY。

【7】 主節點傳回 +FULLRESYNC replid offset，代表主節點要求進行全量同步，退出函數，傳回 PSYNC_FULLRESYNC。這裡關注從節點對回應中 replid、offset 兩個參數的處理：
- replid：保存在 server.master_replid 中。
- offset：保存在 server.master_initial_offset 中。

【8】 主節點傳回 +CONTINUE newReplid，可以進行部分同步，這裡也關注一下從節點對 newReplid 參數的處理：使用 newReplid 參數更新 server.replid 及 server.cached_master.replid。

【9】 這裡是部分同步的邏輯處理，呼叫 replicationResurrectCachedMaster 函數將 server.cached_master 轉化為 server.master。

replicationResurrectCachedMaster 函數執行以下邏輯：

（1）使用目前主從連接，將 server.cached_master 轉化為 server.master。

（2）為主從連接註冊 READ 事件回呼函數 readQueryFromClient，負責接收並處理主節點傳播的指令。

（3）server.repl_state 進入 REPL_STATE_CONNECTED 狀態。

最後，初始化從節點複製積壓區，傳回 PSYNC_NOT_SUPPORTED。至此，從節點部分同步完成，進入複製階段。

【10】 執行到這裡，說明主節點不支持 psync 指令，傳回 PSYNC_NOT_SUPPORTED。

PSYNC 是 Redis 2.8 開始提供的功能，如果主節點低於該版本，則只能使用 SYNC 指令。

> **提示**
>
> sendSynchronousCommand 函數同樣可以執行讀取或寫入邏輯，由第一個參數指定執行邏輯。讀者不要被函數名稱混淆。

另外，從節點會將它們從主節點接收的指令複製到複製積壓區（不管它們自身是否存在從節點），以便它們在容錯移轉後成為主節點時能正常執行（可回顧 commandProcessed 函數）。

13.3.3 全量同步

回到負責交握過程的 syncWithMaster 函數，該函數在 server.repl_state 進入 REPL_STATE_ RECEIVE_PSYNC 狀態後需要處理全量同步的邏輯：

```
void syncWithMaster(connection *conn) {
    ...
```

```
// [3]
psync_result = slaveTryPartialResynchronization(conn,1);
if (psync_result == PSYNC_WAIT_REPLY) return;
if (psync_result == PSYNC_TRY_LATER) goto error;
if (psync_result == PSYNC_CONTINUE) {
    ...
    return;
}
...

// [4]
if (connSetReadHandler(conn, readSyncBulkPayload)
        == C_ERR)
{
    ...
    goto error;
}

server.repl_state = REPL_STATE_TRANSFER;
server.repl_transfer_size = -1;
server.repl_transfer_read = 0;
server.repl_transfer_last_fsync_off = 0;
server.repl_transfer_lastio = server.unixtime;
return;
}
```

【3】 前面已經説了，從節點呼叫 slaveTryPartialResynchronization 函數
發送 PSYNC 指令。這裡再次呼叫 slaveTryPartialResynchronization
函數讀取主節點對 PSYNC 指令的回應資料（read_reply 參數為
1），並根據該函數的傳回值執行相關邏輯，如表 13-2 所示。

表 13-2

傳回值	執行邏輯
PSYNC_WAIT_REPLY	主節點未傳回有效資料，退出函數，主節點傳回資料後 Redis 將再次呼叫 syncWithMaster 函數
PSYNC_TRY_LATER	進入異常處理邏輯（將 server.repl_state 設定為 REPL_ STATE_ CONNECT，重新發起同步流程）

傳回值	執行邏輯
PSYNC_CONTINUE	主節點同意部分同步，這時 slaveTryPartialResynchronization 函數已經完成部分同步流程，直接退出函數
PSYNC_NOT_SUPPORTED	主節點不支援 PSYNC 指令，重新發送 SYNC 指令，退出函數

【4】 執行到這裡，代表需要進行全量同步。為主從連接設定 READ 事件處理函數 readSyncBulkPayload。該函數負責接收主節點發送的 RDB 資料。server.repl_state 進入 REPL_ STATE_TRANSFER 狀態。

使用 tcpdump 觀察全量同步時主從節點的通訊內容：

```
127.0.0.1.60374 > 127.0.0.1.6000: length 30: RESP "PSYNC" "?" "-1"
127.0.0.1.6000 > 127.0.0.1.60374: length 56: RESP "FULLRESYNC c569e5a58e6
8a086bcc6a3aca79e82bf2738f5e1110"
```

使用 tcpdump 觀察部分同步時主從節點的通訊內容：

```
127.0.0.1.32880 > 127.0.0.1.6000: length 72: RESP "PSYNC" "c569e5a58e68a0
86bcc6a3aca79e82bf2738f5e1" "2871"
127.0.0.1.6000 > 127.0.0.1.32880: length 52: RESP "CONTINUE c569e5a58e68a
086bcc6a3aca79e82bf2738f5e1"
```

最後看一下 readSyncBulkPayload 函數如何接收主節點發送的 RDB 資料。

我們先了解一下主節點發送 RDB 資料的格式。主節點發送 RDB 資料有以下兩種格式（<RDB 資料 > 代表真正的 RDB 資料）：

- 定長格式：$<length>\r\n<RDB 資料 >，在發送 RDB 資料前先發送 RDB 資料長度。
- 不定長格式：$EOF:\r\n<bytesDelimiter><RDB 資料 ><bytesDelimiter>，在 RDB 資料前後分別增加 40 位元組長度的界定符號。

readSyncBulkPayload 函數在接收 RDB 資料時，也有兩種處理方式：

- 磁碟載入：將讀取到的 RDB 資料保存到磁碟檔案中，再從檔案中載入資料。

■ 無磁碟載入：直接從 Socket 中讀取並載入資料。

```
void readSyncBulkPayload(connection *conn) {
    // [1]
    ...

    // [2]
    replicationCreateMasterClient(server.repl_transfer_s,rsi.repl_stream_db);
    server.repl_state = REPL_STATE_CONNECTED;
    server.repl_down_since = 0;

    memcpy(server.replid,server.master->replid,sizeof(server.replid));
    server.master_repl_offset = server.master->reploff;
    clearReplicationId2();

    if (server.repl_backlog == NULL) createReplicationBacklog();

    ...
    return;
}
```

【1】 接收並處理 RDB 資料，程式較繁瑣，此處不展示，執行邏輯如下：

（1）判斷主節點發送 RDB 資料的格式。以 $EOF 開頭為不定長格式，否則為定長格式。

（2）讀取並處理 RDB 資料。

- 磁碟載入：不斷讀取 Socket 資料並保存到暫存檔案中。等所有 RDB 資料都保存至暫存檔案後，將暫存檔案重新命名為 RDB 檔案，並呼叫 rdbLoad 函數載入 RDB 檔案。

- 無磁碟載入：使用 rio.c/rioConnIO 變數直接讀取 Socket 資料，並呼叫 rdbLoadRio 函數載入資料。

【2】 執行到這裡，全量同步已完成，在進入複製階段之前，完成以下操作：

（1）呼叫 replicationCreateMasterClient 函數建立 server.master 用戶端，並為主從連接註冊 READ 事件回呼函數 readQueryFromClient，負責接收並執行主節點傳播的指令。

（2）server.repl_state 進入 REPL_STATE_CONNECTED 狀態。

（3）給 server.replid、server.master_repl_offset 兩個屬性設定值。

- server.master_replid 設定值給 server.replid、server.master.replid 屬性。
- server.master_initial_offset 設 定 值 給 server.master_repl_offset、server.master.reploff 屬性。

（4）初始化複製積壓區。

13.4 主節點同步流程

主節點使用的屬性如下：

- server.slaves：從節點用戶端清單，記錄目前伺服器下所有的從節點用戶端。
- client.replstate：記錄每個從節點用戶端目前狀態，存在以下值。
  - SLAVE_STATE_WAIT_BGSAVE_START：等待生成 RDB 資料的操作開始，用於全量同步。
  - SLAVE_STATE_WAIT_BGSAVE_END：等待生成 RDB 資料的操作完成，用於全量同步。
  - SLAVE_STATE_SEND_BULK：正在發送 RDB 資料，用於全量同步。
  - SLAVE_STATE_ONLINE：同步完成，從節點線上。

13.4.1 處理 PSYNC 指令

下面分析主節點對 PSYNC 指令的處理。syncCommand 函數負責處理 PSYNC 指令和 SYNC 指令（Redis 2.8 以下版本使用 SYNC 指令同步資料）：

```
void syncCommand(client *c) {
    // [1]
    if (!strcasecmp(c->argv[0]->ptr,"psync")) {
        if (masterTryPartialResynchronization(c) == C_OK) {
```

```
                server.stat_sync_partial_ok++;
                return;
        } ...
    }

    // [2]
    server.stat_sync_full++;
    c->replstate = SLAVE_STATE_WAIT_BGSAVE_START;

    ...
    // [3]
    c->repldbfd = -1;
    c->flags |= CLIENT_SLAVE;
    listAddNodeTail(server.slaves,c);


    // [4]
    if (listLength(server.slaves) == 1 && server.repl_backlog == NULL) {
        changeReplicationId();
        clearReplicationId2();
        createReplicationBacklog();
    }

    // [5]
    ...
}
```

【1】 如果處理的是 PSYNC 指令，則呼叫 masterTryPartialResynchroniza tion 函數嘗試進行部分同步操作，部分同步成功則退出函數，否則 函數繼續執行。

【2】 執行到這裡，代表無法使用部分同步機制，主從節點需要進行全量 同步。更新 client.replstate，進入 SLAVE_STATE_WAIT_BGSAVE_ START 狀態。

【3】 將該用戶端增加到 server.slaves。

【4】 如果主節點的複製積壓區未建立，則建立複製積壓區。這時需要初 始化 server.replid，清空 server.replid2。

【5】 執行到這裡,主節點需要生成一個 RDB 檔案,並發送到從節點。
這裡針對以下 3 種情況進行處理。

(1)主節點正在生成 RBD 資料,並保存到磁碟中。如果目前從節
點清單中有其他處於 SLAVE_STATE_WAIT_BGSAVE_END
狀態的從節點用戶端,則説明目前生成的 RDB 檔案也可以
被目前從節點用戶端使用,這時將目前從節點用戶端 client.
replstate 設定為 SLAVE_STATE_ WAIT_BGSAVE_END 狀態,
直接使用目前生成的 RDB 檔案。

(2)主節點正在生成 RBD 資料,並直接發送到 Socket(無磁碟
同步)。這時需要等待該 RDB 操作完成後,再生成一個新的
RDB 檔案。

Redis 提供了主節點無磁碟同步功能(類似於從節點無磁碟載
入),開啟該功能後,主節點生成的 RDB 資料並不會保存到磁
碟中,而是直接發送到 Socket 中,適用於磁碟性能較低而網
路頻寬較充足的場景。

(3)目前程式中不存在子處理程序,呼叫 startBgsaveForReplication
函數生成 RDB 檔案。

13.4.2 全量同步

startBgsaveForReplication 函數負責生成 RDB 檔案併發送給從節點:

```
int startBgsaveForReplication(int mincapa) {
    ...
    rdbSaveInfo rsi, *rsiptr;
    rsiptr = rdbPopulateSaveInfo(&rsi);
    // [1]
    if (rsiptr) {
        if (socket_target)
            retval = rdbSaveToSlavesSockets(rsiptr);
        else
            retval = rdbSaveBackground(server.rdb_filename,rsiptr);
```

```
    }...

    // [2]
    if (!socket_target) {
        listRewind(server.slaves,&li);
        while((ln = listNext(&li))) {
            client *slave = ln->value;

            if (slave->replstate == SLAVE_STATE_WAIT_BGSAVE_START) {
                    replicationSetupSlaveForFullResync(slave,
                            getPsyncInitialOffset());
            }
        }
    }

    if (retval == C_OK) replicationScriptCacheFlush();
    return retval;
}
```

【1】 如果開啟了無磁碟同步功能，則呼叫 rdbSaveToSlavesSockets
函數生成 RDB 資料並直接發送到 Socket 中。不然呼叫
rdbSaveBackground 函數生成一個 RDB 檔案。

【2】 如果未開啟無磁碟同步功能，則遍歷所有的從節點，呼叫 replicati
onSetupSlaveForFullResync 函數處理所有 SLAVE_STATE_WAIT_
BGSAVE_START 狀態的從節點用戶端（這些用戶端都可以使用這
次生成的 RDB 檔案進行全量同步）。

replicationSetupSlaveForFullResync 函數執行以下邏輯：

（1）將從節點用戶端 client.replstate 切換到 SLAVE_STATE_WAIT_BGSAVE_
END 狀態。

（2）發送 +FULLRESYNC <replid> <offset> 給從節點。

> 注意
>
> 這裡發送的 replid、offset 參數分別是 server.replid、server.master_repl_offset。

生成 RDB 檔案後，還需要將 RDB 資料發送給從節點。前面説過，server Cron 中會呼叫 checkChildrenDone 在子處理程序結束後執行收尾工作。

checkChildrenDone 會依次呼叫以下函數：checkChildrenDone → backgroundSaveDoneHandler → updateSlavesWaitingBgsave。

updateSlavesWaitingBgsave 函數負責發送 RDB 資料：

```
void updateSlavesWaitingBgsave(int bgsaveerr, int type) {
    listNode *ln;
    int startbgsave = 0;
    int mincapa = -1;
    listIter li;

    listRewind(server.slaves,&li);
    while((ln = listNext(&li))) {
        client *slave = ln->value;

        if (slave->replstate == SLAVE_STATE_WAIT_BGSAVE_START) {
            // [1]
            startbgsave = 1;
            mincapa = (mincapa == -1) ? slave->slave_capa :
                                        (mincapa & slave->slave_capa);
        } else if (slave->replstate == SLAVE_STATE_WAIT_BGSAVE_END) {
            struct redis_stat buf;

            ...

            if (type == RDB_CHILD_TYPE_SOCKET) {
                // [2]
                ...
            } else {
                // [3]
                ...
                slave->repldboff = 0;
                slave->repldbsize = buf.st_size;
                slave->replstate = SLAVE_STATE_SEND_BULK;
                slave->replpreamble = sdscatprintf(sdsempty(),"$%lld\r\n",
                    (unsigned long long) slave->repldbsize);
```

```
                connSetWriteHandler(slave->conn,NULL);
                if (connSetWriteHandler(slave->conn,sendBulkToSlave) ==
  C_ERR) {
                    freeClient(slave);
                    continue;
                }
            }
        }
    }
    // [4]
    if (startbgsave) startBgsaveForReplication(mincapa);
}
```

【1】 記錄目前是否存在 SLAVE_STATE_WAIT_BGSAVE_START 狀態的
從節點用戶端。

【2】 如果使用的是無磁碟同步功能,那麼在這裡實現具體邏輯,本書不
關注這部分內容。

【3】 如果使用的是磁碟同步功能,那麼為所有 SLAVE_STATE_WAIT_
BGSAVE_END 狀態的從節點用戶端執行以下操作:

（1）為主從連接註冊 WRITE 事件的回呼函數 sendBulkToSlave,該
函數負責將 RDB 資料發送給從節點。

（2）從節點用戶端 client.replstate 進入 SLAVE_STATE_SEND_BULK
狀態。

【4】 如果目前存在 SLAVE_STATE_WAIT_BGSAVE_START 狀態的從節
點用戶端,則呼叫 startBgsaveForReplication 函數再次生成 RDB 檔
案。

全量同步的最後一步,由 sendBulkToSlave 函數將 RBD 檔案發送給從節
點:

```
void sendBulkToSlave(connection *conn) {
    client *slave = connGetPrivateData(conn);
    char buf[PROTO_IOBUF_LEN];
    ssize_t nwritten, buflen;
```

```
// [1]
if (slave->replpreamble) {
    nwritten = connWrite(conn,slave->replpreamble,sdslen(slave-
>replpreamble));
    ...
}

// [2]
lseek(slave->repldbfd,slave->repldboff,SEEK_SET);
buflen = read(slave->repldbfd,buf,PROTO_IOBUF_LEN);
...
if ((nwritten = connWrite(conn,buf,buflen)) == -1) {
    ...
    return;
}
slave->repldboff += nwritten;
server.stat_net_output_bytes += nwritten;
// [3]
if (slave->repldboff == slave->repldbsize) {
    close(slave->repldbfd);
    slave->repldbfd = -1;
    connSetWriteHandler(slave->conn,NULL);
    putSlaveOnline(slave);
}
}
```

【1】 使用磁碟同步功能時，發送 RDB 資料使用的是定長格式，先發送
資料長度標示—$<length>\r\n。

【2】 發送 RDB 內容。

【3】 發送完成後，刪除主從連接的 WRITE 事件的回呼函數，並呼叫
putSlaveOnline 函數。putSlaveOnline 函數執行以下邏輯：

（1）設定從節點用戶端 client.replstate 進入 SLAVE_STATE_ONLINE
狀態。

（2）為主從連接註冊 WREIT 事件的回呼函數 sendReplyToClient，
將該從節點用戶端回覆緩衝區的內容發送給從節點。

全量同步的流程如圖 13-2 所示。

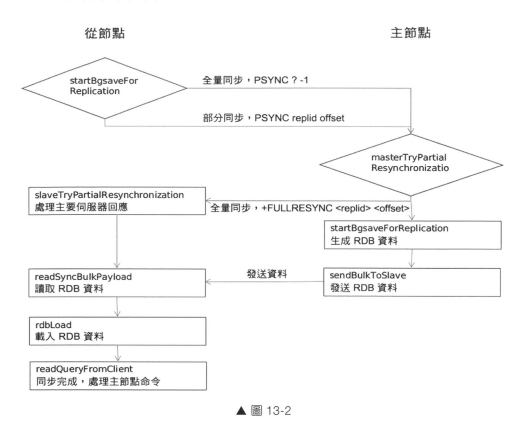

▲ 圖 13-2

13.4.3 部分同步

下面看一下主節點中部分同步機制的實現原理。

為了支援部分同步，主節點定義了複製積壓區 server.repl_backlog。Redis
每執行一行寫入指令，都會呼叫 feedReplicationBacklog 函數將指令寫入
複製積壓區。部分同步只需要將複製積壓區中待同步的指令發送給從節
點即可。

主節點收到 PSYNC 指令後，會呼叫 masterTryPartialResynchronization 函數嘗試進行部分同步：

```c
int masterTryPartialResynchronization(client *c) {
    long long psync_offset, psync_len;
    char *master_replid = c->argv[1]->ptr;
    char buf[128];
    int buflen;


    // [1]
    if (getLongLongFromObjectOrReply(c,c->argv[2],&psync_offset,NULL) !=
        C_OK) goto need_full_resync;

    // [2]
    if (strcasecmp(master_replid, server.replid) &&
        (strcasecmp(master_replid, server.replid2) ||
         psync_offset > server.second_replid_offset))
    {
        ...
        goto need_full_resync;
    }

    // [3]
    if (!server.repl_backlog ||
        psync_offset < server.repl_backlog_off ||
        psync_offset > (server.repl_backlog_off + server.repl_backlog_
histlen))
    {
        ...
        goto need_full_resync;
    }

    // [4]
    c->flags |= CLIENT_SLAVE;
    c->replstate = SLAVE_STATE_ONLINE;
    c->repl_ack_time = server.unixtime;
    c->repl_put_online_on_ack = 0;
    listAddNodeTail(server.slaves,c);
```

```
    // [5]
    if (c->slave_capa & SLAVE_CAPA_PSYNC2) {
        buflen = snprintf(buf,sizeof(buf),"+CONTINUE %s\r\n", server.
replid);
    } else {
        buflen = snprintf(buf,sizeof(buf),"+CONTINUE\r\n");
    }
    if (connWrite(c->conn,buf,buflen) != buflen) {
        freeClientAsync(c);
        return C_OK;
    }
    // [6]
    psync_len = addReplyReplicationBacklog(c,psync_offset);
    ...

    return C_OK;

  ...
  }
```

【1】 讀取 PSYNC replid offset 指令中的 offset 參數。

【2】 PSYNC replid offset 指令中的 replid 參數需要等於 server.replid
或 server.replid2，否則只能使用全量同步機制。主節點中存放了
server.replid 和 server.replid2 兩個 replid，用於實現 PSYNC2 協定。

【3】 檢查 offset 偏移量是否在複製積壓區範圍內。如果 offset 偏移量不
在複製積壓區範圍內，則説明從節點複製進度已經落後太多，這時
只能使用全量同步機制。

【4】 用戶端增加 CLIENT_SLAVE 標示，並且設定 client.replstate 為
SLAVE_STATE_ONLINE 狀態，代表該用戶端已進入線上狀態。最
後將該用戶端增加到 server.slaves 中。

【5】 發送 +CONTINUE 回應，告訴從節點可以進行部分同步。這時需要
發送最新的 replid 給從節點，同樣是為了實現 PSYNC2 協定。

【6】 addReplyReplicationBacklog 函數負責將複製積壓區的內容複製到用
戶端回覆緩衝區。

部分同步的流程如圖 13-3 所示。

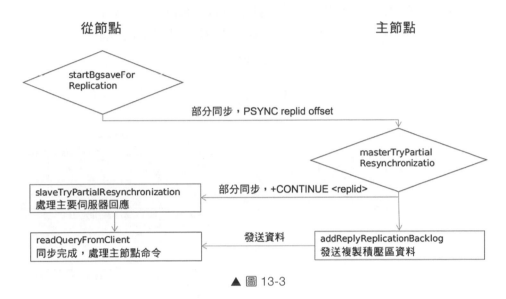

▲ 圖 13-3

13.4.4 部分同步的實現細節

1. 維護 replid、offset 參數

PSYNC 指令需要使用 replid、offset 參數，這兩個參數存放在主從節點的 server.replid、server.master_repl_offset 屬性中，另外，從節點的 server.master.replid、server.master.reploff 屬性中也保存了一份相同的資料。

為了使部分同步正常執行，主從節點需要維護這兩個關鍵參數對應的屬性保持一致。

首先，全量同步時，主節點發送 +FULLRESYNC 回應給從節點時，會將 server.master_repl_offset、server.replid 發送給從節點（replicationSetupSlaveForFullResync 函數），從節點處理 +FULLRESYNC 回應時，會將 replid、offset 記錄在 server.master_replid、server.master_initial_offset 這兩個初始屬性（slaveTryPartialResynchronization 函數）中。

當從節點 readSyncBulkPayload 函數接收完 RDB 資料後，進入複製階段之前，將這兩個初始屬性設定值給 server.replid、server.master_repl_offset，並且在建立主節點用戶端時，從節點將這兩個屬性設定值給 server.master.replid、server.master.reploff。

這些屬性資料的傳遞過程如圖 13-4 所示。

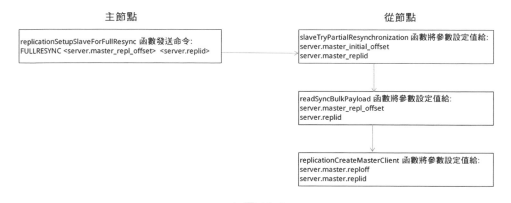

主節點

| replicationSetupSlaveForFullResync 函數發送命令:
FULLRESYNC <server.master_repl_offset> <server.replid> |

從節點

| slaveTryPartialResynchronization 函數將參數設定值給:
server.master_initial_offset
server.master_replid |

| readSyncBulkPayload 函數將參數設定值給:
server.master_repl_offset
server.replid |

| replicationCreateMasterClient 函數將參數設定值給:
server.master.reploff
server.master.replid |

▲ 圖 13-4

至此，主從節點的關鍵屬性初次達成一致。

此後，每當主節點執行一行寫入指令，主節點的 server.master_repl_offset 就增加該指令請求長度（feedReplicationBacklog 函數）。而從節點每接收並執行一行（主節點傳播的）指令，其 server.master.reploff、server.master_repl_offset 也增加該指令請求長度。

> 提示
>
> 從節點的 server.master.reploff 屬性由 commandProcessed 函數更新，而 server.master_repl_offset 屬性由 replicationFeedSlavesFromMasterStream 函數呼叫的 feedReplicationBacklog 函數更新。

假設目前主節點的屬性如下：

```
server.replid：XXXXXXXXX
server.master_repl_offset：110
```

全量同步時，主節點將傳回 +FULLRESYNC XXXXXXXXX 110 給從節點，全量同步完成後，從節點的屬性如下：

```
server.master.replid、server.master.replid：XXXXXXXXX
server.master_repl_offset、server.master.reploff：110
```

隨後，主節點執行一筆指令，指令請求長度為 20，此時主節點的屬性如下：

```
erver.replid：XXXXXXXXX server.master_repl_offset：130
```

該指令傳輸給從節點執行後，此時從節點的屬性如下：

```
server.master.replid、server.master.replid：XXXXXXXXX
erver.master_repl_offset、server.master.reploff：130
```

使用 INFO 指令，我們可以看到 replid、offset 這兩個關鍵屬性。

```
role:master
connected_slaves:1
slave0:ip=127.0.0.1,port=6001,state=online,offset=535,lag=1
master_replid:043bf32c780cafe3d9f6f9304fa82efa554f1d0a
master_replid2:0000000000000000000000000000000000000000
master_repl_offset:535
```

2. 快取 server.master

主從節點連接斷開後，從節點會呼叫 replicationCacheMaster 函數（由 freeClient 函數觸發）執行以下邏輯：

（1）快取主節點用戶端，將 server.master 設定值給 server.cached_master。
（2）呼叫 replicationHandleMasterDisconnection 函數，將 server.repl_state 設定為 REPL_STATE_ CONNECT 狀態。這樣 serverCron 時間事件會不斷嘗試重新連接主節點，並且使用部分同步機制同步資料。

server.master 與 server.cached_master 兩個屬性的關係如下：

（1）主從連接斷開，server.master 快取到 server.cached_master 中，這時 server.cached_master. replid 為主節點 ID，server.cached_master.reploff 為從節點目前已複製指令偏移量。這時，從節點呼叫 slaveTryPartial Resynchronization 函數使用這兩個屬性發送 PSYNC 指令，發起部分同步流程。

由於主從連接已斷開，server.cached_master 中並沒有連接訊息。

（2）部分同步成功後，server.cached_master 再次轉化為 server.master。

13.5　PSYNC2

在 Redis 4 之前，主從部分同步使用的 PSYNC 協定。當主從連接由於網路抖動等原因斷開重連後，使用 PSYNC 協定可以快速地同步資料。但 PSYNC 協定還有兩個場景沒有考慮到：

（1）從節點重新啟動後，遺失了 replid 和 offset 參數，導致主從節點只能進行全量同步。

（2）在 Cluster 叢集中，容錯移轉導致主節點變更，從而使主節點的 replid 發生變化，這時主從節點也只能進行全量同步。對此，Redis 4.0 提供了 PSYNC2 協定。

下面看一下 PSYNC2 如何最佳化這兩個場景。

13.5.1　從節點重新啟動

Redis 服務停止前，會將資料保存到 RDB 檔案中。在 RDB 章節中說過，rdbSaveInfoAuxFields 函數會保存伺服器輔助欄位，該函數會將 server.replid、server.master_repl_offset 作為 repl-id、repl-offset 輔助欄位存入 RDB 檔案。

從節點啟動後，呼叫 loadDataFromDisk 函數載入資料：

```
void loadDataFromDisk(void) {
    ... {
        rdbSaveInfo rsi = RDB_SAVE_INFO_INIT;
        errno = 0;
        // [1]
        if (rdbLoad(server.rdb_filename,&rsi,RDBFLAGS_NONE) == C_OK) {
            // [2]
            if ((server.masterhost ||
                (server.cluster_enabled &&
                nodeIsSlave(server.cluster->myself))) &&
                rsi.repl_id_is_set &&
                rsi.repl_offset != -1 &&
                rsi.repl_stream_db != -1)
            {
                memcpy(server.replid,rsi.repl_id,sizeof(server.replid));
                server.master_repl_offset = rsi.repl_offset;
                replicationCacheMasterUsingMyself();
                selectDb(server.cached_master,rsi.repl_stream_db);
            }
        } ...
    }
}
```

【1】 呼叫 rdbLoad 函數載入 RDB 資料，會將 RDB 檔案中的 repl-id、repl-offset 欄位設定值給 rsi.repl_id、rsi.repl_id。

【2】 如果目前伺服器是從主節點，則將 rsi.repl_id、rsi.repl_id 設定值給 server.replid、server.master_repl_offset，並呼叫 replicationCacheMasterUsingMyself 函數執行以下邏輯：

（1）呼叫 replicationCreateMasterClient 函數建立 server.master，並將 server.master_repl_offset、server.replid 設定值給 server.master.reploff、server.master.replid。

（2）將 server.master 設定值給 server.cached_master，並將 server.master 設定為 NULL。

到這裡，server.cached_master 就準備從節點可以使用它發起部分同步流程了。

> **提示**
> 如果要支持從節點重新啟動後使用 PSYNC2 協定，目前的 Redis（目前最新版本為 Redis 6）必須使用 RDB 持久化。

13.5.2 Cluster 容錯移轉

Cluster 叢集需要使用主從複製機制，Cluster 的內容將在後面的章節中詳細分析，這裡只需要知道 Cluster 叢集中容錯移轉導致叢集的主節點變更，從而導致主節點的 replid 變化即可。舉例來說，在 Cluster 叢集中，主節點 nodeA 的 replid 為 "XXXXXXXX1"，它有兩個從節點 nodeB、nodeC。主節點 nodeA 下線後，從節點 nodeB 升級為主節點，它的 replid 為 "XXXXXXXX2"，但從節點 nodeC 中的 server.cached_master.replid 還是 "XXXXXXXX1"。當從節點 nodeC 嘗試與 nodeB 部分同步時，將發送指令 "PSYNC XXXXXXXX1 ..."。該 PSYNC 指令中的 replid 參數與 nodeB 的 server.replid 並不一致。

PSYNC2 處理方案如下：

當 nodeB 從節點切換為主節點時會呼叫 shiftReplicationId 函數，將原來主節點 nodeA 的 server.replid 保存到 server.replid2 中，並生成一個新的 server.replid。也就是 nodeB 從節點切換為主節點後，兩個 replid 如下：

```
server.replid：XXXXXXXX2
server.replid2：XXXXXXXX1
```

主節點在 masterTryPartialResynchronization 函數中實現部分同步，只要 PSYNC 指令中的 replid 參數等於 server.replid 或 server.replid2，就同意進行部分同步。並且，主節點會傳回 +CONTINUE replid 回應，將主節

點最新的 replid 發送給從節點，從節點收到該 replid 後，將其設定值給 server.replid、server.cached_master.replid。這樣，主從節點的 replid 再次達成一致。

13.6 主從複製流程

Redis 主從複製機制透過傳播指令實現複製資料的功能。主從同步完成後，進入複製階段。這時，主節點每執行一行寫入指令，都會呼叫 replicationFeedSlaves 函數將指令傳播給從節點（由 server.c/propagate 函數觸發）：

```
void replicationFeedSlaves(list *slaves, int dictid, robj **argv, int
argc) {
    listNode *ln;
    listIter li;
    int j, len;
    char llstr[LONG_STR_SIZE];

    // [1]
    if (server.repl_backlog) {
        char aux[LONG_STR_SIZE+3];

        aux[0] = '*';
        len = ll2string(aux+1,sizeof(aux)-1,argc);
        aux[len+1] = '\r';
        aux[len+2] = '\n';
        feedReplicationBacklog(aux,len+3);

        for (j = 0; j < argc; j++) {
            ...
        }
    }

    // [2]
    listRewind(slaves,&li);
```

```
    while((ln = listNext(&li))) {
        client *slave = ln->value;

        if (slave->replstate == SLAVE_STATE_WAIT_BGSAVE_START) continue;

        addReplyArrayLen(slave,argc);

        for (j = 0; j < argc; j++)
            addReplyBulk(slave,argv[j]);
    }
}
```

【1】 呼叫 feedReplicationBacklog 函數將指令寫入複製積壓區，用於支援
      部分同步機制。

【2】 將指令寫入所有從節點用戶端的回覆緩衝區，後續 Redis 會將回
      覆緩衝區的內容發送給從節點。注意，如果從節點處於 SLAVE_
      STATE_WAIT_BGSAVE_START 狀態，則指令資料不需要寫入回覆
      緩衝區。該指令的變更會寫入 RDB 資料，透過全量同步機制發送
      給從節點。

前面説過，addReplyBulk 等函數寫入資料到用戶端回覆緩衝區時，會呼
叫 prepareClientToWrite 函數將用戶端增加到 server.clients_pending_write
中。實際上，prepareClientToWrite 函數會執行以下判斷：如果該用戶端
是從節點用戶端，那麼只有處於 SLAVE_STATE_ONLINE 狀態，才會
將用戶端加入 server.clients_pending_write。所以處於 SLAVE_STATE_
WAIT_BGSAVE_END、SLAVE_STATE_SEND_BULK 狀態的從節點用戶
端，傳播指令會暫存在回覆緩衝區，直到用戶端切換到 SLAVE_STATE_
ONLINE 狀態，才能將這些指令發送給從節點。

13.7 定時邏輯

replicationCron 函數執行複製機制的定時邏輯,該函數由 serverCron 時間事件間隔 1000 毫秒觸發一次。

replicationCron 函數主要執行以下邏輯(包含主節點、從節點的邏輯):

(1)如果從節點在交握階段或接收 RDB 資料時連接逾時,則中斷同步流程,server.repl_state 回到 REPL_STATE_CONNECT 狀態。

(2)如果從節點處於 REPL_STATE_CONNECTED(已連接)狀態,並且上次與主節點通訊(server.master.lastinteraction)後已過去時間超出了 server.repl_timeout,則判斷為主從連接逾時,並斷開連接。提示:從節點每次收到主節點發送的資料後都會更新 server.master.lastinteraction(readQueryFromClient 函數)。

(3)如果從節點處於 REPL_STATE_CONNECT(待連接)狀態,則呼叫 connectWithMaster 函數連接到主節點(與 serverCron 時間事件處理 REPL_STATE_CONNECT 狀態的邏輯相同)。

(4)從節點定時發送指令 REPLCONF ACK offset,頻率為 1000 毫秒發送一次,將從節點的 server.master.reploff 發送給主節點。主節點收到該資料後將更新 client.repl_ack_time、client.repl_ack_off。

> **提示**
>
> client.repl_ack_off 屬性代表從節點已確認偏移量。由於 Redis 使用的是非同步複製機制,所以主節點傳播指令時並不等待從節點傳回 ACK 確認,而是在這裡同步從節點 ACK 資訊。

(5)主節點定時發送 PING 給所有的從節點,維持主從連接活躍。

（6）主節點會給處於 SLAVE_STATE_WAIT_BGSAVE_START 或 SLAVE_STATE_WAIT_ BGSAVE_END 狀態的從節點發送空行，避免從節點在等待 RDB 資料過程中連接逾時。

（7）主節點檢查從節點連接，如果從節點連接逾時（目前時間減去 client.repl_ack_time 超過了 server.repl_timeout），那麼關閉連接。

（8）如果從節點數量為 0，並且無節點狀態持續時間超過了 server.repl_backlog_time_limit 設定，則主節點會刪除複製積壓區，並且重新生成 replid，清空 replid2。

（9）如果主節點中不存在子處理程序，則遍歷所有的從節點用戶端，如果存在 SLAVE_STATE_ WAIT_BGSAVE_START 狀態的從節點用戶端，則呼叫 startBgsaveForReplication 函數開始生成 RDB 資料。

前面分析 syncCommand 函數時説過，如果主節點正在生成發送到 Socket 的 RBD 資料，則需要等待該 RDB 操作完成後再生成新的 RDB。該場景下正是在這裡生成新的 RDB。

（10）主節點維護了 server.repl_good_slaves_count 屬性，用於記錄正常從節點數量，這裡檢查所有的從節點用戶端是否線上並更新該屬性。

從 replicationCron 函數可以看到，主從節點都會定時發送封包：

- 從節點定時發送 REPLCONF ACK offset，通知主節點自己已複製指令偏移量。
- 主節點發送 PING 指令，保證主從連接不會逾時斷開。

主從節點定時發送的訊息如圖 13-5 所示。

提示：master 定時發送 PING, slave 定時發送 REPLCONF ACK offset

▲ 圖 13-5

13.8 主從複製設定

下面列舉一些主從複製機制中常用的設定。

用於從節點的設定：

- replicaof：設定啟動伺服器為指定伺服器的從節點。
- masterauth：用於主從節點認證的密碼。
- masteruser：指定可以執行 PSYNC 指令或其他複製指令的使用者，Redis 6 開始提供。
- replica-serve-stale-data：預設為 yes，代表在主從連接斷開或同步階段，允許從節點繼續處理使用者查詢請求，傳回過期資料或空資料。
- replica-read-only：預設為 yes，代表從節點只處理使用者查詢請求，不能修改資料。
- repl-diskless-load：預設為 disabled，代表不使用無磁碟載入功能。開啟無磁碟載入功能後，從節點將直接從 Socket 中讀取並載入資料。這時可能還沒有接收完整 RDB 資料就開始解析 RDB 資料了。
- replica-announce-ip：設定從節點的 IP 位址，從節點在交握階段會將該資訊發送給主節點，類似的還有 replica-announce-port。

用於主節點的設定：

■ repl-diskless-sync：預設為 no，即不使用無磁碟同步功能。開啟無磁碟同步功能後，主節點會將生成的 RDB 資料直接發送到 Socket 中，適用於磁碟性能較低但網路頻寬較充足的場景。

■ repl-ping-replica-period：預設為 10，單位為秒，主從節點發送 PING 的時間間隔。

■ repl-backlog-size：預設為 1MB，設定複製積壓區大小。

■ repl-backlog-ttl：預設為 3600，單位為秒，主節點處於無從節點狀態的時間超過該設定，將釋放複製積壓區。

■ min-replicas-max-lag：如果從節點超過該設定沒有傳回 ACK 資訊，則判定從節點不正常，預設為 10，單位為秒。

■ min-replicas-to-write：如果正常從節點數量少於該設定，則主節點拒接執行指令，預設為 0。

用於主從節點的設定：

■ repl-timeout：預設為 60，單位為秒，主從連接逾時。

　• 用於主節點，如果從節點超過該設定時間沒有發送 ACK 資訊，則連接逾時。

　• 用於從節點，作用於以下 3 個場景：

　　（1）如果處於交握階段並且主節點超過該設定時間沒有傳回從節點指令回應，則連接逾時。

　　（2）如果處於同步階段並且主節點超過該設定時間沒有發送新的 RDB 資料，則連接逾時。

　　（3）如果處於複製階段並且主節點超過該設定時間沒有發送 PING 指令，則連接逾時。

另外，如果主節點沒有持久化，則應當禁止主節點自動重新啟動。不然主節點崩潰並自動重新啟動後其資料集合為空，這時從節點與主節點同步資料，從節點將清除原來的資料備份，從而導致所有的資料都遺失了。

《複習》

- Redis 提供主從複製機制，主節點將資料複製給從節點實現資料熱備份。

- 主從交握階段，從節點將自身資訊發送給主節點。

- Redis 支援全量同步和部分同步。全量同步時主節點生成 RDB 資料併發送給從節點，部分同步時主節點將複製積壓區的指令發送給從節點。

- 主節點將執行的寫入指令傳播給從節點，從而達到資料複製的效果。

第 4 部分
分散式架構

- -

Raft 演算法

Redis Sentinel 和 Cluster 機制中都用到了一致性演算法 Raft。Raft 演算法在分散式儲存系統中的應用越來越廣泛，學習 Raft 演算法，對我們了解分散式儲存系統有很大的幫助。本章主要討論 Raft 演算法的設計。

14.1 分散式一致性的困難

Raft 是一種易於了解的一致性演算法，一致性演算法即在分散式系統中，保證資料一致性的演算法。分散式系統通常由多個節點組成，多個節點保持資料一致涉及很多問題，下面透過一個例子進行分析。

假設叢集中存在節點 S1、S2、S3、S4、S5，並且目前維護的資料 X=0。節點 S1 收到請求，修改 X 為 1：X < -1；節點 S2 收到請求，修改 X 為 2：X < -2。

首先，叢集中的每個節點都需要將自己收到的修改請求廣播給其他節點，其他節點接收後再執行相同的操作，以保持叢集內所有節點的資料一致。這樣，節點 S1、S2 都會將自己收到的修改請求廣播給其他節點。而節點 S3、S4、S5 都收到兩個修改請求：X < -1、X < -2。

下面是分散式系統保證資料一致時常遇到的問題。

1. 時鐘不同步

由於網路延遲等原因，節點 S3、S4、S5 收到這兩個修改請求的前後順序不一致，可能 S3 收到的請求順序為 X < -1、X < -2，最終結果為 X=2，而 S4 收到的請求順序為 X < -2、X < -1，最終結果為 X=1。最終叢集中 X 的值就不一致了。

在一個節點上，可以透過時間（或序號）區分操作的先後順序，而在多個節點上，由於不同機器上的物理時鐘難以同步，所以我們無法在分散式系統中直接使用物理時鐘區分事件時序。

這是一致性演算法首先要解決的問題，通常有兩個解決方案：去中心化與中心化。

中心化即選舉一個 leader 節點（中心節點），並由 leader 節點負責所有的寫入操作。該方案更易於了解與實現，Raft 演算法採用了該方案。而去中心化即叢集中所有節點都可以處理寫入操作，但每個寫入操作執行前都需要叢集內對該操作達成共識，如 Paxos 演算法。該方案可以達到更高的性能，但往往非常難以了解與實現。

Paxos 演算法同樣是非常優秀的分散式一致性演算法，Raft 演算法中的很多思想正是來自 Paxos 演算法，但 Paxos 演算法過於晦澀難懂，因此本書也不會過多地介紹 Paxos 演算法。

2. 網路不可靠

由於網路不可靠，某些節點可能由於網路阻塞等原因，沒有收到其他節點廣播的修改請求，導致部分修改遺失，最終導致資料不一致。

3. 節點崩潰

叢集中的每個節點隨時可能崩潰重新啟動或執行緩慢，導致它在某一段時間內沒有收到其他節點廣播的修改請求，最終導致資料不一致。

14.2 CAP 理論

關於分散式系統有一個著名的 CAP 理論—在一個分散式系統中，不可能同時實現以下三點：

- Partition tolerance：分區容錯性，正常情況下一個叢集內所有節點網路應該是互通的。但由於網路不可靠，可能導致一些節點之間網路不通，整個網路就分成了幾塊區域。如果一個資料只在一個節點中保存，出現網路磁碟分割後，其他不連通的分區就存取不到這個資料了。通常將資料複製到叢集的所有節點，保證即使出現網路磁碟分割後，不同網路磁碟分割都可以存取到資料。這樣實現了分區容錯，但也引入了資料一致性問題。
- Consistency：一致性，即叢集中所有節點的資料保持一致。
- Availability：可用性，即叢集一直處於可用狀態，能正常處理使用者請求並傳回回應。

由於網路不可靠，並且分散式儲存系統都使用多個節點儲存資料，所以分散式儲存系統必須實現分區容錯性。我們只能選擇優先追求一致性或可用性。如果追求可用性，當資料不一致時分散式系統仍提供服務，但可能傳回不一致的資料（可能某一段時間內叢集資料不一致，但叢集內的資料最終會達成一致，這種一致性稱為「最終一致性」）。而追求一致性，當叢集資料無法達成一致時，叢集就應該停止服務。

> 提示
>
> CAP 理論於 1998 年提出，也曾一度遭到質疑，後來作者做了部分調整和修正，現在它仍然可以作為分散式系統設計的指導理論。

14.3 Raft 演算法的設計

Raft 演算法實現的是強一致性，即優先追求資料一致，當叢集無法達到資料一致時將停止服務。但 Raft 中使用了「Quorum 機制」，只要叢集中超過半數節點正常執行，叢集就可以正常提供服務。

另外，共識協定是一致性演算法中很重要的一部分，共識協定即叢集中的節點如何對某個提議達成共識，提議即執行某個操作的請求，如選擇某個節點成為 leader 節點。

Raft 演算法使用「Quorum 機制」達成共識，當叢集中超過半數節點接受某個提議後，叢集內就達成共識一該操作可以被叢集執行。

Raft 演算法會選舉一個 leader 節點（其餘節點稱為 follower 節點），由 leader 節點處理所有寫入請求，從而解決「時鐘不同步導致無法確認操作順序」的問題。另外，leader 會將自己收到的請求廣播給叢集內其他 follower 節點，從而達成資料一致。

透過 leader 節點，Raft 演算法將一致性問題簡化為 3 個子問題：

- 領導選舉：目前 leader 節點崩潰下線或叢集剛啟動時，需要選舉一個新的 leader。
- 日誌複製：leader 節點將自己接收的請求記錄到日誌中，並將日誌廣播給其他節點，從而保證叢集資料達到一致。
- 資料安全：如果某個日誌已經被叢集提交，那麼該日誌不能再被覆蓋或修改。

Raft 演算法中透過日誌儲存所有的修改操作，透過保證已提交的日誌安全，即保證了對應的修改操作不能被拋棄或篡改（提交的概念後續會説明）。

下面詳細分析 Raft 演算法。

在 Raft 演算法中，每個節點都需要維護如表 14-1 所示的屬性。

表 14-1

屬性	說明
currentTerm	伺服器目前任期（節點第一次啟動的時候初始化為 0，單調遞增）
votedFor	目前任期獲得該節點選票的 candidate 節點的 ID，如果目前節點沒有投給任何 candidate 則為空
log[]	本地日誌集，每個項目包含日誌索引、操作內容，以及 leader 收到該日誌時的任期
commitIndex	已提交的最大的記錄檔項目索引（初值為 0，單調遞增）
lastApplied	已執行修改操作的最大的記錄檔項目索引（初值為 0，單調遞增）

Raft 演算法中定義了任期（Term）的概念，將時間切分為一個個 Term，可以認為是邏輯上的時間。

每一任期開始時都需要選舉 leader，該 leader 將在該任期內一直完成 leader 工作。如果 leader 崩潰下線，則需要開啟一個新的任期，並選舉新的 leader。

14.3.1 領導選舉

Raft 演算法中的每個節點都可以有 3 種狀態：leader、follower、candidate。正常情況下，leader 節點會定時向所有 follower 節點發送心跳請求，以維護 leader 地位。如果某個 follower 節點超過指定時間沒有收到 leader 心跳（該逾時稱為選舉逾時），那麼它就認為 leader 節點已下線，將轉化為 candidate（候選）節點，並發起選舉流程。

另外，叢集剛啟動後，每個節點都是 follower 節點，直到某個節點轉化為 candidate 節點，將發起選舉流程。

follower 節點成為 candidate 節點後，執行以下邏輯：

（1）增加任期，更新 currentTerm 為 currentTerm+1。

（2）給自己投票。

（3）向叢集其他節點發送投票封包，要求它們給自己投票。

封包內容如表 14-2 所示。

表 14-2

屬性	說明
term	候選人的目前任期號
candidateId	發送節點 ID
lastLogIndex	發送節點最後一筆日誌項目的索引值
lastLogTerm	發送節點最後一筆日誌項目的任期號

其他節點收到該封包後，執行以下邏輯：

（1）如果 request.term<receiver.currentTerm，則拒絕投票（使用 request
指代請求資料，receiver 指代接收節點的資料，下同）。

（2）如 果 request.lastLogTerm<receiver.lastLogterm 或 request.
lastLogIndex<receiver.lastLogindex， 則 拒 絕 投 票（receiver.
lastLogterm、receiver.lastLogindex 指接收節點最後一筆記錄檔項目
任期號、索引值）。

（3）如果 request.term==receiver.currentTerm，並且接收節點 votedFor 不
為空，則說明該任期內接收節點已經給其他節點投過票，拒絕投票。

（4）到這裡，說明可以給請求節點投票，更新 receiver.currentTerm 為
request.term，重置選舉逾時，並傳回投票回應。

在以下場景中，candidate 節點會轉化為其他狀態：

（1）超過半數節點給自己投票（包括自己的選票），目前節點當選為
leader 節點。

由於使用了「Quorum 機制」，Raft 演算法保證如果某次選舉成功，那麼只能選列出唯一的 leader 節點。

（2）收到其他節點的心跳封包，並且任期不小於自己目前任期，説明其他節點已成為 leader 節點，目前節點轉化為 follower 節點。

（3）等待一段時間，直到超過選舉逾時仍沒有當選或收到其他 leader 節點的心跳封包，則開始新一輪選舉。

如圖 14-1 所示，leader 節點將最新的日誌（lastLogIndex 為 12）複製給 S2 節點後就崩潰下線。隨後，S5 節點發起選舉流程。

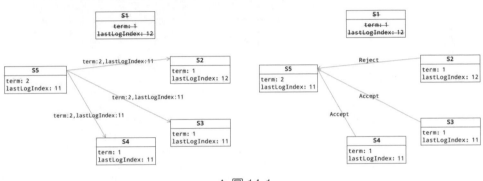

▲ 圖 14-1

S5 獲得 3 票（加上自己給自己投的一票）成為 leader 節點。S5 成為 leader 節點後，S5 節點需要定時發送心跳封包以維持自己的 leader 地位，如圖 14-2 所示。

如果一個任期內同時有多個節點發起選舉，則該任期的選票可能被多個節點瓜分，導致該任期最終沒有任何一個節點能成為 leader 節點，投票失敗。

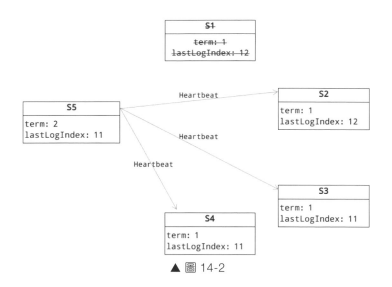

▲ 圖 14-2

如圖 14-3 所示，S2、S5 節點同時發起選舉流程。

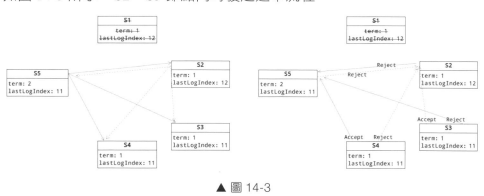

▲ 圖 14-3

S2、S5 節點都只是收到兩個投票（包括自己的投票），最終本輪投票沒有 leader 節點當選。

為了避免這種情況，Raft 演算法要求每個節點都在一個固定的區間（舉例來說，150～300毫秒）內選擇一個隨機時間作為選舉逾時。當 leader 下線後，最先逾時的節點會先發起選舉，這時它通常可以獲得多數選票（其他節點未逾時或發起選舉時間比它晚）。然後該節點贏得選舉並在其他節點選舉逾時之前發送心跳封包，從而成為 leader 節點。

提示

每個節點在發送投票封包或給其他節點投票後，都需要將目前節點選舉逾時重置為一個新的隨機時間。

14.3.2　日誌複製

一致性演算法是在複製狀態機的背景下產生的。複製狀態機是指多個節點以相同的初始狀態開始，以相同順序接收相同輸入並產生相同的最終狀態。複製狀態機通常使用複製日誌實現，叢集中的每個節點都儲存了一系列包含操作的日誌（即輸入），並按照日誌的循序執行操作。由於每個操作都產生相同的結果，所以只要叢集內所有節點日誌的內容和順序保持一致，那麼每個節點執行日誌後生成的資料也保持一致（即相同的最終狀態）。透過複製狀態機，我們可以將資料一致性問題簡化為日誌一致性問題。

回到 Raft 演算法，leader 節點被選列出來後，就開始為用戶端提供服務。它將每個請求記錄為一筆新的記錄檔項目並附加到本地日誌集中，然後透過心跳封包（心跳封包可以附加記錄檔項目）發送給叢集中的其他 follower 節點，讓它們複製這筆記錄檔項目。

當叢集中超過半數節點（包括 leader 節點）都收到該日誌後，leader 節點（在收到這些節點接收記錄檔項目成功的確認資訊後）就認為該日誌已經安全，將它提交到狀態機並執行真正的修改操作，最後把操作結果傳回用戶端。

如果網路封包遺失，或 follower 節點崩潰、執行緩慢，導致某些節點沒有收到日誌，那麼 leader 節點會不斷地重複發送記錄檔項目，直到所有的 follower 節點都儲存了全部記錄檔項目。

心跳封包也可以稱為附加日誌封包，由 leader 節點發送，負責維持 leader 地位或發送記錄檔項目。心跳封包的內容如表 14-3 所示。

表 14-3

屬性	說明
term	leader 節點的任期
leaderId	leader 節點的 ID，用於 follower 節點通知用戶端進行重新導向
prevLogIndex	新日誌項目前一筆日誌項目的索引
prevLogTerm	新日誌項目前一筆日誌項目的任期
entries[]	需要被 follower 節點保存的新記錄檔項目（為了提高效率，可能一次性發送多筆，單純的心跳封包則為空）
leaderCommit	leader 節點中已提交的最大的日誌項目的索引

follower 節點收到心跳封包後執行以下邏輯：

（1）request.term<local.currentTerm，無效封包，拒接處理。

（2）執行日誌一致性檢查操作，如果不通過，則拒絕接收請求中的新日誌。

（3）增加請求中的新記錄檔項目到本地日誌集並傳回結果。如果本地已經存在的記錄檔項目和請求中的新記錄檔項目衝突（索引值相同但是任期號不同），則刪除本地日誌集中該索引及後續的所有記錄檔項目，將心跳封包中的新記錄檔項目增加到本地日誌集中。

1. 日誌一致性檢查

由於網路不穩定或節點執行緩慢，leader 節點和 follower 節點的日誌可能不一致，如圖 14-4 所示。

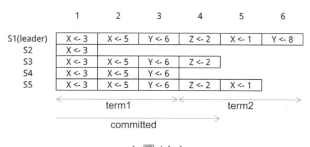

▲ 圖 14-4

對於日誌不一致的 follower 節點，leader 節點需要將自己的日誌複製給它們。

leader 會為每個 follower 節點記錄一個 nextIndex，代表 follower 節點在該索引位的日誌與 leader 節點不一致，並將該索引位的日誌作為下一次心跳封包中發送的記錄檔項目。在圖 14-4 中，S2 節點的 nextIndex 為 2，S3 節點的 nextIndex 為 5。

那麼如何確認這個 nextIndex 呢？

當一個節點剛成為 leader 節點時，它會將所有 follower 節點的 nextIndex 值初始化為自己最新的日誌索引加 1（在圖 14-4 中，term2 中的 S1 成為 leader 節點後所有的 follower 節點的 nextIndex 都是 4）。

在發送心跳封包時，leader 會給每個 follower 節點發送其 nextIndex 索引的記錄檔項目，並將 nextIndex 索引的前一筆日誌的索引和任期包含在封包中（心跳封包中的 prevLogIndex、prevLogTerm 屬性），如果 follower 節點在它的日誌集中找不到包含相同 prevLogIndex、prevLogTerm 的記錄檔項目（日誌一致性檢查），就會拒絕心跳封包中的記錄檔項目。這時 leader 節點會減少 nextIndex 值並重新發送心跳封包，直到找到合適的 nextIndex 索引。

透過日誌一致性檢查，Raft 演算法保證了以下日誌匹配特性：

- 如果在不同節點中有兩個記錄檔項目有相同的索引和任期號，則它們的內容一定相同；
- 如果在不同節點中有兩個記錄檔項目有相同的索引和任期號，則它們之前的所有日誌一定相同。

2. 覆蓋日誌

由於 leader 節點變更等原因，可能導致某些 follower 節點中出現衝突的記錄檔項目，這些記錄檔項目需要被覆蓋。在圖 14-4 中，如果 S1 節點崩潰，S3 節點成為新的 leader 節點，則這時 S5 中索引 5 上的日誌需要被覆蓋，結果如圖 14-5 所示。

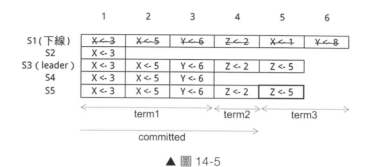

▲ 圖 14-5

3. 提交日誌

Raft 中透過 commited 索引維護狀態機已提交的日誌索引。當 leader 節點收到多數節點接收某個日誌的成功回應後，將修改 commited 索引。

注意，這時 leader 節點才真正執行修改資料的操作並修改 lastApplied 索引。隨後，leader 透過心跳封包將最新的 commited 索引發送給其他 follower 節點。

follower 節點根據最新的 commited 索引執行以下操作：

（1）如果 request.leaderCommit>receiver.commitIndex，則令 receiver.commitIndex 等於 request.leaderCommit 和新記錄檔項目索引中較小的值。
（2）如果接收節點中 commitIndex>lastApplied，則使 lastApplied 加 1，並執行 lastApplied 位置的日誌操作，直到 lastApplied == commitIndex。

14.3.3 安全性

Raft 演算法保證已提交的記錄檔項目不會被覆蓋或修改。下面討論 Raft 演算法如何實現該機制。

1. 投票限制

在投票選舉中，如果某個節點不包含所有已提交日誌，則不能當選為 leader 節點，不然最新提交的記錄檔項目必然在新 leader 節點中被覆蓋。

由於一個日誌被提交的前提條件是它被多數節點接收，所以如果一個節點擁有比多數節點更新（或同樣新）的記錄檔項目，則說明它必然包含所有的已提交日誌。

於是 Raft 演算法採用了一種很簡單的處理方式，在投票時，只有當請求投票節點的記錄檔項目至少和接收節點一樣新時，接收節點才給請求節點投票，否則拒絕為該節點投票。

由於一個節點當選 leader 節點要求得到多數節點的投票，所以最終選出來的節點的記錄檔項目必然比多數節點更新（或同樣新），也必然包含已提交的日誌。

Raft 演算法透過比較兩個節點的最後一筆日誌項目的索引值和任期來判斷哪個節點日誌更新。如果兩個節點最後的日誌項目的任期不同，那麼任期大的日誌更新；如果兩個記錄檔項目任期號相同，那麼日誌索引值大的就更新。

2. 前一任期的日誌的處理

新上任的 leader 節點不能直接拋棄前一任期中未提交的日誌，而是要繼續處理這些日誌。但對於前一任期的日誌需要做一個特殊的處理：目前一任期的日誌被多數節點接收後，並不能提交該日誌（因為這時這些日誌並不安全），而要等到目前任期的日誌被多數節點接收後才能提交日誌。

如圖 14-6 所示，S1 節點下線後，S5 節點當選為 leader 節點。

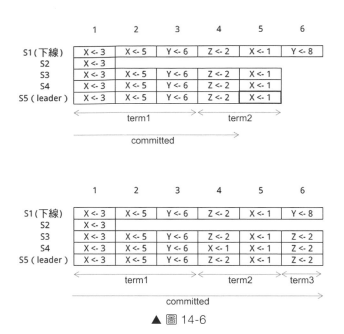

▲ 圖 14-6

S1 節點下線後，S5 節點當選為 leader 節點，並將索引 5 的（任期 2）的日誌複製給其他節點，但不能提交該日誌。直到索引 6（目前任期）的日誌被複製到多數節點後，才可以提交日誌，這時索引 6 之前的日誌也會一併被提交。

為什麼前一任期的日誌即使被複製到多數節點仍不安全，我們透過 Raft 論文中的例子說明，如圖 14-7 所示。

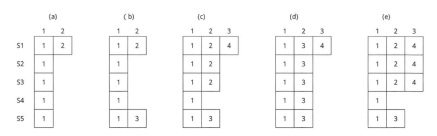

提示：　2　代表該日誌的任期號為 2

▲ 圖 14-7

（a）：S1 為 leader 節點，目前任期為 2，最新日誌為 2-2 日誌（為了描述方便，使用 2-2 日誌代表 2 索引上任期為 2 的日誌），但還沒將 2-2 日誌複製到其他節點。

（b）：S1 崩潰，S5 當選為 leader 節點，目前任期為 3，最新口誌為 2-3 日誌，但還沒將 2-3 日誌複製到其他節點。

（c）：S5 崩潰，S1 當選為 leader 節點，目前任期為 4，將 2-2 日誌複製到其他節點，並記錄了最新的 3-4 日誌。

（d）：S1 崩潰，S5 當選為 leader 節點（S5 可以獲得 S2、S3、S4 選票），目前任期為 5，將 2-3 日誌複製到其他節點，覆蓋了 2-2 日誌。

可以看到，對於前一任期的日誌，即使被複製到多數節點，也可能被覆蓋，所以並不安全，不能提交到狀態機。

只有目前任期的日誌被複製到多數節點後，才可以提交。比如在圖 14-7（e）中，如果在 3-4 日誌被複製到多數節點後，即使 S1 崩潰，S5 也無法當選 leader 節點（無法獲得 S1、S2、S3 選票），所以 3-4 日誌是不會被覆蓋的。而當我們提交了 3-4 日誌後，2-2 日誌也就被提交了。

再考慮一個場景，如果 leader 節點已經回覆用戶端某個操作處理成功，但還沒有將該操作日誌的 commitIndex 廣播給其他 follower 節點就崩潰了，這時會發生什麼？結果是由於選舉投票限制，新的 leader 節點必然包含該日誌，並將該日誌提交到狀態機，所以該操作並不會遺失。

14.4 Redis 中的 Raft 演算法

Redis 利用了 Raft 演算法的領導選舉機制，在 Redis Sentinel 和 Cluster 機制中，如果某個主節點崩潰下線，那麼 Redis 將利用 Raft 演算法選舉一個 leader 節點，並由 leader 節點完成容錯移轉。

後面章節會詳細分析 Redis 中的 Raft 演算法及容錯移轉機制。

Redis 並沒有使用 Raft 演算法的日誌複製機制。因為 Redis 使用的是非同步複製機制，從而保證低延遲和高性能。所以 Redis 實現的是資料最終一致性，即在複製過程中，從節點資料可能會落後於主節點。如果我們需要資料保持強一致，那麼使用 Redis 讀 / 寫分離機制（主節點寫入，從節點讀取）可能就不太合適了。

本章概述了 Raft 演算法的整體設計思想，Raft 演算法還有很多處理細節，如日誌壓縮、叢整合員變化等，本章不再一一討論。如果讀者希望詳細了解 Raft 演算法，則可以自行閱讀 Raft 作者的論文等資料。

Raft 演算法有很多成熟的實現程式，如百度的 braft、螞蟻金服的 SOFAJRaft 等，感興趣的讀者可以自行了解。

另外，Raft 演算法也有一些缺點，舉例來說，如果叢集中有一個節點網路不穩定，經常與主節點斷開連接，那麼它會不斷發起選舉並可能導致叢集任期上升，最終迫使原來的 leader 節點故障。

《複習》

- Raft 演算法是一種易於了解、實現的一致性演算法。
- Raft 演算法使用「Quorum 機制」選舉 leader 節點，並由 leader 節點完成所有寫入操作。
- Raft 演算法透過日誌複製保證資料一致性。

Redis Sentinel

我們前面分析了 Redis 主從複製機制，利用主從複製機制，可以使用多個 Redis 節點組成一個主從叢集。在主從叢集中，當主節點崩潰下線後，運行維護人員可以手動將某一個從節點切換為主節點，從而繼續提供服務。但這樣需要運行維護人員隨時監控主節點執行狀態，並在主節點下線後迅速處理，導致運行維護成本非常高。

為此，Redis 提供了高可用（HA）解決方案—Sentinel 機制，用於解決主從機制的單點故障問題。Redis Sentinel 可以監控主節點的執行狀態，並且在主節點下線後進行容錯移轉—選擇合適的從節點晉升為主節點並繼續提供服務，這個過程不需要人工介入。

Redis Sentinel 是一個獨立執行的處理程序，它能監控多個主從叢集。Redis Sentinel 也是一個分散式系統，使用多個 Sentinel 節點可以組成一個叢集，避免因為 Sentinel 單點故障導致用戶端無法正常存取 Redis 服務。

一個常見的 Redis Sentinel 叢集如圖 15-1 所示。

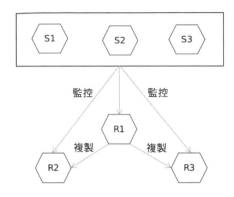

提示：S1、S2、S3 為 Sentinel 節點
R1 為主節點，R2、R3 為從節點

▲ 圖 15-1

本章分析 Redis Sentinel 的實現原理。

15.1 Redis Sentinel 的應用範例

如果要使用 Sentinel，則需準備一個 Sentinel 設定檔，內容如下：

```
port 26379
sentinel monitor mymaster 127.0.0.163792
sentinel down-after-milliseconds mymaster 60000
sentinel failover-timeout mymaster 180000
sentinel parallel-syncs mymaster 1
```

設定解釋如下：

- port：Sentinel 節點通訊埠，預設為 26379，如果在一台機器上部署多個 Sentinel 節點，則需要為每個節點指定不同的通訊埠。
- monitor：主節點資訊，格式為 <master-group-name> <ip> <port> <quorum>。

- master-group-name：主從叢集名稱，由使用者定義，Sentinel 使用該名稱代表該主從叢集。
- ip、port：主節點 IP 位址與通訊埠資訊，上例設定檔中指定 Sentinel 節點監控主節點 127.0.0.1:6379。
- quorum：Sentinel 叢集中必須存在不小於該數量的 Sentinel 節點接受某個提議（主要是判斷節點是否客觀下線的場景），Sentinel 叢集才能達成共識。該設定稱為法定節點數。
- down-after-milliseconds：節點超出該設定時間未回應則判定該節點主觀下線。
- failover-timeout：Sentinel 節點必須在該設定時間內完成容錯移轉。
- parallel-syncs：容錯移轉過程中，最多有多少個從節點同時與晉升節點建立主從關係。

準備 3 個這樣的設定檔，分別啟動 3 個 Sentinel 節點，這樣一個 Sentinel 叢集就架設完成了。這時可以連接到其中一個 Sentinel 節點，查看 Sentinel 叢集資訊：

```
> INFO Sentinel
# Sentinel
sentinel_masters:1
sentinel_tilt:0
sentinel_running_scripts:0
sentinel_scripts_queue_length:0
sentinel_simulate_failure_flags:0
master0:name=mymaster,status=ok,address=127.0.0.1:6000,slaves=2,sentine
ls=3
```

啟動 Sentinel 服務有以下兩種方式，作用一樣：

（1）redis-sentinel /path/to/sentinel.conf。

（2）redis-server /path/to/sentinel.conf --sentinel。

另外，當某個被監控的 Redis 節點出現問題（如崩潰下線）時，Sentinel

可以執行指定指令稿，完成發送郵件、切換 VIP 等操作。本書不關注這部分內容。

15.2 Redis Sentinel 的實現原理

下面分析 Redis Sentinel 機制的實現原理。

> **提示**
>
> 本章程式無特殊說明，均在 sentinel.c 中。

15.2.1 定義

每個 Sentinel 節點都維護一份自己角度下的目前 Sentinel 叢集的狀態，該狀態資訊儲存在 sentinelState 結構中：

```
struct sentinelState {
    char myid[CONFIG_RUN_ID_SIZE+1];
    uint64_t current_epoch;
    dict *masters;
    int tilt;
    ...
} sentinel;
```

- myid：標示 ID，用於區分不同的 Sentinel 節點。
- current_epoch：Sentinel 叢集目前的任期號，用於容錯移轉時使用 Raft 演算法選舉 leader 節點。
- masters：監控的主節點字典。
- tilt：是否處於 TILT 模式。

> **提示**
>
> sentinel.c 在定義 sentinelState 結構的同時定義了一個全域變數 sentinel，本章所說的 sentinel 變數都是指該變數。

sentinel.masters 記錄了目前 sentinel 節點監控的所有主節點，鍵是主從叢集名稱，值指向 sentinelRedisInstance 變數。

sentinelRedisInstance 結構負責儲存 Sentinel 叢集中主從節點，以及其他 Sentinel 節點的實例資料：

```
typedef struct sentinelRedisInstance {
    int flags;
    char *name;
    char *runid;
    uint64_t config_epoch;
    sentinelAddr *addr;
    instanceLink *link;
    ...
} sentinelRedisInstance;
```

- flags：節點標示，儲存了該節點的狀態、屬性等資訊，本書關注以索引示：
  - SRI_MASTER：該節點是主節點。
  - SRI_SLAVE：該節點是從節點。
  - SRI_SENTINEL：該節點是 Sentinel 節點。
  - SRI_S_DOWN：該節點已主觀下線。
  - SRI_O_DOWN：該節點已客觀下線。
  - SRI_FAILOVER_IN_PROGRESS：該主節點正進行故障遷移。
  - SRI_PROMOTED：該節點被選為故障遷移中的晉升節點。
- name：節點名稱，也是 sentinels 字典或 slaves 字典的鍵。在主節點中它是主從叢集名稱，在從節點中它是 "IP:PORT"，在 Sentinel 節點中它是 myid 屬性。
- runid：作為節點唯一標識的隨機字串，Sentinel 節點使用 myid 屬性。主從節點從 INFO 回應中獲取 runid 屬性作為該值，每個節點都會在啟動時初始化 redisServer.runid 屬性作為節點標識（initServerConfig 函數），並在 INFO 回應中傳回該屬性。

- addr：節點網路位址資訊，包括 IP 位址與通訊埠資訊。
- link：instanceLink 結構，儲存該節點與目前 Sentinel 節點的連接資訊。
- quorum：儲存 sentinel monitor 設定的最後一個選項，即法定節點數。
- down_after_period：儲存 sentinel down-after-milliseconds 設定，用於判斷節點是否已主觀下線。
- parallel_syncs：儲存 sentinel parallel-syncs 設定，用於指定容錯移轉過程中最多有多少個從節點同時與晉升節點建立主從關係。

下面是主節點實例專用欄位：

- sentinels：sentinels 字典，存放叢集中其他 Sentinel 節點實例，注意該字典並不包含目前 Sentinel 節點實例。
- slaves：slaves 字典，存放該主節點下所有的從節點。

提示

所有 sentinels 字典、slaves 字典都屬於某個主節點實例，下面説的 sentinels 字典、slaves 字典都是指目前討論的主節點實例下的 sentinels 字典、slaves 字典，請讀者不要混淆。

下面是從節點實例專用欄位：

- slave_priority：從節點優先順序，用於容錯移轉時選擇從節點。
- slave_master_link_status：主從連接狀態，記錄 INFO 回應的 master_link_status 屬性。
- slave_repl_offset：主從複製偏移量，記錄 INFO 回應的 slave_repl_offset 屬性。

下面是容錯移轉專用欄位：

- leader：獲得該節點最新投票的節點的 myid 屬性。
- leader_epoch：獲得該節點最新投票的節點的任期號。

- failover_timeout：儲存 sentinel failover-timeout 設定，指定容錯移轉最長時間。
- failover_state：容錯移轉狀態，容錯移轉過程中需要根據不同的狀態執行不同的邏輯，下面會詳細分析容錯移轉過程。
- failover_epoch：該主節點最新執行容錯移轉的任期。
- config_epoch：寫入設定的任期號，可以視為容錯移轉已成功的任期號。

當 Sentinel 叢集沒有執行容錯移轉時，叢集中所有 Sentinel 節點都是平等的。而在 Sentinel 叢集執行容錯移轉時，會選出一個 leader 節點，由 leader 節點完成容錯移轉。Sentinel 叢集選舉 leader 節點使用了 Raft 演算法，所以 sentinel 變數和節點實例中都記錄了相關任期號。

在上面的例子中，S1 節點的 sentinel 變數如圖 15-2 所示。

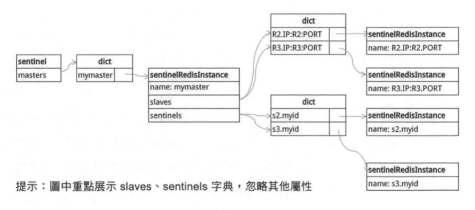

提示：圖中重點展示 slaves、sentinels 字典，忽略其他屬性

▲ 圖 15-2

sentinelRedisInstance.link 指向 instanceLink 變數。instanceLink 結構儲存該節點與目前 Sentinel 節點的連接資訊，定義如下：

```
typedef struct instanceLink {
    ...
    redisAsyncContext *cc;
```

```
    redisAsyncContext *pc;
    ...
} instanceLink;
```

- cc：指令連接。Sentinel 節點需要與監控的主從節點、叢集其他 Sentinel 節點建立指令連接，以便給這些節點發送指令。
- pc：訂閱連接，Sentinel 節點只與主從節點建立訂閱連接，並從特定頻道中接收其他 Sentinel 節點發送的資料。
- pc_last_activity：上次收到該節點頻道資料的時間。
- last_avail_time：上次收到該節點 PING 指令回應的時間。
- last_ping_time：上次發送該節點 PING 指令的時間。
- act_ping_time：上次給該節點發送（但未收到回應的）PING 指令的時間，當收到回應時會重置為 0。

提示

Redis 提供了頻道訂閱功能，該功能可以實現一個簡單的訊息佇列。用戶端可以訂閱某個指定頻道，當其他客戶發送內容到該頻道後，所有訂閱該頻道的用戶端都會收到這些發佈的內容。本書不深入該功能具體實現，請讀者自行了解。

Sentinel 利用了頻道訂閱功能，每個 Sentinel 節點都訂閱了主從節點的特定頻道 __sentinel__:hello，並將自身節點資訊發送到該頻道。這樣每個 Sentinel 節點自身資訊就會被廣播給叢集其他 Sentinel 節點。本書將 __sentinel__:hello 頻道稱為 Sentinel 頻道。

15.2.2 Sentinel 節點啟動

如果 Redis 伺服器以 Sentinel 模式啟動，則 main 函數會呼叫 initSentinelConfig、initSentinel、sentinelIsRunning 函數初始化並啟動 Sentinel 機制。

initSentinelConfig 函數執行以下邏輯：

（1）將 TCP 通訊埠修改為 26379，Sentinel 節點預設使用 26379 通訊埠作為服務通訊埠，該通訊埠屬性可以被設定選項覆蓋。
（2）關閉保護模式。

initSentinel 函數執行以下邏輯：

（1）清空指令字典 server.commands，載入 Sentinel 節點支援的特定指令，如 PING、SENTINEL、SUBSCRIBE、INFO、AUTH 等。
（2）初始化全域變數 sentinel。

sentinelIsRunning 函數執行以下邏輯：

（1）檢查應用是否有設定檔的寫入許可權，Sentinel 節點執行過程中，需要將部分執行資料寫入設定檔。
（2）如果設定檔沒有指定 sentinel.myid，則初始化 sentinel.myid。

Sentinel 節點在執行過程中會不斷將部分執行時期資料寫入設定檔，以使 Sentinel 節點重新啟動後不遺失資料。這些執行時期資料包括 config-epoch、leader-epoch 屬性、主從節點網路資訊、叢集其他 Sentinel 節點網路資訊等。

另外，Redis 服務啟動過程中，sentinelHandleConfiguration 函數（由 config.c/loadServerConfig- FromString 函數觸發）會解析 sentinel 設定。當解析到 sentinel monitor 設定時，會呼叫 createSentinelRedisInstance 函數，建構一個 sentinelRedisInstance 實例，儲存主節點資訊並增加到 sentinel.masters 字典中。

提示
Sentinel 節點剛啟動時，只有主節點資訊。

15.2.3 Sentinel 機制的主邏輯

serverCron 時間事件會檢查伺服器是否執行在 Sentinel 模式下，如果是，則呼叫 Sentinel 機制的定時邏輯函數 sentinelTimer。

```
void sentinelTimer(void) {
    // [1]
    sentinelCheckTiltCondition();
    // [2]
    sentinelHandleDictOfRedisInstances(sentinel.masters);
    // [3]
    sentinelRunPendingScripts();
    sentinelCollectTerminatedScripts();
    sentinelKillTimedoutScripts();

    // [4]
    server.hz = CONFIG_DEFAULT_HZ + rand() % CONFIG_DEFAULT_HZ;
}
```

【1】 檢查是否需要進入 TILT 模式。

【2】 呼叫 Sentinel 機制的主邏輯觸發函數。

【3】 定時執行 Sentinel 指令稿。

【4】 隨機化 sentinelTimer 下次執行時間，該操作是為了避免容錯移轉中使用 Raft 演算法選舉 leader 節點時有多個節點同時發送投票請求。

Sentinel 機制非常依賴系統時間，舉例來說，以某個節點上次回應 PING 指令為基礎的時間與目前系統時間之差來判斷該節點是否下線。如果系統時間被修改或處理程序由於繁忙而阻塞，那麼 Sentinel 機制可能出現執行不正常的情況。為此，Sentinel 機制中定義了 TILT 模式一每次執行 sentinelTimer 函數都會檢查上次執行 sentinelTimer 函數的時間與目前系統時間之差，如果出現負數或時間差特別大，則 Sentinel 節點進入 TILT 模式。TILT 模式是一種保護模式，該模式下的 Sentinel 節點會繼續監視所有目標，但是有以下區別：

（1）它不再執行任何操作，比如容錯移轉。

（2）當其他 Sentinel 節點詢問它對於某個主節點主觀下線的判定結果時，
它將傳回節點未下線的判定結果，因為它執行的下線判斷已經不再
準確。下面會詳細分析該過程。

如果 TILT 模式下 Sentinel 機制可以正常執行 30 秒，那麼 Sentinel 節點將
退出 TILT 模式。

下面看一下 sentinelHandleDictOfRedisInstances 函數：

```
void sentinelHandleDictOfRedisInstances(dict *instances) {
    dictIterator *di;
    dictEntry *de;
    sentinelRedisInstance *switch_to_promoted = NULL;

    di = dictGetIterator(instances);
    while((de = dictNext(di)) != NULL) {
        sentinelRedisInstance *ri = dictGetVal(de);
        // [1]
        sentinelHandleRedisInstance(ri);
        // [2]
        if (ri->flags & SRI_MASTER) {
            sentinelHandleDictOfRedisInstances(ri->slaves);
            sentinelHandleDictOfRedisInstances(ri->sentinels);
            if (ri->failover_state == SENTINEL_FAILOVER_STATE_UPDATE_
CONFIG) {
                switch_to_promoted = ri;
            }
        }
    }
    // [3]
    if (switch_to_promoted)
        sentinelFailoverSwitchToPromotedSlave(switch_to_promoted);
    dictReleaseIterator(di);
}
```

參數說明：

■ instances：節點字典，可以 sentinel.masters 字典，或某個 sentinelRedis Instance 實例的 slaves 字典、sentinel 節點字典。

【1】 呼叫主邏輯函數 sentinelHandleRedisInstance。

【2】 如果目前處理的是主節點，那麼還需要遞迴呼叫 sentinelHandleDict OfRedisInstances 函數處理該主節點實例下的 slaves 字典和 sentinel 節點字典。

【3】 完成容錯移轉最後一步，下面詳細分析。

sentinelHandleDictOfRedisInstances 函數負責觸發主邏輯函數，本書稱該函數為主邏輯觸發函數。

下面看一下 sentinelHandleRedisInstance 函數。Sentinel 機制的程式很清晰，所有核心邏輯都在 sentinelHandleRedisInstance 函數中，本書將該函數稱為主邏輯函數：

```
void sentinelHandleRedisInstance(sentinelRedisInstance *ri) {
    // [1]
    sentinelReconnectInstance(ri);
    sentinelSendPeriodicCommands(ri);
    ...

    // [2]
    sentinelCheckSubjectivelyDown(ri);

    ...
    if (ri->flags & SRI_MASTER) {
        // [3]
        sentinelCheckObjectivelyDown(ri);
        // [4]
        if (sentinelStartFailoverIfNeeded(ri))
            sentinelAskMasterStateToOtherSentinels(ri,SENTINEL_ASK_
FORCED);
        // [5]
```

```
        sentinelFailoverStateMachine(ri);
        // [6]
        sentinelAskMasterStateToOtherSentinels(ri,SENTINEL_NO_FLAGS);
    }
}
```

【1】 sentinelReconnectInstance 函 數 負 責 建 立 網 路 連 接，
sentinelSendPeriodicCommands 函數負責發送定時訊息。

【2】 檢查是否存在主觀下線的節點。

【3】 檢查是否存在客觀下線的節點。

【4】 呼叫 sentinelStartFailoverIfNeeded 函數判斷是否可以進行容錯移
轉，如果傳回是，則呼叫 sentinelAskMasterStateToOtherSentinels
函數發送投票請求。

【5】 sentinelFailoverStateMachine 函數實現了一個容錯移轉狀態機，實
現容錯移轉邏輯。

【6】 呼叫 sentinelAskMasterStateToOtherSentinels 函數發送詢問請求，
詢問其他 Sentinel 節點對該主節點主觀下線的判定結果。

提示

3 ～ 6 步只對主節點執行，它們是 Sentinel 核心功能，負責實現容錯移轉。

這裡呼叫了兩次 sentinelAskMasterStateToOtherSentinels 函數，但它們
執行的邏輯不同。第 4 步只有在容錯移轉開始後才呼叫 sentinelAskMa
sterStateToOtherSentinels 函數，負責發送投票請求，要求其他 Sentinel
節點給目前節點投票。第 6 步則是定時呼叫 sentinelAskMasterStateTo-
OtherSentinels 函數，負責發送詢問請求，詢問其他 Sentinel 節點對某個
主節點主觀下線的判定結果。

下面分析 Sentinel 機制主邏輯中的具體邏輯。

15.2.4 Sentinel 節點建立網路連接

sentinelReconnectInstance 函數負責建立目前 Sentinel 節點與其他節點的
網路連接，包括第一次建立連接，以及連接斷開後重建連接：

```
void sentinelReconnectInstance(sentinelRedisInstance *ri) {
    ...

    // [1]
    if (link->cc == NULL) {
        link->cc = redisAsyncConnectBind(ri->addr->ip,ri->addr->port,NET_
FIRST_BIND_ADDR);
        ...
    }

    // [2]
    if ((ri->flags & (SRI_MASTER|SRI_SLAVE)) && link->pc == NULL) {
        link->pc = redisAsyncConnectBind(ri->addr->ip,ri->addr->port,NET_
FIRST_BIND_ADDR);
        ...
        // [3]
        retval = redisAsyncCommand(link->pc,
                sentinelReceiveHelloMessages, ri, "%s %s",
                sentinelInstanceMapCommand(ri,"SUBSCRIBE"),
    }
    ...
}
```

【1】 建立指令連接。

【2】 如果待連接的節點是主從節點，則建立訂閱連接。

【3】 為訂閱連接註冊回呼函數 sentinelReceiveHelloMessages，負責處理
Sentinel 頻道收到的資料。

每個 Sentinel 節點都與所有監控的主從節點建立指令連接、訂閱連接，並
與叢集其他 Sentinel 節點建立指令連接。在圖 15-1 所示的 Sentinel 叢集
中，S1 節點與其他節點的連接如圖 15-3 所示。

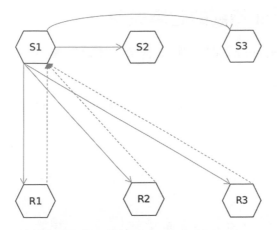

提示：實線代表命令連接，虛線代表訂閱連接
由於訂閱連接資料主要是主從節點推送資料給 Sentinel 節點，所以
箭頭指向 Sentinel 節點

▲ 圖 15-3

> **提示**
>
> redisAsyncConnectBind、redisAsyncCommand 函數來自 hiredis 函數庫，它是
> Redis 提供的輕量的 C 語言用戶端函數庫。這兩個函數負責建立非同步連接及
> 發送非同步請求。

這裡說明一下 redisAsyncCommand 函數，該函數原型為

```
int redisAsyncCommand(redisAsyncContext *ac, redisCallbackFn *fn, void
*privdata, const char *format, ...)。
```

參數說明：

- ac：連接上下文；
- fn：回呼函數；
- privdata：用於回呼函數的附加參數。

下面分析的程式中多處使用了 redisAsyncCommand 函數，請讀者留意其
回呼函數及附加參數。

15.2.5 Sentinel 機制的定時訊息

sentinelSendPeriodicCommands 函數負責發送定時訊息給主從節點和其他
Sentinel 節點：

```
void sentinelSendPeriodicCommands(sentinelRedisInstance *ri) {
    mstime_t info_period, ping_period;
    int retval;

    ...

    // [1]
    if ((ri->flags & SRI_SENTINEL) == 0 &&
        (ri->info_refresh == 0 ||
        (now - ri->info_refresh) > info_period))
    {
        retval = redisAsyncCommand(ri->link->cc,
            sentinelInfoReplyCallback, ri, "%s",
            sentinelInstanceMapCommand(ri,"INFO"));
        if (retval == C_OK) ri->link->pending_commands++;
    }

    // [2]
    if ((now - ri->link->last_pong_time) > ping_period &&
            (now - ri->link->last_ping_time) > ping_period/2) {
        sentinelSendPing(ri);
    }

    // [3]
    if ((now - ri->last_pub_time) > SENTINEL_PUBLISH_PERIOD) {
        sentinelSendHello(ri);
    }
}
```

【1】 給所有主從節點發送 INFO 指令，並註冊 sentinelInfoReplyCallback
為回呼函數。INFO 指令發送間隔預設為 1 秒，如果接收指令的節
點為從節點，而且已經下線或其主節點正在執行容錯移轉，則將時
間間隔調整為 10 秒。

【2】 對所有節點發送 PING 指令，Sentinel 節點透過 PING 指令檢測其他節點下線狀態。PING 指令的發送間隔為 1 秒。

【3】 給所有節點發送 Sentinel 頻道訊息。Sentinel 頻道資訊的發送間隔為 2 秒。

INFO 回應中會傳回主從叢集資訊（包括主從節點連接資訊、節點主從同步狀態、複製偏移量），Sentinel 節點會從中獲取主從叢集的最新資訊。

sentinelInfoReplyCallback 函數會呼叫 sentinelRefreshInstanceInfo 函數解析 INFO 回應資料。該函數如果發現 INFO 回應中傳回了不存在於 slaves 字典中的從節點實例，則呼叫 createSentinelRedisInstance 函數建立一個從節點實例，並增加到主節點實例的 slaves 字典中。

下面看一下 Sentinel 頻道訊息。Sentinel 頻道訊息包含以下內容：

■ Sentinel 節點自身資訊：announce_ip、announce_port、myid、current_epoch；

■ 主節點資訊：name、ip、port、config_epoch。

前面説了，sentinelReconnectInstance 函數建立訂閱連接時，為訂閱連接註冊了回呼函數 sentinelReceiveHelloMessages。該函數呼叫 sentinelProcessHelloMessage 函數處理其他節點發送的頻道資料（如果收到自己發送的頻道訊息，則直接抛棄）。sentinelProcessHelloMessage 函數如果發現發送節點不存在於 sentinels 字典中，則呼叫 createSentinelRedisInstance 函數建立一個 sentinel 節點實例，並增加到 sentinels 字典中。

可以看到，雖然我們在設定檔中只設定了主節點資訊，但 Sentinel 節點可以從 INFO 回應中獲取從節點資訊，從 Sentinel 頻道中獲取其他 Sentinel 節點資訊。這樣，每個 Sentinel 節點最終都擁有其監控的主從叢集資訊及叢集其他 Sentinel 節點資訊。

在圖 15-1 所示的 Sentinel 叢集中，S1 節點發送訊息如圖 15-4 所示。

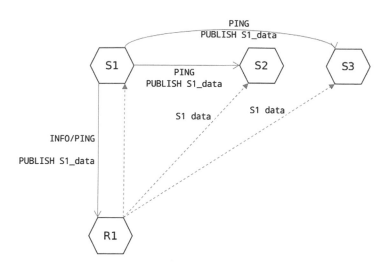

提示：為了方便展示，不展示 R2、R3 節點訊息

▲ 圖 15-4

> **提示**
> 在 Sentinel 機制中使用頻道訂閱功能是為了實現 Sentinel 節點之間的相互認識。

如圖 15-4 所示，由於 S1、S2、S3 節點都訂閱了從節點 R1 的 Sentinel 頻道，S1 節點將自身資訊發送到 Sentinel 頻道後，R1 節點會將這些頻道訊息推送給 S2、S3 節點。這樣 S2、S3 節點都認識 S1 節點了。

另外，Sentinel 節點也會發送頻道訊息給叢集其他 Sentinel 節點，不過其他 Sentinel 節點並不會處理這些資訊。我們可以透過訂閱 Sentinel 節點上的 Sentinel 頻道來獲取這些訊息。

15.3 Redis Sentinel 的容錯移轉

容錯移轉是 Sentinel 機制中主要功能，本節分析 Sentinel 中容錯移轉的實現原理。

在執行容錯移轉前，需要先判斷節點是否下線。如果是單一 Sentinel 節點，則可以透過檢查某個節點是否及時回應請求來判斷該節點是否下線。但在 Sentinel 叢集中，還需要使用「Quorum 機制」，使 Sentinel 叢集內達成共識—該節點已經下線。所以在 Sentinel 叢集中判定節點是否下線需要兩步：

（1）主觀下線—如果某個節點逾時未回應請求，則 Sentinel 節點可判定該節點主觀下線，代表該 Sentinel 節點認為該節點已下線。
（2）客觀下線—如果叢集判定該節點主觀下線的 Sentinel 節點數量不少於法定節點數（quorum 設定），則可以判定該節點客觀下線，代表叢集達成了「該節點已下線」的共識。

15.3.1 主觀下線

> **提示**
>
> 本章下面分析的函數基本都存在一個 sentinelRedisInstance（節點實例）類型的參數，該節點實例對應的節點正是主觀下線判定、客觀下線判定和容錯移轉操作中針對的 Redis 節點。下面將該節點實例稱為目標實例，而目標實例屬性專指該實例的屬性，目標節點專指該實例對應的 Redis 節點。

主邏輯函數定時呼叫 sentinelCheckSubjectivelyDown 函數，檢測某個節點是否主觀下線：

```
void sentinelCheckSubjectivelyDown(sentinelRedisInstance *ri) {
    mstime_t elapsed = 0;
    // [1]
```

```
    if (ri->link->act_ping_time)
        elapsed = mstime() - ri->link->act_ping_time;
    else if (ri->link->disconnected)
        elapsed = mstime() - ri->link->last_avail_time;

    ...

    // [2]
    if (elapsed > ri->down_after_period ||
        (ri->flags & SRI_MASTER &&
         ri->role_reported == SRI_SLAVE &&
         mstime() - ri->role_reported_time >
          (ri->down_after_period+SENTINEL_INFO_PERIOD*2)))
    {
        if ((ri->flags & SRI_S_DOWN) == 0) {
            sentinelEvent(LL_WARNING,"+sdown",ri,"%@");
            ri->s_down_since_time = mstime();
            ri->flags |= SRI_S_DOWN;
        }
    } ...
}
```

【1】 計算目標節點上次回應後過去的時間。

如果上次給目標節點發送 PING 指令後未收到回應（目標實例屬性 act_ping_time 不為 0），則取目標實例屬性 act_ping_time 與目前時間之差。如果上次 PING 指令已收到回應但目前連接已斷開，則取目標實例屬性 last_avail_time 與目前時間之差。

【2】 滿足以下條件之一則判定目標節點主觀下線，替該節點實例增加 SRI_S_DOWN 標示，如果條件都不滿足則清除 SRI_S_DOWN 標示：

（1）節點上次回應後過去的時間已超過目標實例屬性 down_after_period 指定時間。

（2）目前 Sentinel 節點認為目標節點是主節點，但它在 INOF 回應中報告自己是從節點，而且目標節點上次回應 INFO 指令已

過去很久（上次傳回 INFO 回應已過去時間超過了目標實例
屬性 down_after_period 指定時間加上兩個 INFO 指令發送的
間隔時間）。

15.3.2 客觀下線

主邏輯函數會定時針對主節點呼叫 sentinelAskMasterStateToOtherSenti
nels 函數（第 6 步）。當某個主節點已主觀下線後，該函數會詢問其他
Sentinel 節點對該主節點主觀下線的判定結果。其他 Sentinel 節點會回
覆一個標示 isdown，該標示為 1 代表它也判定主節點主觀下線。而目前
Sentinel 節點收到該標示後，會替傳回該標示的 Sentinel 節點的實例增加
SRI_MASTER_DOWN 標示，代表 Sentinel 節點也判定主節點下線。

sentinelAskMasterStateToOtherSentinels 函數還有選舉邏輯，在分析投票
過程時再分析這個函數。

最後，主邏輯函數會呼叫 sentinelCheckObjectivelyDown 函數，檢查每個
主節點是否已客觀下線：

```
void sentinelCheckObjectivelyDown(sentinelRedisInstance *master) {
    dictIterator *di;
    dictEntry *de;
    unsigned int quorum = 0, odown = 0;

    if (master->flags & SRI_S_DOWN) {
        // [1]
        quorum = 1;
        di = dictGetIterator(master->sentinels);
        while((de = dictNext(di)) != NULL) {
            sentinelRedisInstance *ri = dictGetVal(de);
            if (ri->flags & SRI_MASTER_DOWN) quorum++;
        }
        dictReleaseIterator(di);
        if (quorum >= master->quorum) odown = 1;
    }
```

```
// [2]
if (odown) {
    if ((master->flags & SRI_O_DOWN) == 0) {
        ...
        master->flags |= SRI_O_DOWN;
        master->o_down_since_time = mstime();
    }
} ...
}
```

【1】 如果目標節點已主觀下線,則遍歷其 sentinels 字典,統計叢集
中其他判定目標節點主觀下線的 Sentinel 節點的數量。由於目前
Sentinel 節點已經判定目標節點主觀下線,所以統計數量 quorum 從
1 開始。如果統計數量 quorum 不少於目標實例屬性 quorum(法定
節點數),便可以判定目標節點已客觀下線。

【2】 根據判定結果,替目標節點實例增加或清除 SRI_O_DOWN 標示。
舉例來説,在圖 15-1 所示的 Sentinel 叢集中,如果 R1 主節點下
線,那麼將發生如圖 15-5 所示的過程。

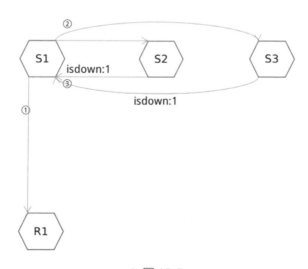

▲ 圖 15-5

①：連接斷開，S1 節點判定 R1 節點主觀下線（S2、S3 節點也會
判定 R1 節點主觀下線，圖 15-5 中未展示）。

②：S1 節點詢問其他 Sentinel 節點對 R1 節點主觀下線的判定結
果。

③：S1 節點收到其他 Sentinel 節點傳回的 isdown 為 1 的標示數量
不少於法定節點數，則判定 R1 節點客觀下線。

15.3.3 開始容錯移轉

主邏輯函數 sentinelHandleRedisInstance 呼叫 sentinelStartFailoverIfNeeded
函數檢查目前節點是否可以對目標節點執行容錯移轉。如果可以，目前
Sentinel 節點會發送投票請求，如果目前 Sentinel 節點能當選為 leader 節
點，則由目前節點完成容錯移轉。

```
int sentinelStartFailoverIfNeeded(sentinelRedisInstance *master) {
    // [1]
    if (!(master->flags & SRI_O_DOWN)) return 0;

    if (master->flags & SRI_FAILOVER_IN_PROGRESS) return 0;

    // [2]
    if (mstime() - master->failover_start_time <
        master->failover_timeout*2)
    {
        ...
        return 0;
    }
    // [3]
    sentinelStartFailover(master);
    return 1;
}
```

【1】 如果目標節點非客觀下線狀態，則不允許容錯移轉並退出函數。如
果目前 Sentinel 節點正在執行容錯移轉，則不允許容錯移轉並退出
函數。

【2】 目標實例屬性 failover_start_time 記錄了目前 Sentinel 節點上次容錯移轉開始時間或上次給其他 Sentinel 節點投票的時間,可以認為該屬性是 Sentinel 叢集上次容錯移轉的開始時間。如果該屬性與目前系統時間之差小於目標實例屬性 failover_timeout 指定時間的 2 倍,則不允許執行容錯移轉。

【3】 呼叫 sentinelStartFailover 函數,該函數啟動容錯移轉處理流程。

目標實例屬性 failover_start_time 可以視為一個鎖,當叢集中某個 Sentinel 節點搶先開始了容錯移轉,那麼將佔有這個鎖。而其他 Sentinel 節點暫時不能執行容錯移轉,直到上次容錯移轉開始後過去的時間超過 failover_timeout 屬性的 2 倍,才可以開始新一次容錯移轉。目標實例屬性 failover_timeout 指定了對主節點執行容錯移轉最多的花費時間,預設為 180000,單位為秒,即 3 分鐘。也就是說,當 Sentinel 節點開始容錯移轉後,需要在 3 分鐘內完成容錯移轉操作。如果 Sentinel 節點容錯移轉失敗了(舉例來說,該 Sentinel 節點也因為故障而下線),則需要等到 6 分鐘後,其他 Sentinel 節點才可以開始新一次容錯移轉。

```
void sentinelStartFailover(sentinelRedisInstance *master) {
    serverAssert(master->flags & SRI_MASTER);

    master->failover_state = SENTINEL_FAILOVER_STATE_WAIT_START;
    master->flags |= SRI_FAILOVER_IN_PROGRESS;
    master->failover_epoch = ++sentinel.current_epoch;
    ...
    master->failover_start_time = mstime()+rand()%SENTINEL_MAX_DESYNC;
    master->failover_state_change_time = mstime();
}
```

sentinel.current_epoch 加 1(進入新的任期)並設定值給 failover_epoch,代表目前任期正在執行容錯移轉。目標實例屬性 failover_state 進入 SENTINEL_FAILOVER_STATE_WAIT_START 狀態,代表已經開始對該主節點執行容錯移轉。

注意，這裡更新了目標實例屬性 failover_start_time。在目前 Sentinel 節點開始容錯移轉或投票給其他 Sentinel 節點時，都要更新該屬性。

15.3.4 選舉 leader 節點

1. 發送請求

前面説過，sentinelAskMasterStateToOtherSentinels 函數執行兩個邏輯：

（1）詢問其他 Sentinel 節點對目標節點主觀下線的判定結果（主邏輯函數第 6 步）。
（2）發送選舉請求，要求其他 Sentinel 節點給自己投票（主邏輯函數第 4 步）。

下面看一下該函數：

```
void sentinelAskMasterStateToOtherSentinels(sentinelRedisInstance
*master, int flags) {
    dictIterator *di;
    dictEntry *de;
    // [1]
    di = dictGetIterator(master->sentinels);
    while((de = dictNext(di)) != NULL) {
        sentinelRedisInstance *ri = dictGetVal(de);
        ...

        // [2]
        if ((master->flags & SRI_S_DOWN) == 0) continue;
        ...

        // [3]
        ll2string(port,sizeof(port),master->addr->port);
        retval = redisAsyncCommand(ri->link->cc,
                    sentinelReceiveIsMasterDownReply, ri,
                    "%s is-master-down-by-addr %s %s %llu %s",
                    sentinelInstanceMapCommand(ri,"SENTINEL"),
```

```
                     master->addr->ip, port,
                     sentinel.current_epoch,
                     (master->failover_state > SENTINEL_FAILOVER_STATE_
  NONE) ?
                     sentinel.myid : "*");
        if (retval == C_OK) ri->link->pending_commands++;
    }
    dictReleaseIterator(di);
}
```

【1】 遍歷主節點實例的 sentinels 字典。

【2】 僅當目標節點處於主觀下線狀態時才發送請求。

【3】 發送詢問請求或投票請求，內容為 SENTINEL is-master-down-by-
addr master.ip master.port sentinel.current_epoch sentinel.myid/*。
master.ip、master.port 參數列出了目標節點的 IP 位址、通訊埠資
訊。如果是詢問請求，則最後一個參數為 *，如果是投票請求，那
麼最後一個參數為目前 Sentinel 節點的 myid 屬性。

這裡使用 Raft 演算法選舉 leader 節點。由於每個節點的主邏輯函數的執
行時間的間隙不同，通常會有一個節點先發送投票請求，並當選為 leader
節點。

2. 投票

下面以叢集中其他 Sentinel 節點的角度，看一下這些節點如何處理
SENTINEL is-master- down-by-addr 請求。

SENTINEL 指令都是由 sentinelCommand 函數處理的，我們只關注
SENTINEL is-master- down-by-addr 子指令的處理邏輯：

```
void sentinelCommand(client *c) {
    ...
    else if (!strcasecmp(c->argv[1]->ptr,"is-master-down-by-addr")) {
        ...
        // [1]
```

```
    ri = getSentinelRedisInstanceByAddrAndRunID(sentinel.masters,
        c->argv[2]->ptr,port,NULL);
    ...
    // [2]
    if (!sentinel.tilt && ri && (ri->flags & SRI_S_DOWN) &&
                                (ri->flags & SRI_MASTER))
        isdown = 1;

    //  [3]
    if (ri && ri->flags & SRI_MASTER && strcasecmp(c->argv[5]-
>ptr,"*")) {
        leader = sentinelVoteLeader(ri,(uint64_t)req_epoch,
                                    c->argv[5]->ptr,
                                    &leader_epoch);
    }

    // [4]
    ...
    }
}
```

【1】 使用 SENTINEL is-master-down-by-addr 指令的中 master.ip、master.
port 參數獲取目標實例（接收節點視圖下）並存放在 ri 變數中。

【2】 判斷目標節點（接收節點視圖下）是否為主觀下線狀態。

【3】 如果發送節點發送的是選舉請求，則呼叫 sentinelVoteLeader 函數嘗
試給發送節點投票。

【4】 傳回結果給發送節點。傳回內容為 isdown leader leader_epoch。

- isdown：判定結果標示，如果目標節點在接收節點中已被判定為
  主觀下線，則 isdown 為 1，否則為 0。

- leader：獲得接收節點最新投票的節點的 myid 屬性，* 代表空。

- leader_epoch：獲得接收節點最新投票的節點的任期。

sentinelVoteLeader 函數負責判斷是否可以給發送節點投票：

```
char *sentinelVoteLeader(sentinelRedisInstance *master, uint64_t req_
epoch, char *req_runid, uint64_t *leader_epoch) {
```

```
    // [1]
    if (req_epoch > sentinel.current_epoch) {
        sentinel.current_epoch = req_epoch;
        sentinelFlushConfig();
        ...
    }


    // [2]
    if (master->leader_epoch < req_epoch && sentinel.current_epoch <=
req_epoch)
    {
        sdsfree(master->leader);
        master->leader = sdsnew(req_runid);
        master->leader_epoch = sentinel.current_epoch;
        sentinelFlushConfig();
        ...
        if (strcasecmp(master->leader,sentinel.myid))
            master->failover_start_time = mstime()+rand()%SENTINEL_MAX_
DESYNC;
    }

    *leader_epoch = master->leader_epoch;
    return master->leader ? sdsnew(master->leader) : NULL;
}
```

參數說明：

- master：目標實例（接收節點視圖下）。

- req_epoch、req_runid：SENTINEL is-master-down-by-addr 子 指 令 的 sentinel.current_epoch、sentinel.myid 參 數， 即 發 送 節 點 的 current_epoch、myid。

- leader_epoch：用於記錄獲得目前節點最新投票的節點的任期。

【1】 如果發送節點 current_epoch 比接收節點 sentinel.current_epoch 大，
      則更新接收節點的 sentinel.current_epoch 屬性，並寫到設定檔中。

【2】 如果發送節點 current_epoch 比目標實例屬性 leader_epoch 大，則可
      以給發送節點投票，執行以下操作：

（1）更新目標實例屬性 leader、leader_epoch。

（2）更新目標實例屬性 failover_start_time，防止接收節點重複發起容錯移轉。

（3）設定 leader_epoch 參數，並傳回目標實例屬性 leader。

目標實例屬性 leader_epoch 記錄了接收節點最新投票的任期，所以發送節點要贏得接收節點投票，其任期號必須大於目標實例屬性 leader_epoch（接收節點視圖下）。由於 Sentinel 並沒有使用 Raft 日誌複製的機制，所以投票時只需要比較任期號即可。

3. 統計投票結果

下面再回到發送（投票請求）節點的角度，sentinelReceiveIsMasterDownReply 函數負責處理其他節點對 SENTINEL is-master-down-by-addr 子指令傳回的回應資料：

```
void sentinelReceiveIsMasterDownReply(redisAsyncContext *c, void *reply,
void *privdata) {
    sentinelRedisInstance *ri = privdata;
    r = reply;
    ...
        ri->last_master_down_reply_time = mstime();
        // [1]
        if (r->element[0]->integer == 1) {
            ri->flags |= SRI_MASTER_DOWN;
        } else {
            ri->flags &= ~SRI_MASTER_DOWN;
        }
        // [2]
        if (strcmp(r->element[1]->str,"*")) {
            sdsfree(ri->leader);
            ...
            ri->leader = sdsnew(r->element[1]->str);
            ri->leader_epoch = r->element[2]->integer;
        }

}
```

參數說明：

- privdata：sentinelAskMasterStateToOtherSentinels 函 數 中 給 redisAsyncCommand 回 呼 函 數 設 定 的 附 加 參 數，即 SENTINEL is-master-down-by-addr 指令的接收節點實例（發送節點視圖下）。

【1】　如果傳回內容的第一個參數 isdown 為 1，則代表接收（SENTINEL is-master-down- by-addr 指令的）節點認為目標節點已下線，這時替接收節點實例增加 SRI_MASTER_DOWN 標示，用於客觀下線的統計，否則清除 SRI_MASTER_DOWN 標示。

【2】　如果傳回內容的第二個參數不為 *（代表接收節點同意給發送節點 leader 選舉投票），則將傳回內容的第 2、第 3 個參數記錄到接收節點實例的 leader、leader_epoch 屬性中，用於統計該任期投票結果。

15.3.5　容錯移轉狀態機

下面來到主邏輯函數的第 5 步，sentinelFailoverStateMachine 函數實現了一個狀態機，負責完成容錯移轉：

```
void sentinelFailoverStateMachine(sentinelRedisInstance *ri) {
    serverAssert(ri->flags & SRI_MASTER);

    if (!(ri->flags & SRI_FAILOVER_IN_PROGRESS)) return;

    switch(ri->failover_state) {
        case SENTINEL_FAILOVER_STATE_WAIT_START:
            sentinelFailoverWaitStart(ri);
            break;
        case SENTINEL_FAILOVER_STATE_SELECT_SLAVE:
            sentinelFailoverSelectSlave(ri);
            break;
        case SENTINEL_FAILOVER_STATE_SEND_SLAVEOF_NOONE:
            sentinelFailoverSendSlaveOfNoOne(ri);
            break;
        case SENTINEL_FAILOVER_STATE_WAIT_PROMOTION:
```

```
        sentinelFailoverWaitPromotion(ri);
        break;
    case SENTINEL_FAILOVER_STATE_RECONF_SLAVES:
        sentinelFailoverReconfNextSlave(ri);
        break;
    }
}
```

狀態機針對不同容錯移轉狀態執行不同的邏輯處理,如表 15-1 所示。

表 15-1

狀態	處理
SENTINEL_FAILOVER_STATE_WAIT_START	統計選舉投票結果
SENTINEL_FAILOVER_STATE_SELECT_SLAVE	選擇晉升的從節點
SENTINEL_FAILOVER_STATE_SEND_SLAVEOF_NOONE	將選擇的從節點晉升為主節點
SENTINEL_FAILOVER_STATE_WAIT_PROMOTION	等待上一步完成
SENTINEL_FAILOVER_STATE_RECONF_SLAVES	使其他從節點與晉升從節點建立主從關係

1. 統計選舉投票結果

在 SENTINEL_FAILOVER_STATE_WAIT_START 狀 態 下, sentinelFailoverWaitStart 函數負責統計目前任期的選舉投票結果,如果目前節點獲得超過半數 Sentinel 節點的投票,則成為目前容錯移轉的 leader 節點,負責完成目前容錯移轉。

```
void sentinelFailoverWaitStart(sentinelRedisInstance *ri) {
    char *leader;
    int isleader;

    // [1]
    leader = sentinelGetLeader(ri, ri->failover_epoch);
    isleader = leader && strcasecmp(leader,sentinel.myid) == 0;
    sdsfree(leader);
```

```
    // [2]
    if (!isleader && !(ri->flags & SRI_FORCE_FAILOVER)) {
        int election_timeout = SENTINEL_ELECTION_TIMEOUT;

        if (election_timeout > ri->failover_timeout)
            election_timeout = ri->failover_timeout;
        if (mstime() - ri->failover_start_time > election_timeout) {
            sentinelEvent(LL_WARNING,"-failover-abort-not-
elected",ri,"%@");
            sentinelAbortFailover(ri);
        }
        return;
    }

    // [3]
    ...
    ri->failover_state = SENTINEL_FAILOVER_STATE_SELECT_SLAVE;
    ri->failover_state_change_time = mstime();
    sentinelEvent(LL_WARNING,"+failover-state-select-slave",ri,"%@");
}
```

【1】 sentinelGetLeader 函數統計目前任期的投票結果，傳回當選 leader
節點的 myid 屬性。

【2】 如果目前 Sentinel 節點非 leader 節點，則説明目前節點沒有贏得
選舉或選舉流程還沒有完成（可能部分 Sentinel 節點未傳回投票
回應），退出函數。如果容錯移轉開始後過去的時間超過選舉逾
時（election_timeout），則本次選舉可能發生了選票瓜分，這時需
要終止目前容錯移轉。選舉逾時（election_timeout）取目標實例屬
性 failover_timeout 與常數 SENTINEL_ELECTION_TIMEOUT（10
秒）這兩個值中的較小值。

注意，這裡並沒有更新目標實例屬性 failover_start_time，所以下一
次開始容錯移轉時仍需要等待本次容錯移轉開始後過去時間超過目
標實例屬性 failover_timeout 指定時間的 2 倍。

【3】 如果目前 Sentinel 節點是 leader 節點，則進入 SENTINEL_FAILOVER_
STATE_SELECT_ SLAVE 狀態。

下面看一下 sentinelGetLeader 函數如何統計投票結果：

```
char *sentinelGetLeader(sentinelRedisInstance *master, uint64_t epoch) {
    ...
    counters = dictCreate(&leaderVotesDictType,NULL);

    voters = dictSize(master->sentinels)+1;

    // [1]
    di = dictGetIterator(master->sentinels);
    while((de = dictNext(di)) != NULL) {
        sentinelRedisInstance *ri = dictGetVal(de);
        if (ri->leader != NULL && ri->leader_epoch == sentinel.current_
epoch)
            sentinelLeaderIncr(counters,ri->leader);
    }
    dictReleaseIterator(di);

    ...

    // [2]
    if (winner)
        myvote = sentinelVoteLeader(master,epoch,winner,&leader_epoch);
    else
        myvote = sentinelVoteLeader(master,epoch,sentinel.myid,&leader_
epoch);
    ...
    // [3]
    voters_quorum = voters/2+1;
    if (winner && (max_votes < voters_quorum || max_votes < master-
>quorum))
        winner = NULL;

    ...
    return winner;
}
```

【1】 每個 Sentinel 實例的 leader、leader_epoch 屬性都存放了獲得該 Sentinel 節點最新投票的節點的任期及 myid 屬性。使用 counters 字典統計每個 Sentinel 節點目前任期獲得票數，並將 counters 字典獲得最多票數的節點存放在 winner 變數中。

【2】 如果目前節點現在未投票，則投給獲票最多的節點。如果沒有選出最多的節點，則投給自己。

【3】 獲票最多的節點其獲票數如果不少於叢集 Sentinel 節點數量的一半，並且不小於目標實例屬性 quorum，那麼該節點將贏得選舉。

2. 選擇從節點

在 SENTINEL_FAILOVER_STATE_SELECT_SLAVE 狀態下，sentinelFailoverSelectSlave 函數會呼叫 sentinelSelectSlave 函數選擇一個從節點，該從節點將成為晉升節點。

按以下規則選擇晉升的從節點：

（1）按以下規則進行過濾：

- 過濾主觀下線和客觀下線的節點。
- 過濾指令連接或訂閱連接已斷開的節點。
- 過濾超過 5 秒沒有回應 PING 指令的節點。
- 過濾優先順序 slave_priority 為 0 的節點。
- 過濾太久沒有回應 INFO 指令的節點。
- 過濾主從連接已斷開太久的節點。

（2）使用上面過濾後剩餘的從節點，呼叫 compareSlavesForPromotion 函數按以下規則進行排序：

- 按 slave_priority 排序。
- 如果 slave_priority 相同，則按 slave_repl_offset 排序。
- 如果 slave_repl_offset 相同，按 runid 排序。

最後取優先順序最高的節點成為晉升節點，替晉升節點實例增加 SRI_ PROMOTED 標示，並記錄在目標實例屬性 promoted_slave 中。

選擇晉升節點後，容錯移轉進入 SENTINEL_FAILOVER_STATE_SEND_ SLAVEOF_NOONE 狀態。

3. 晉升節點

在 SENTINEL_FAILOVER_STATE_SEND_SLAVEOF_NOONE 狀 態 下，sentinelFailoverSend- SlaveOfNoOne 函數會給晉升的從節點發送 SLAVEOF NO ONE 指令，取消該節點之前的主從關係，將該節點晉升成 為主節點。

4. 等待晉升完成

在 SENTINEL_FAILOVER_STATE_WAIT_PROMOTION 狀 態 下，sentinelFailoverWaitPromotion 函數除了檢查本次容錯移轉時間是否超過 目標實例屬性 failover_timeout 指定時間（超過則中斷容錯移轉），沒有其 他操作。

sentinelRefreshInstanceInfo 函數在 INFO 回應中發現晉升節點已切換到主 節點角色，會切換容錯移轉狀態到下一個狀態：

```
void sentinelRefreshInstanceInfo(sentinelRedisInstance *ri, const char
*info) {
    ...
    // [1]
    if ((ri->flags & SRI_SLAVE) && role == SRI_MASTER) {
        if ((ri->flags & SRI_PROMOTED) &&
            (ri->master->flags & SRI_FAILOVER_IN_PROGRESS) &&
            (ri->master->failover_state ==
                SENTINEL_FAILOVER_STATE_WAIT_PROMOTION))
        {
            ri->master->config_epoch = ri->master->failover_epoch;
            ri->master->failover_state = SENTINEL_FAILOVER_STATE_RECONF_
SLAVES;
```

```
                ri->master->failover_state_change_time = mstime();
                sentinelFlushConfig();
                ...
            } ...
        }
    }
```

【1】 如果目前 Sentinel 節點認為某個節點是從節點，但該節點報告自己
為主節點，則說明該節點由從節點切換為主節點。如果該從節點是
晉升節點，並且其主節點正在執行容錯移轉，狀態為 SENTINEL_
FAILOVER_STATE_WAIT_PROMOTION，則說明該從節點已晉升
完成，這時更新其主節點實例屬性 config_epoch、failover_state，並
寫入設定檔。這裡容錯移轉進入 SENTINEL_FAILOVER_STATE_
RECONF_SLAVES 狀態。

5. 建立主從關係

在 SENTINEL_FAILOVER_STATE_RECONF_SLAVES 狀態下，下線節
點原來的從節點需要與晉升節點建立主從關係。

Sentinel 機制定義了多個主從狀態標示，用於劃分主從節點建立關係過程
中的不同階段。本書關注以索引示：

- SRI_RECONF_SENT：已發送 SALVEOF 指令給從節點。
- SRI_RECONF_INPROG：正在建立主從關係。
- SRI_RECONF_DONE：主從關係建立完成。

sentinelFailoverReconfNextSlave 函數給下線節點的從節點發送 SALVEOF
newmasterid newmasterport 指令，使它們成為晉升節點的從節點：

```
void sentinelFailoverReconfNextSlave(sentinelRedisInstance *master) {
    dictIterator *di;
    dictEntry *de;
    int in_progress = 0;
```

```
di = dictGetIterator(master->slaves);
// [1]
while((de = dictNext(di)) != NULL) {
    sentinelRedisInstance *slave = dictGetVal(de);
    if (slave->flags & (SRI_RECONF_SENT|SRI_RECONF_INPROG))
        in_progress++;
}
dictReleaseIterator(di);

// [2]
di = dictGetIterator(master->slaves);
while(in_progress < master->parallel_syncs &&
      (de = dictNext(di)) != NULL)
{
    sentinelRedisInstance *slave = dictGetVal(de);
    int retval;

    // [3]
    ...

    // [4]
    retval = sentinelSendSlaveOf(slave,
            master->promoted_slave->addr->ip,
            master->promoted_slave->addr->port);
    if (retval == C_OK) {
        slave->flags |= SRI_RECONF_SENT;
        slave->slave_reconf_sent_time = mstime();
        sentinelEvent(LL_NOTICE,"+slave-reconf-sent",slave,"%@");
        in_progress++;
    }
}
dictReleaseIterator(di);

// [5]
sentinelFailoverDetectEnd(master);
}
```

【1】 統計目前正在建立主從關係的節點數量。

如果目前正在建立主從關係的節點數量不少於目標實例屬性 parallel_syncs，目前不允許再與新的從節點建立主從關係。

【2】 遍歷下線節點所有的從節點。

【3】 過濾晉升節點及已經開始建立主從關係的節點。

【4】 發送 SALVEOF 指令，並替從節點實例增加 SRI_RECONF_SENT 標示。

【5】 統計所有從節點的主從狀態，如果所有從節點（剔除下線節點）都存在 SRI_RECONF_DONE 標示，則容錯移轉狀態切換到 SENTINEL_FAILOVER_STATE_UPDATE_ CONFIG 狀態。

當 sentinelRefreshInstanceInfo 函數在 INFO 回應中發現主從關係已建立完成時，將修改從節點實例的主從狀態標示：

```
void sentinelRefreshInstanceInfo(sentinelRedisInstance *ri, const char
*info) {
    ...
    if ((ri->flags & SRI_SLAVE) && role == SRI_SLAVE &&
        (ri->flags & (SRI_RECONF_SENT|SRI_RECONF_INPROG)))
    {
        // [1]
        if ((ri->flags & SRI_RECONF_SENT) &&
            ri->slave_master_host &&
            strcmp(ri->slave_master_host,
                    ri->master->promoted_slave->addr->ip) == 0 &&
            ri->slave_master_port == ri->master->promoted_slave->addr-
>port)
        {
            ri->flags &= ~SRI_RECONF_SENT;
            ri->flags |= SRI_RECONF_INPROG;
            sentinelEvent(LL_NOTICE,"+slave-reconf-inprog",ri,"%@");
        }
        // [2]
        if ((ri->flags & SRI_RECONF_INPROG) &&
            ri->slave_master_link_status == SENTINEL_MASTER_LINK_STATUS_UP)
        {
```

```
            ri->flags &= ~SRI_RECONF_INPROG;
            ri->flags |= SRI_RECONF_DONE;
            sentinelEvent(LL_NOTICE,"+slave-reconf-done",ri,"%@");
        }
    }
}
```

【1】 如果傳回 INFO 回應的節點的實例存在 SRI_RECONF_SENT 標
　　　示，並且該節點的主節點已經是晉升節點，則將該節點實例的主從
　　　狀態標示變更為 SRI_RECONF_INPROG，代表主從節點正在建立
　　　主從關係。

【2】 如果傳回 INFO 回應的節點的實例存在 SRI_RECONF_SENT 標
　　　示，並且該節點的主從連接已處於線上狀態，則將該節點實例的主
　　　從狀態標示變更為 SRI_RECONF_DONE，代表主從關係建立完成。

6. 更新視圖資料與設定檔

再回到主邏輯觸發函數 sentinelHandleDictOfRedisInstances，當容錯移轉
進入 SENTINEL_ FAILOVER_STATE_UPDATE_CONFIG 狀態時，該函
數會呼叫 sentinelFailoverSwitchToPromotedSlave 函數，更新目前 Sentinel
節點的 sentinel.masters 字典和設定檔。

最後還需要通知叢集的其他節點更新資料與設定檔。目前 Sentinel 節點
會透過 Sentinel 頻道發送最新的主節點資訊給其他 Sentinel 節點，當其他
Sentinel 節點在 sentinelProcessHello- Message 函數中發現主節點已變更
時，則更新自己的 sentinel.masters 字典和設定檔。

```
void sentinelProcessHelloMessage(char *hello, int hello_len) {
    ...
    master = sentinelGetMasterByName(token[4]);

    master_config_epoch = strtoull(token[7],NULL,10);
    ...
    // [1]
    if (si && master->config_epoch < master_config_epoch) {
```

```
        master->config_epoch = master_config_epoch;
        if (master_port != master->addr->port ||
            strcmp(master->addr->ip, token[5]))
        {
            ...
            sentinelResetMasterAndChangeAddress(master, token[5], master_
port);
            ...
        }
    }
}
```

【1】 如果頻道訊息中的主節點 config_epoch 大於目前節點視圖中的主節
　　　 點 config_epoch，則說明發送節點完成了新的容錯移轉，更新目前
　　　 節點的 sentinel.masters 字典與設定檔。

15.4 用戶端互動

使用 Sentinel 機制架設高可用的 Redis 叢集後，由於容錯移轉可能導致主
節點變更，用戶端不能直接存取主節點，而要從 Sentinel 叢集中獲取最新
主節點的位址資訊。該操作通常有以下 3 個步驟：

（1）依次嘗試連接 Sentinel 叢集中的節點，直到找到一個連接成功的
　　　 Sentinel 節點。

（2）呼叫以下指令向 Sentinel 節點詢問主節點的位址資訊。

```
SENTINEL get-master-addr-by-name master-name
```

（3）用戶端使用上一步獲取的位址資訊連接主節點。如果用戶端與主節
　　　 點連接斷開，則從第 1 步開始重新執行。

現在很多 Redis 用戶端都支援 Sentinel 模式，如 csredis（C#）、gore
（Golang）、Lettuce（Java），感興趣的讀者可以自行了解。

《複習》

- Sentinel 節點從主從節點的 INFO 回應中獲取主從叢集資訊,並透過頻道訊息獲取叢集中其他 Sentinel 節點資訊。
- Sentinel 節點判斷某個節點下線,需要經過主觀下線和客觀下線兩個階段。
- 當主節點下線後,Sentinel 叢集會選舉 leader 節點,並由 leader 節點完成容錯移轉操作。

▶ 第 4 部分　分散式架構

Redis Cluster

Redis Cluster（也稱為 Redis 叢集）是 Redis 提供的分散式資料庫方案，透過資料分片，Redis Cluster 實現了 Redis 的分散式儲存，並提供水平擴充能力。

Redis Cluster 主要包含以下三部分內容：

（1）資料分片。

Cluster 會對資料進行分片，並將不同分片的資料指派給叢集不同的節點，從而將資料分散到叢集多個節點中。Cluster 沒有使用一致性 Hash 演算法，而是引入了 Hash 槽位的概念。Cluster 有 16384 個 Hash 槽位，每個槽位只能指派給一個節點，每個鍵都映射到一個槽位。

為了描述方便，當某個槽位指派給某個節點時，我們便稱該節點負責該槽位。

（2）主從複製模型。

Cluster 中使用 Redis 主從複製模型實現資料熱備份。

圖 16-1 展示了一個常見的 Cluster 叢集。

官方推薦：叢集部署至少要 3 個以上的主節點，最好部署 3 主 3 從 6 個節點。

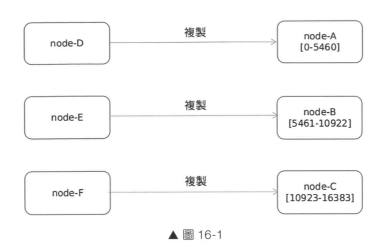

▲ 圖 16-1

（3）容錯移轉。

Cluster 叢集實現了容錯移轉，保證叢集高可用。當叢集某個主節點下線後，Cluster 叢集會選擇合適的從節點晉升為主節點，繼續提供服務。該功能與 Sentinel 類似，不過 Cluster 中重新實現了該功能。

本章分析 Redis Cluster 機制的實現原理。

16.1 Redis Cluster 的應用範例

16.1.1 架設 Redis Cluster 叢集

Redis Cluster 中的節點都需要開啟 Cluster 模式，下面是一個簡單 Cluster 節點設定檔：

```
port 6101
cluster-enabled yes
cluster-config-file nodes-6101.conf
```

- port：Redis 服務通訊埠，如果在一台機器上部署多個 Redis 服務，則需要為每個服務指定不同的通訊埠。

- cluster-enabled：目前節點開啟 Cluster 模式。
- cluster-config-file：Cluster 設定檔。該檔案內容不需要使用者修改，它記錄了 Cluster 節點執行時期資料，保證 Cluster 節點重新啟動後不遺失資料。如果在一台機器上部署多個 Redis 服務，則需要為每個服務指定不同的設定檔。

Sentinel 機制中會將節點執行時期資料寫入 Sentinel 設定檔，Cluster 對此進行了最佳化，將節點執行時期資料單獨寫到一個檔案中，避免污染原來的設定檔。為了與 Redis 設定檔區分，下面將該檔案稱為資料檔案。

這裡按官方推薦，部署了 3 主 3 從 6 個節點。準備 6 個這樣的設定檔，用於啟動 6 個 Cluster 節點。啟動指令與啟動正常 Redis 節點相同：

```
redis-server cluster.conf
```

當所有 Cluster 節點都啟動成功後，可以使用 redis-cli --cluster 指令建立 Cluster 叢集。

```
redis-cli --cluster create 127.0.0.1:6101127.0.0.1:6102127.0.0.1:6103127.
0.0.1:6104127.0.0.1:6105127.0.0.1:6106 --cluster-replicas 1
```

cluster-replicas 選項指定了在每個主節點下分配一個從節點。

Cluster 叢集建立成功後，可以連接到其中一個節點，查看節點資訊：

```
$ redis-cli -p 6101
127.0.0.1:6101> CLUSTER NODES
f8c6e94815f4f0c90299eb7cb0b5b528c9047a27127.0.0.1:6101@16101
myself,master - 016180366650001 connected 0-5460
e9753d763d47f803c27da4539228b1a4a7ed7be4127.0.0.1:6104@16104 slave f8c6e9
4815f4f0c90299eb7cb0b5b528c9047a270 16180366670001 connected
e35fdbeb214665ad8cce29bd84d50e2d66234380127.0.0.1:6102@16102 master -
016180366669162 connected 5461-10922
...
```

CLUSTER NODES 指令會輸出節點 ID（節點 ID 即節點實例 name 屬性）、IP 位址 / 通訊埠、主從關係、負責槽位等資訊（Cluster 節點執行過

程中，正是將 CLUSTER NODES 指令回應的內容儲存到 Cluster 資料檔
案中），可以看到，redis-cli --cluster 指令已經為我們分配好了主從節點，
並將 16384 個槽位指派給了不同的主節點。

16.1.2　用戶端重新導向

Cluster 叢集架設成功後，我們可以使用用戶端連接叢集中的任一節點，
並執行以下指令：

```
$ redis-cli  -p 6101
127.0.0.1:6101> set k11
(error) MOVED 12706127.0.0.1:6103
```

MOVED 是 Cluster 中定義的重新導向標示（類似的還有 ASK 標示），該
標示告訴我們鍵 "k1" 對應的 Hash 槽位為 12706，負責該槽位的節點為
127.0.0.1:6103。

下面我們連接到 127.0.0.1:6103 節點：

```
$ redis-cli  -p 6103
127.0.0.1:6103> set k11
OK
```

在 127.0.0.1:6103 節點中可以正常地設定鍵 "k1" 的值。

使用 -c 參數可以讓 redis-cli 自動執行重新導向操作：

```
$ redis-cli -c  -p 6101
127.0.0.1:6101> set k11
-> Redirected to slot [12706] located at 127.0.0.1:6103
OK
127.0.0.1:6103>
```

可以看到，雖然我們連接的是 127.0.0.1:6101 節點，但當伺服器傳回重新
導向標示後，redis-cli 會自動連接到 127.0.0.1:6103 節點，並將請求轉發
到 127.0.0.1:6103 節點。

Redis 要求支援 Cluster 模式的用戶端必須實現用戶端自動重新導向功能，如 acl-redis（C++）、Radix（Golang）、lettuce（Java）等用戶端，都會根據 Redis 伺服器傳回重新導向標示重新發送請求到重新導向節點。為了避免重複發送請求，很多用戶端還會快取每個節點負責的槽位資訊。

16.1.3 槽位遷移案例

Redis Cluster 支援槽位遷移，如果某些槽位的資料量過大，則可以在叢集中加入新的節點，並將這些槽位遷移到新的 Cluster 節點。下面使用 redis-cli --cluster reshard 指令將上面叢集 127.0.0.1:6101 節點的 100 個槽位遷移到 127.0.0.1:6102 節點：

```
redis-cli --cluster reshard 127.0.0.1:6102 --cluster-from f8c6e94815f4f0c
90299eb7cb0b5b528c9047a27 --cluster-to e35fdbeb214665ad8cce29bd84d50e2d66
234380 --cluster-slots 100
```

- reshard 選項指定 Cluster 叢集任一節點的 IP 位址與通訊埠即可，redis-cli 會找到叢集其他節點。
- cluster-from、cluster-to 選項指定槽位遷出節點 ID、遷入節點 ID。
- cluster-slots 選項指定遷移槽位數量。

redis-cli 會自動選擇槽位並執行遷移操作，目前還不支持指定槽位。

透過槽位遷移，Cluster 叢集支持線上增加、移除 Cluster 節點，這是一個強大的功能，可以給 Redis 運行維護帶來極大的便利。

下面詳細分析 Redis Cluster 叢集的實現。

16.2　Redis Cluster 槽位管理

16.2.1　定義

server.h/redisServer 結構中定義了 Cluster 機制的相關屬性：

- redisServer.cluster_enabled：目前節點是否啟動 Cluster 模式。
- redisServer.cluster：clusterState 變數，儲存 Cluster 叢集資訊（本章下面說的 cluster 變數都是指該 clusterState 變數）。
- redisServer.cluster_configfile：Cluster 資料檔案。
- redisServer.cluster_slave_no_failover：禁止該節點執行容錯移轉。
- redisServer.cluster_announce_ip：指定節點的 IP 位址。
- redisServer.cluster_announce_port：指定節點的通訊埠。

Redis Cluster 中的每個節點都維護一份自己角度下的目前整個叢集的狀態，該狀態的資訊儲存在 clusterState 結構中：

```
typedef struct clusterState {
    clusterNode *myself;
    uint64_t currentEpoch;
    int state;
    int size;
    dict *nodes;
    dict *nodes_black_list;
    clusterNode *migrating_slots_to[CLUSTER_SLOTS];
    clusterNode *importing_slots_from[CLUSTER_SLOTS];
    clusterNode *slots[CLUSTER_SLOTS];
    uint64_t slots_keys_count[CLUSTER_SLOTS];
    ...
} clusterState;
```

- myself：自身節點實例。
- currentEpoch：叢集目前任期號，用於實現 Raft 演算法選舉，Cluster 與 Sentinel 一樣，透過選舉 leader 節點完成容錯移轉工作。
- state：叢集狀態，Cluster 叢集存在 CLUSTER_OK、CLUSTER_FAIL 等狀態。
- nodes：叢集節點實例字典。字典鍵為節點 ID，字典值指向 clusterNode 結構。
- slots：槽位指派陣列，陣列索引對應槽位，陣列元素即該槽位的資料儲存節點。
- migrating_slots_to：遷出槽位，陣列元素不為空，代表該槽位資料正從目前節點遷移到陣列元素指定節點。
- importing_slots_from：遷入槽位，陣列元素不為空，代表該槽位資料正從陣列元素指定節點遷入目前節點。
- slots_keys_count：每個槽位儲存的鍵的數量。

clusterNode 結構負責存放 Cluster 節點實例的相關資訊：

```
typedef struct clusterNode {
    mstime_t ctime;
    char name[CLUSTER_NAMELEN];
    int flags;
    uint64_t configEpoch;
    unsigned char slots[CLUSTER_SLOTS/8];
    int numslots;
    int numslaves;
    struct clusterNode **slaves;
    struct clusterNode *slaveof;
    ...
} clusterNode;
```

- flags：節點標示，儲存節點的狀態、屬性等。本書關注以索引示：
  - CLUSTER_NODE_MASTER：該節點是主節點。
  - CLUSTER_NODE_SLAVE：該節點是從節點。

- CLUSTER_NODE_PFAIL：該節點已主觀下線。
- CLUSTER_NODE_FAIL：該節點已客戶下線。

■ name：節點名稱，即節點 ID，每個節點啟動時都將該屬性初始化為 40 位元組隨機字串，作為節點唯一標識。

■ configEpoch：最新寫入資料檔案的任期號，可以視為最新執行容錯移轉成功的任期。

■ slots：槽位點陣圖，記錄該節點負責的槽位。

■ slaves：該節點的從節點實例清單。

■ slaveof：該節點的主節點實例。

■ ping_sent：上次給該節點發送 PING 請求的時間。

■ pong_received：上次該節點收到 PONG 回應的時間。

■ data_received：上次該節點收到任何回應資料的時間。

■ fail_time：節點下線時間。

■ voted_time：上一次該節點的投票時間。

■ ip、port、cport：節點的 IP 位址、通訊埠、Cluster 通訊埠。

■ link：目前節點與該節點連接。

■ fail_reports：下線報告清單，記錄所有判定該節點主觀下線的主節點，用於客觀下線的統計。

每個 Cluster 節點中的 cluster 變數資料如圖 16-2 所示。

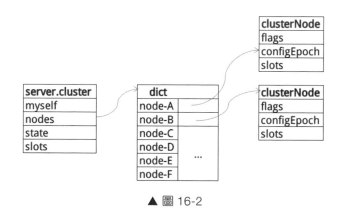

▲ 圖 16-2

16.2.2 重新導向的實現

如果 Cluster 節點收到用戶端請求，但請求中查詢的鍵不是由目前節點負責的，則它將通知用戶端進行重新導向，重新導向即用戶端重新發送請求給真正的資料儲存節點。

當 Redis 節點執行在 Cluster 模式下的時候，server.c/processCommand 函數執行指令前會檢查目前節點是不是鍵的儲存節點。如果不是，則拒絕指令並通知用戶端重新導向。

```
int processCommand(client *c) {
    ...
    // [1]
    if (server.cluster_enabled &&
        !(c->flags & CLIENT_MASTER) &&
        !(c->flags & CLIENT_LUA &&
          server.lua_caller->flags & CLIENT_MASTER) &&
        !(c->cmd->getkeys_proc == NULL && c->cmd->firstkey == 0 &&
          c->cmd->proc != execCommand))
    {
        int hashslot;
        int error_code;
        // [2]
        clusterNode *n = getNodeByQuery(c,c->cmd,c->argv,c->argc,
                                        &hashslot,&error_code);
        if (n == NULL || n != server.cluster->myself) {
            if (c->cmd->proc == execCommand) {
                discardTransaction(c);
            } else {
                flagTransaction(c);
            }
            // [3]
            clusterRedirectClient(c,n,hashslot,error_code);
            return C_OK;
        }
    }

    ...
}
```

【1】 如果滿足以下條件則檢查是否需要重新導向：

　　　（1）目前服務執行在 Cluster 模式下。

　　　（2）該請求不是主節點發送的。

　　　（3）該請求存在鍵參數。

【2】 呼叫 getNodeByQuery 函數尋找鍵真正的儲存節點。

【3】 傳回 ASK 或 MOVED 轉向標示及重新導向目標節點，通知用戶端重新導向。

提示

如果該鍵對應槽位資料正在遷出，則傳回 ASK 轉向標示，提示用戶端僅在下一個指令中請求重新導向目標節點，否則傳回 MOVED 轉向標示，提示用戶端該槽位資料可以長期地請求重新導向目標節點。

---

getNodeByQuery 函數負責尋找鍵真正的資料儲存節點：

```
clusterNode *getNodeByQuery(client *c, struct redisCommand *cmd, robj
**argv, int argc, int *hashslot, int *error_code) {
    ...

    // [1]
    numkeys = getKeysFromCommand(mcmd,margv,margc,&result);
    keyindex = result.keys;
    // [2]
    for (j = 0; j < numkeys; j++) {
        robj *thiskey = margv[keyindex[j]];
        // [3]
        int thisslot = keyHashSlot((char*)thiskey->ptr,
                                   sdslen(thiskey->ptr));
        // [4]
        if (firstkey == NULL) {
            firstkey = thiskey;
            slot = thisslot;
            n = server.cluster->slots[slot];

            ...
```

```
                 // [5]
                 if (n == myself &&
                     server.cluster->migrating_slots_to[slot] != NULL)
                 {
                     migrating_slot = 1;
                 } else if (server.cluster->importing_slots_from[slot] !=
NULL) {
                     importing_slot = 1;
                 }
             } else {
                 // [6]
                 if (!equalStringObjects(firstkey,thiskey)) {
                     if (slot != thisslot) {
                         ...
                         return NULL;
                     } else {
                         multiple_keys = 1;
                     }
                 }
             }
             // [7]
             if ((migrating_slot || importing_slot) &&
                 lookupKeyRead(&server.db[0],thiskey) == NULL)
             {
                 missing_keys++;
             }
         }

         // more
     }
```

【1】 getKeysFromCommand 函數負責獲取指令中真正的鍵。舉例來説，
     在 SET myKey "hello" EX 10000 指令中，只有參數 myKey 才是真
     正的鍵。
     獲取指令的鍵有兩種方式，
     （1）如果 redisCommand.getkeys_proc 不為空，呼叫該函數獲取指
         令的鍵。

（2）redisCommand.firstkey 指 定 指 令 的 第 一 個 鍵 的 索 引，
　　　redisCommand.lastkey 指定指令的最後一個鍵的索引（負數
　　　代表反向索引），redisCommand.keystep 指定相鄰兩個鍵的索
　　　引差。利用上面 3 個屬性可以獲取指令的鍵。如 MSET key1
　　　value1 key2 value2 .. keyN valueN 指令，上面 3 個屬性分別為
　　　1、-1、2。

【2】　遍歷指令中所有的鍵。

【3】　計算鍵對應的槽位。槽位計算方式：對鍵計算 CRC16 驗證值，再
　　　使用驗證值對 16384 取模獲得鍵對應的槽位。

【4】　如果處理的是第一個鍵，則記錄槽位、資料儲存節點。

【5】　判定資料是否正在遷入或遷出，設定對應遷入、遷出標示變數。
　　　migrating_slot 為 1 代表目前節點是儲存節點，但槽位資料正在遷
　　　出。importing_slot 為 1 代表該槽位資料正在遷入目前節點。

【6】　如果處理的不是第一個鍵，則該鍵對應的槽位必須和第一個鍵的槽
　　　位相同，否則顯示出錯。

【7】　如果槽位資料正在遷入或遷出，那麼還需要統計資料不存在於目前
　　　節點中的鍵的數量。

```
clusterNode *getNodeByQuery(client *c, struct redisCommand *cmd, robj
**argv, int argc, int *hashslot, int *error_code) {
    ...
    // [8]
    if (n == NULL) return myself;

    ...
    // [9]
    if (migrating_slot && missing_keys) {
        if (error_code) *error_code = CLUSTER_REDIR_ASK;
        return server.cluster->migrating_slots_to[slot];
    }

    // [10]
    if (importing_slot &&
```

```
            (c->flags & CLIENT_ASKING || cmd->flags & CMD_ASKING))
    {
        if (multiple_keys && missing_keys) {
            if (error_code) *error_code = CLUSTER_REDIR_UNSTABLE;
            return NULL;
        } else {
            return myself;
        }
    }
    ...

    return n;
}
```

【8】 如果指令中沒有鍵，則可以在目前伺服器中執行指令，傳回目前節點。

【9】 如果鍵對應的槽位資料正在遷出，而且該鍵的資料不存在於目前節點中，則設定轉向標示為 ASK，並傳回資料遷入節點作為重新導向目標節點。

【10】如果鍵對應的槽位資料正在遷入，而且該用戶端開啟了 CLIENT_ASKING 標示或指令中存在 CMD_ASKING 標示，則傳回目前節點。這時如果指令中有些鍵的資料仍不存在於目前節點中，則直接傳回錯誤。

提示

如果槽位資料正在遷入目前節點，並且查詢的鍵資料已經遷入目前節點，則這時要在目前節點中查詢該鍵，先執行 ASKING 指令（該指令開啟用戶端 CLIENT_ASKING 標示），再查詢該鍵資料，否則目前節點會提示用戶端重新導向到遷出節點（目前槽位指派陣列還沒有改變，該槽位的負責節點還是遷出節點）。

重新導向的判斷過程如圖 16-3 所示。

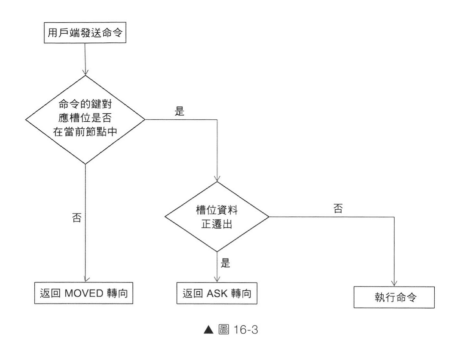

▲ 圖 16-3

16.2.3 槽位遷移的實現

前面已經展示了如何使用 redis-cli --cluster reshard 指令遷移槽位。該指令的實現過程包括以下步驟：

（1）發送以下指令給遷入節點，指定遷移槽位的遷出節點。

```
CLUSTER SETSLOT <slot> IMPORTING <source-node-id>
```

遷入節點收到該指令後，會設定 server.cluster.importing_slots_from[slot] 指向遷出節點，代表該槽位資料正從遷出節點遷入目前節點。

（2）發送以下指令給遷出節點，指定遷移槽位的遷入節點。

```
CLUSTER SETSLOT <slot> MIGRATING <destination-node-id>
```

遷出節點收到該指令後，會設定 server.cluster.migrating_slots_to[slot] 指向遷入節點，代表該槽位資料正從目前節點遷移到遷入節點。

（3）發送以下指令給遷出節點，開始遷移資料。

```
MIGRATE host port key destination-db timeout [COPY] [REPLACE] [AUTH
password] [AUTH2 username password]
```

host、port 參數即遷入節點的 IP 位址、通訊埠。

如果要批次發送資料，則使用以下指令：

```
MIGRATE host port "" destination-db timeout [COPY] [REPLACE] [AUTH
password] [AUTH2 username password] KEYS key1 key2 key3...
```

指令選項解釋如下：

- COPY：複製資料，即不刪除遷出節點中的鍵。
- REPLACE：替換資料，替換遷入節點中存在的鍵。
- KEYS：如果 key 參數是一個空字串，則遷移 KEYS 選項後所有的鍵。
- AUTH：使用密碼存取遷入節點。
- AUTH2：使用用戶名和密碼存取遷入節點（Redis 6 以上提供）。

（4）當槽位上所有的鍵都遷移到遷入節點後，給叢集中的所有主節點發送 CLUSTER SETSLOT <slot> NODE <node-id> 指令，通知節點更新槽位資訊。

當主節點收到該指令時，將執行以下操作：

- 如果目前節點為遷出節點，並且槽位資料已經全部遷出，則清空 cluster.migrating_ slots_to[slot]，代表該槽位資料遷出完成。
- 如果目前節點為遷入節點，則清空 cluster.importing_slots_from[slot]，代表該槽位資料遷入完成。
- 更新槽位指派陣列及節點實例的點陣圖資訊。

下面分析 MIGRATE 指令的實現，其他指令的實現較簡單，不詳細分析程式。

當節點收到 MIGRATE 指令後，將呼叫 migrateCommand 函數遷移資料：

```c
void migrateCommand(client *c) {
    ...
    ov = zrealloc(ov,sizeof(robj*)*num_keys);
    kv = zrealloc(kv,sizeof(robj*)*num_keys);
    int oi = 0;
    // [1]
    for (j = 0; j < num_keys; j++) {
        if ((ov[oi] = lookupKeyRead(c->db,c->argv[first_key+j])) != NULL)
{
            kv[oi] = c->argv[first_key+j];
            oi++;
        }
    }
    ...

try_again:
    write_error = 0;

    // [2]
    cs = migrateGetSocket(c,c->argv[1],c->argv[2],timeout);
    ...
    rioInitWithBuffer(&cmd,sdsempty());
    ...

    // [3]
    for (j = 0; j < num_keys; j++) {
        ...
        serverAssertWithInfo(c,NULL,
            rioWriteBulkCount(&cmd,'*',replace ? 5 : 4));

        if (server.cluster_enabled)
            serverAssertWithInfo(c,NULL,
                rioWriteBulkString(&cmd,"RESTORE-ASKING",14));
        else
            serverAssertWithInfo(c,NULL,rioWriteBulkString(&cmd,"RESTO
RE",7));
        // [4]
        serverAssertWithInfo(c,NULL,sdsEncodedObject(kv[j]));
```

```
    serverAssertWithInfo(c,NULL,rioWriteBulkString(&cmd,kv[j]->ptr,
            sdslen(kv[j]->ptr)));
    serverAssertWithInfo(c,NULL,rioWriteBulkLongLong(&cmd,ttl));

    // [5]
    createDumpPayload(&payload,ov[j],kv[j]);
    serverAssertWithInfo(c,NULL,
        rioWriteBulkString(&cmd,payload.io.buffer.ptr,
                            sdslen(payload.io.buffer.ptr)));
    sdsfree(payload.io.buffer.ptr);
    // [6]
    if (replace)
        serverAssertWithInfo(c,NULL,rioWriteBulkString(&cmd,"REPLA
CE",7));
    }
    // [7]
    ...
}
```

【1】 讀取所有的鍵值對內容，分別儲存在 kv、ov 陣列中。

【2】 獲取目標節點的 Socket 連接。初始化 cmd 變數，它是一個使用記憶體陣列作為資料儲存媒體的 rio 結構。該變數作為資料輸出的緩衝區。這裡還會寫入 select db、auth 等指令到緩衝區，程式不一一展示。

【3】 寫入所有的鍵值對內容到緩衝區，每個鍵值對都需要寫入一個RESTORE/ RESTORE-ASKING 指令。

【4】 寫入鍵內容、ttl。如果該鍵沒有設定過期時間，則 ttl 為 0，否則 ttl 為大於 0 的數值。

【5】 寫入值內容，這裡的值內容使用 DUMP 格式，即在值內容後緊接 2 位元組的 RDB 版本資訊、8 位元組的 CRC64 驗證值，用於目標節點對值內容進行校檢。

【6】 將 REPLACE 選項也寫入緩衝區。

【7】 將 cmd 緩衝區的內容寫入 Socket，並讀取每個指令的回應資料，執行對應的處理邏輯，如刪除目前節點的資料。

目標節點收到 RESTORE-ASKING 或 RESTORE 指令後，呼叫 restore Command 函數進行處理，該函數將讀取請求資料，並呼叫 dbAdd 函數將請求中的鍵值對存入資料庫。這部分程式不展示。

16.3 Redis Cluster 啟動過程

16.3.1 節點啟動

首先看一下 Cluster 節點啟動時如何初始化 Cluster 機制。當 Redis 服務以 Cluster 模式啟動時，會呼叫 clusterInit 函數（由 initServer 函數觸發）執行以下邏輯：

（1）初始化 cluster 變數。

（2）嘗試鎖住資料檔案，確保只有目前節點可以修改資料檔案。

（3）載入 Cluster 設定，建立自身節點實例 cluster.myself，並增加到實例字典 cluster.nodes 中。

這裡會將自身實例的 name 屬性初始化為 40 位元組的隨機字串，該隨機字串即節點 ID，作為 Cluster 節點的唯一標示。

如果 Cluster 資料檔案中存在叢集節點資訊，則這裡會載入叢集節點相關資料，建立節點實例並增加到實例字典中。

（4）將 server.port 數值加上 10000 作為 Cluster 通訊埠（預設 Redis 通訊埠為 6379，Cluster 通訊埠為 16379）。

（5）建立一個監聽通訊端，監控 Cluster 通訊埠，並為通訊端連接註冊 AE_READABLE 事件回呼函數 clusterAcceptHandler，該函數負責處理新連接請求的 accept 操作。這些連接專用於 Cluster 機制發送 Cluster 訊息。當新的請求連接進來後，clusterAcceptHandler 函數會為新連接註冊 AE_READABLE 事件的回呼函數 clusterReadHandler，clusterReadHandler 函數負責處理其他節點發送的 Cluster 訊息。

前面說了，redis-cli --cluster create 可以建立一個 Cluster 叢集，該指令執行了 3 個步驟完成建立 Cluster 叢集的工作：節點交握、分配槽位和建立主從關係。

16.3.2 節點交握

使用 CLUSTER MEET 指令可以讓兩個節點執行交握操作，使它們相互認識：

```
CLUSTER MEET target-ip target-port
```

CLUSTER 指令都在 clusterCommand 函數中處理。CLUSTER MEET 的處理很簡單，呼叫 clusterStartHandshake 函數，建立一個節點實例並增加到 cluster.nodes 實例字典中。

由於現在還不知道目標節點實例的 name，所以這裡建立一個隨機字串，作為目標節點實例臨時的 name 並增加到實例字典中。在目前節點與目標節點建立網路連接成功並相互通訊後，目前節點會從目標節點的回應資料中獲取目標節點的 name，並重新命名該節點實例的 name。

> **提示**
>
> 並不需要將每兩個節點都相互 "MEET" 一次，只要保證叢集中沒有孤兒節點即可，叢集節點可以相互認識。這裡可以選擇一個「種子節點」，並且讓 Cluster 叢集其他節點都與該種子節點 "MEET" 一次。

16.3.3 指派槽位

下面需要將 16384 個槽位指派給不同的主節點，使用 redis-cli cluster addslots 指令可以將槽位指派給指定的節點：

```
redis-cli -p 6101 cluster addslots {0..5460}
```

redis-cli 可以按區間指派槽位，我們也可以直接使用 CLUSTER ADDSLOTS 指令批次指派槽位，當 cluster 節點收到 CLUSTER ADDSLOTS 指令後，將呼叫 clusterAddSlots 函數更新實例槽位點陣圖，並將自身實例增加到槽位指派陣列對應的索引中。

16.3.4　建立主從關係

使用 CLUSTER REPLICATE 指令指定叢集節點建立主從關係：

```
CLUSTER REPLICATE master-nodeid
```

master-nodeid 即主節點 ID，我們可以透過 CLUSTER NODES 指令獲取節點 ID。Cluster 節點收到該指令後將成為指定節點的從節點，呼叫 clusterSetMaster 函數執行以下邏輯：

（1）如果目前節點是主節點，則切換為從節點（更新實例 flags 標示），並清除它負責的槽位。
（2）如果目前節點是從節點，則清除實例的 slaveof 屬性。
（3）呼叫 replication.c/replicationSetMaster 函數與指定節點建立主從關係。
（4）呼叫 resetManualFailover 函數重置手動容錯移轉狀態。

Cluster 節點支援手動容錯移轉，發送 CLUSTER FAILOVER 指令給 Cluster 從節點，收到該指令的節點會晉升為主節點並替換它原來的主節點。本書不關注這部分內容。

這時，Cluster 叢集已經成功啟動了。

16.4 Redis Cluster 節點通訊

Cluster 叢集剛架設完成時，整個叢集的資訊並沒有完全同步。舉例來說，Cluster 節點並沒有相互認識，而且每個主節點負責的槽位只有自己知道，其他節點並不知道。

Cluster 使用 Gossip 演算法在叢集內同步資訊。

16.4.1 Gossip 演算法

Gossip 演算法是一種去中心化的一致性演算法，該演算法的所有節點都是對等節點，無中心節點（leader 節點）。

當叢集中某個節點有資訊需要更新到其他節點時，它會定時隨機地選擇周圍幾個節點發送訊息，收到訊息的節點也會重複該過程，直到叢集中所有的節點都收到訊息。

Gossip 演算法中的資料同步可能需要一定的時間，雖然不能保證某個時刻所有節點都收到訊息，但是理論上最終所有節點都會收到訊息，因此它是一個最終一致性演算法。

Cluster 機制實現的是一個「簡化」的 Gossip 演算法，每個節點隨機選擇叢集中的節點作為訊息接收節點，並從自身實例字典中隨機選擇部分節點實例放入訊息，再發送給目標節點，從而使整個叢集中所有節點都相互認識。下面會詳細分析該過程。

16.4.2 訊息定義

Cluster 為所有 Cluster 訊息定義了一個訊息結構：

```
typedef struct {
    char sig[4];
```

```
    uint32_t totlen;
    uint16_t ver;
    uint16_t port;
    uint16_t type;
    ...
} clusterMsg;
```

clusterMsg 屬性可以分為訊息表頭和訊息體。訊息表頭主要有以下屬性：

■ sig：固定為 RCmb，代表這是 Cluster 訊息。

■ totlen：訊息總長度。

■ ver：Cluster 訊息協定版本，目前是 1。

■ type：訊息類型，本書關注以下類型的訊息。

　• CLUSTER_NODE_MEET：要求進行交握操作的訊息。

　• CLUSTERMSG_TYPE_PING：定時心跳訊息。

　• CLUSTERMSG_TYPE_PONG：心跳回應訊息或廣播訊息。

　• CLUSTERMSG_TYPE_FAIL：節點客觀下線的廣播訊息。

　• CLUSTERMSG_TYPE_FAILOVER_AUTH_REQUEST：容錯移轉選
　　舉時的投票請求訊息。

　• CLUSTERMSG_TYPE_FAILOVER_AUTH_ACK：容錯移轉選舉時的
　　同意投票回應訊息。

■ flags、currentEpoch、configEpoch：發送節點標示、發送節點最新任
期、發送節點最新寫入檔案的任期。

■ sender、myslots、slaveof、myip、cport：發送節點 name、槽位點陣
圖、主節點、IP 位址、通訊埠。

訊息體即 data 屬性，類型為 clusterMsgData，clusterMsgData 是一個共用
體，不同類型的訊息使用不同的屬性：

```
union clusterMsgData {
    struct {
        clusterMsgDataGossip gossip[1];
    } ping;
```

```
    struct {
        clusterMsgDataFail about;
    } fail;
    ...
};
```

本書主要關注兩個屬性：

- ping：clusterMsgDataGossip 類型，存放隨機實例和主觀下線節點的實例資訊，用於 CLUSTERMSG_TYPE_PONG、CLUSTERMSG_TYPE_ MEET、CLUSTERMSG_TYPE_ PING 訊息。
- fail：clusterMsgDataFail 類型，節點客觀下線通知，存放客觀下線節點 name，用於 CLUSTERMSG_TYPE_FAIL 訊息。

16.4.3 建立連接

clusterCron 是 Cluster 機制的定時邏輯函數。如果目前節點執行在 Cluster 模式下，則 serverCron 時間事件會每隔 100 毫秒觸發一次 clusterCron 函數。clusterCron 函數會為目前節點與叢集其他節點建立網路連接（包括第一次建立連接和連接斷開後重建連接）：

```
void clusterCron(void) {
    ...
    // [1]
    di = dictGetSafeIterator(server.cluster->nodes);
    server.cluster->stats_pfail_nodes = 0;
    while((de = dictNext(di)) != NULL) {
        clusterNode *node = dictGetVal(de);
        ...

        if (node->link == NULL) {
            clusterLink *link = createClusterLink(node);
            // [2]
            link->conn = server.tls_cluster ? connCreateTLS() :
connCreateSocket();
            connSetPrivateData(link->conn, link);
```

```
            // [3]
            if (connConnect(link->conn, node->ip, node->cport, NET_FIRST_
BIND_ADDR, clusterLinkConnectHandler) == -1) {
                ...

                freeClusterLink(link);
                continue;
            }
            node->link = link;
        }
    }
    dictReleaseIterator(di);
    ...
}
```

【1】 遍歷實例字典中的實例，如果其中某個節點連接資訊為空，則與該
     節點建立連接。

【2】 connCreateTLS 或 connCreateSocket 函數建立 Socket 通訊端。

【3】 connConnect 函數負責與目標節點（Cluster 通訊埠）建立網路連
     接，並在連接成功後呼叫回呼函數 clusterLinkConnectHandler。
     clusterLinkConnectHandler 函數會為該連接註冊 READ 事件的回呼
     函數 clusterReadHandler，並給目標節點發送 CLUSTER_NODE_
     MEET 或 CLUSTERMSG_ TYPE_MEET 訊息。

這裡使用 Redis 事件機制處理 Cluster 連接。

這裡需要注意：Cluster 節點啟動時會監控 Cluster 通訊埠，並註冊
clusterReadHandler 函數處理其他節點發送的 Cluster 訊息，該場景下目前
節點作為 Cluster 訊息伺服器。同時，每個 Cluster 節點都會連接叢集中的
其他節點，並發送 Cluster 訊息給其他節點，這時目前節點作為 Cluster 訊
息用戶端，並且同樣註冊 clusterReadHandler 函數處理其他節點傳回的訊
息回應資料。所以，clusterReadHandler 函數負責處理兩類訊息，一是其
他節點主動發送的訊息（目前節點作為伺服器端），二是其他節點對目前
節點訊息的回應資料（目前節點作為用戶端）。

圖 16-1 的 Cluster 叢集中，A 節點的連接資訊如圖 16-4 所示。

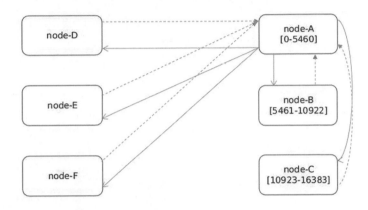

提示：實線代表 A 節點發送訊息的連接，虛線代表 A 節點接收訊息的連接

▲ 圖 16-4

16.4.4　交握過程

某個節點收到 CLUSTER MEET 指令，並將目標節點實例增加到自身實例字典中，這時目前節點與目標節點處於交握階段。

當這兩個節點建立連接時，clusterLinkConnectHandler 函數會發送 CLUSTER_NODE_MEET 訊息給目標節點。當目標節點收到 CLUSTER_ NODE_MEET 訊息後會傳回 CLUSTERMSG_ TYPE_PONG 訊息。

前面說了，clusterReadHandler 函數負責處理 Cluster 訊息。該函數會讀取 Socket 資料，並呼叫 clusterProcessPacket 函數處理資料。由於 clusterProcessPacket 程式的邏輯較多，所以本節會分成幾部分進行解析。

這裡看一下 clusterReadHandler 函數如何處理交握過程：

```
int clusterProcessPacket(clusterLink *link) {
    // [1]
    ...
```

```
    // [2]
    if (type == CLUSTERMSG_TYPE_PING || type == CLUSTERMSG_TYPE_MEET) {
        ...

        clusterSendPing(link,CLUSTERMSG_TYPE_PONG);
    }

    if (type == CLUSTERMSG_TYPE_PING || type == CLUSTERMSG_TYPE_PONG ||
        type == CLUSTERMSG_TYPE_MEET)
    {
        if (link->node) {

            if (nodeInHandshake(link->node)) {
                ...

                // [3]
                clusterRenameNode(link->node, hdr->sender);
                ...
                link->node->flags &= ~CLUSTER_NODE_HANDSHAKE;
                link->node->flags |= flags&(CLUSTER_NODE_MASTER|CLUSTER_
NODE_SLAVE);

            } ...
        }

        ...
        // [4]
        if (sender) clusterProcessGossipSection(hdr,link);
    }
}
```

【1】 處理 TCP 封包拆解、封包沾黏的場景，這裡不展示程式。

【2】 收 到 CLUSTERMSG_TYPE_PING、CLUSTERMSG_TYPE_MEET
的訊息，總是會回覆 CLUSTERMSG_TYPE_PONG 訊息。

【3】 收 到 CLUSTERMSG_TYPE_PING、CLUSTERMSG_TYPE_
PONG、CLUSTERMSG_ TYPE_MEET 資訊，並且發送訊息的節
點與目前節點正在交握，則使用訊息資料中發送節點的 name 更新

對應節點實例的 name（前面說過，"MEET" 操作完成後，目標節點實例的 name 是一個臨時的隨機字串，所以這裡要更新實例的 name），並清除 CLUSTER_NODE_HANDSHAKE 標示，代表交握完成。

【4】 呼叫 clusterProcessGossipSection 函數，負責處理 clusterMsgDataGossip 內容。

交握階段的流程如圖 16-5 所示。

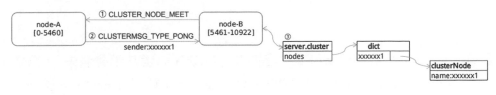

▲ 圖 16-5

①：B 節點發送 CLUSTER_NODE_MEET 訊息給 A 節點。

②：A 節點回覆 CLUSTERMSG_TYPE_PONG 訊息，並在訊息中攜帶自己的 name。

③：B 節點使用收到的資訊更新節點實例的 name 屬性。

16.4.5 定時訊息

clusterCron 函數會定時給叢集其他節點發送 CLUSTERMSG_TYPE_PING 訊息，這裡正是 Cluster 機制中 Gossip 演算法的實現：

```
// [1]
if (!(iteration % 10)) {
    int j;

    // [2]
    for (j = 0; j < 5; j++) {
        de = dictGetRandomKey(server.cluster->nodes);
        clusterNode *this = dictGetVal(de);

        ...
```

```
        if (min_pong_node == NULL || min_pong > this->pong_received)
    {
            min_pong_node = this;
            min_pong = this->pong_received;
        }
    }
    // [3]
    if (min_pong_node) {
        serverLog(LL_DEBUG,"Pinging node %.40s", min_pong_node->name);
        clusterSendPing(min_pong_node->link, CLUSTERMSG_TYPE_PING);
    }
}
```

【1】 iteration 是靜態區域變數（函數執行完成後該變數不會消失），負責
統計 clusterCron 函數執行的次數。每執行 10 次 clusterCron 函數便
發送一次 Cluster 訊息。由於 clusterCron 每 100 毫秒執行一次，所
以每秒會發送一次 Cluster 訊息。

【2】 隨機取 5 個目標節點，並從中選擇上次收到 PONG 回應時間最早的
節點。這裡會過濾連接已斷開、發送 PING 資訊未收到回應、交握
階段的節點。

【3】 發送 CLUSTERMSG_TYPE_PING 訊息給上一步選擇的節點。

clusterSendPing 函數負責發送 Cluster 訊息：

```
void clusterSendPing(clusterLink *link, int type) {
    // [1]
    int freshnodes = dictSize(server.cluster->nodes)-2;

    wanted = floor(dictSize(server.cluster->nodes)/10);
    if (wanted < 3) wanted = 3;
    if (wanted > freshnodes) wanted = freshnodes;

    int pfail_wanted = server.cluster->stats_pfail_nodes;

    // [2]
    totlen = sizeof(clusterMsg)-sizeof(union clusterMsgData);
    totlen += (sizeof(clusterMsgDataGossip)*(wanted+pfail_wanted));
```

```
    if (totlen < (int)sizeof(clusterMsg)) totlen = sizeof(clusterMsg);
    buf = zcalloc(totlen);
    hdr = (clusterMsg*) buf;

    // [3]
    if (link->node && type == CLUSTERMSG_TYPE_PING)
        link->node->ping_sent = mstime();
    clusterBuildMessageHdr(hdr,type);

    // more
}
```

參數說明：

- clusterLink：目標節點連接。
- type：訊息類型。

【1】 wanted 是 clusterMsgDataGossip 內容中的隨機實例數量，為叢集
    節點數量的 1/10，並且不小於 3（必須小於或等於叢集節點數量減
    2）。

【2】 計算訊息總長度，申請記憶體空間，並初始化訊息結構。
    注意，clusterMsgData. ping.gossip[1] 雖然定義為只有一個元素的
    陣列，但這裡會動態申請多個 clusterMsgDataGossip 空間，所以
    clusterMsgData.ping.gossip 中實際可以儲存多個 clusterMsgDataGossip
    資料。請讀者閱讀原始程式時不要疑惑。

【3】 clusterBuildMessageHdr 函數負責填充訊息表頭屬性，將自身節點
    資訊增加到訊息中。

```
void clusterSendPing(clusterLink *link, int type) {
    ...
    // [4]
    int maxiterations = wanted*3;
    while(freshnodes > 0 && gossipcount < wanted && maxiterations--) {
        ...

        clusterSetGossipEntry(hdr,gossipcount,this);
        freshnodes--;
```

```
            gossipcount++;
        }

        // [5]
        if (pfail_wanted) {
            dictIterator *di;
            dictEntry *de;

            di = dictGetSafeIterator(server.cluster->nodes);
            while((de = dictNext(di)) != NULL && pfail_wanted > 0) {
                clusterNode *node = dictGetVal(de);
                if (node->flags & CLUSTER_NODE_HANDSHAKE) continue;
                if (node->flags & CLUSTER_NODE_NOADDR) continue;
                if (!(node->flags & CLUSTER_NODE_PFAIL)) continue;
                clusterSetGossipEntry(hdr,gossipcount,node);
                freshnodes--;
                gossipcount++;
                pfail_wanted--;
            }
            dictReleaseIterator(di);
        }

        // [6]
        totlen = sizeof(clusterMsg)-sizeof(union clusterMsgData);
        totlen += (sizeof(clusterMsgDataGossip)*gossipcount);
        hdr->count = htons(gossipcount);
        hdr->totlen = htonl(totlen);
        clusterSendMessage(link,buf,totlen);
        zfree(buf);
    }
```

【4】 從目前節點的實例字典中隨機取 wanted 個節點實例並增加到訊息
中。這裡會過濾自身實例,以及主觀下線、交握階段或連接已斷開
的節點實例。

【5】 將目前節點實例字典中所有主觀下線的節點增加到訊息中,以便更
快地傳播下線報告,使節點從主觀下線狀態轉變為客觀下線狀態。
這裡同樣過濾交握階段或連接已斷開的節點。

【6】 由於第 2 步計算的訊息包括所有主觀下線節點，而第 5 步會過濾部分節點，所以這裡需重新計算真正的訊息長度。最後呼叫 clusterSendMessage 函數發送資訊。

CLUSTERMSG_TYPE_PING、CLUSTER_NODE_MEET、CLUSTERMSG_TYPE_PONG 三種類型的訊息都會包含兩部分內容：隨機節點實例與下線節點實例（訊息中的下線節點實例也稱為下線報告）。

前面說了，clusterProcessGossipSection 函數負責處理 clusterMsgDataGossip 內容，當某個節點收到其他節點的訊息時，如果訊息的隨機節點實例中包含該節點不認識的節點實例，則會將這些節點實例增加到實例字典中。最終該節點會與這些不認識的節點建立連接。

這樣該節點與這些節點也認識了。雖然叢集啟動時只有種子節點與其他節點執行了 "MEET" 操作，但種子節點都會將自己認識的節點發送給其他節點，最終叢集中的所有節點都相互認識了。如果有新節點加入叢集，則只需要跟種子節點 "MEET"，最終新節點也會與叢集所有節點相互認識。

很多分散式系統只需要使用者設定一部分種子節點，這樣整個叢集啟動後所有節點都可以相互認識，比如 Elasticsearch 使用的就是類似的機制。

分散式系統中節點相互認識是一個重要機制。我們可以比較 Cluster 和 Sentinel 中節點相互認識的機制。Sentinel 透過訂閱頻道發送自身訊息給叢集其他 Sentinel 節點，以使叢集其他節點認識自己。而 Cluster 透過 Gossip 演算法不斷將自己認識的節點發送給其他節點，使整個叢集中的所有節點最終都相互認識，這也是分散式系統中更流行的節點相互認識機制。

16.5　Redis Cluster 的容錯移轉

Cluster 中的容錯移轉操作與 Sentinel 類似，當 Cluster 叢集檢測到某個主節點下線後，將選舉一個 leader 節點，由 leader 節點完成容錯移轉。

16.5.1　節點下線

在 Cluster 中判定節點下線，同樣需要經過「主觀下線」和「客觀下線」兩個過程，與 Sentinel 一樣。

clusterCron 函數負責檢查節點主觀下線狀態：

```
di = dictGetSafeIterator(server.cluster->nodes);
while((de = dictNext(di)) != NULL) {
    ...
    mstime_t node_delay = (ping_delay < data_delay) ? ping_delay :
                                                       data_delay;
    // [1]
    if (node_delay > server.cluster_node_timeout) {
        if (!(node->flags & (CLUSTER_NODE_PFAIL|CLUSTER_NODE_FAIL)))
{

            ...
            node->flags |= CLUSTER_NODE_PFAIL;
            update_state = 1;
        }
    }
}
```

【1】 計算每個節點上次傳回回應後過去的時間，取實例屬性 ping_sent、data_received 與目前時間之差中較小的值。如果該時間差超過 server.cluster_node_timeout 屬性指定時間，則判定該節點主觀下線，替節點實例增加 CLUSTER_NODE_PFAIL 標示。

前面說了，clusterSendPing 函數將目前節點的實例字典中所有主觀下線的節點增加到訊息中合併發送給其他節點。

下面將 Cluster 訊息包含的主觀下線節點稱為待判定節點。

如 果 clusterProcessGossipSection 函 數（ 由 clusterProcessPacket 函 數 觸
發）收到其他節點發送的待判定節點，則將發送節點增加到待判定節點
實例的下線報告清單中：

```
void clusterProcessGossipSection(clusterMsg *hdr, clusterLink *link) {
    ...

    while(count--) {
        uint16_t flags = ntohs(g->flags);
        ...
        // [1]
        node = clusterLookupNode(g->nodename);
        if (node) {
            if (sender && nodeIsMaster(sender) && node != myself) {
                // [2]
                if (flags & (CLUSTER_NODE_FAIL|CLUSTER_NODE_PFAIL)) {

                    if (clusterNodeAddFailureReport(node,sender)) {
                        ...
                    }
                    // [3]
                    markNodeAsFailingIfNeeded(node);
                }
            } ...
        }
        ...

        g++;
    }
}
```

【1】 根據節點 name 獲取對應的待判定節點實例。

【2】 如果發送節點為主節點，並且發送節點認為待判定節點已經下線，
   則將發送節點增加到待判定節點實例的下線報告清單中。

【3】 呼叫 markNodeAsFailingIfNeeded 函數統計待判定節點實例的下線
   報告清單中元素的數量（即報告該節點下線的主節點的數量）。判
   斷是否可以將該待判定節點轉為客觀下線狀態。

> **提示**
>
> 在 Cluster 中，只有主節點可以參與節點客觀下線的判定，所以下線報告列表中只有主節點。

```
void markNodeAsFailingIfNeeded(clusterNode *node) {
    int failures;
    int needed_quorum = (server.cluster->size / 2) + 1;
    // [1]
    if (!nodeTimedOut(node)) return;
    if (nodeFailed(node)) return;
    // [2]
    failures = clusterNodeFailureReportsCount(node);
    if (nodeIsMaster(myself)) failures++;
    if (failures < needed_quorum) return;

    ...

    node->flags &= ~CLUSTER_NODE_PFAIL;
    node->flags |= CLUSTER_NODE_FAIL;
    node->fail_time = mstime();

    // [3]
    clusterSendFail(node->name);
}
```

【1】 待判定節點處於非主觀下線狀態或已經處於客觀下線狀態，退出函數。

【2】 統計待判定節點實例的下線報告清單中主節點的數量（這些主節點都已經認為該節點已下線）。如果目前節點也是主節點，則需要將統計數量加 1，即加上目前節點。如果統計數量大於或等於 needed_quorum，則替待判定節點實例增加 CLUSTER_NODE_FAIL 標示，代表該節點已經客觀下線。注意，needed_quorum 為 cluster.size/2+1，cluster.size 是叢集中主節點的數量，不包括沒有負責任何槽位的空的主節點。

【3】 呼叫 clusterSendFail 函數，在 Cluster 叢集中廣播發送 CLUSTERMSG_
TYPE_FAIL 訊息，通知其他節點該節點已經客觀下線。叢集其他
節點在收到 CLUSTERMSG_TYPE_FAIL 訊息後，會將待判定節點
實例也標示為客觀下線。透過該操作，節點客觀下線狀態可以在叢
集節點中快速傳播，達成一致。

圖 16-1 的叢集中，B 節點判定 A 節點客觀下線的流程如圖 16-6 所示。

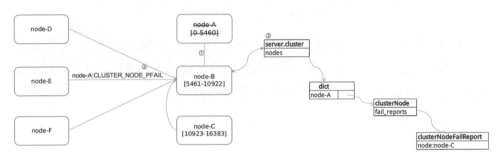

▲ 圖 16-6

①：B 節點與 A 節點連接逾時，判定 A 節點主觀下線。

②：B 節點收到其他節點對 A 節點的下線報告。

③：發送下線報告的節點中只有 C 節點是主節點，將 C 節點增加
到 A 節點實例的下線報告清單中。

由於 B 節點也是主節點，所以叢集中判定 A 節點主觀下線的主節點的數
量為 2，佔叢集主節點的多數，這時可以判定 A 節點客觀下線。

16.5.2 選舉過程

當某個主節點客觀下線後，就需要選舉 leader 節點完成容錯移轉。選舉
過程涉及以下屬性：

■ cluster.failover_auth_sent：本次選舉是否已發送投票請求。

■ cluster.failover_auth_time：本次選舉的開始時間或下次選舉的開始時
間（本次選舉已失敗）。

- cluster.failover_auth_rank：節點優先順序，該數值越大，優先順序越低，容錯移轉時節點重新發起選舉前的等待時間越長。
- cluster.currentEpoch：目前叢集的任期。
- cluster.failover_auth_epoch：目前正在執行容錯移轉的任期。
- cluster.lastVoteEpoch：目前節點最新同意投票的任期。

另外，每個主節點實例都記錄了 configEpoch 屬性，代表已寫入檔案的任期（可以視為容錯移轉已成功的任期）。

在 Cluster 叢集中，主節點下線後，只能由該主節點原來的從節點發起選舉流程，並執行容錯移轉操作。clusterCron 函數會呼叫 clusterHandle SlaveFailover 函數檢查是否需要開啟容錯移轉：

```
void clusterHandleSlaveFailover(void) {
    ...
    // [1]
    if (nodeIsMaster(myself) ||
        myself->slaveof == NULL ||
        (!nodeFailed(myself->slaveof) && !manual_failover) ||
        (server.cluster_slave_no_failover && !manual_failover) ||
        myself->slaveof->numslots == 0)
    {
        server.cluster->cant_failover_reason = CLUSTER_CANT_FAILOVER_NONE;
        return;
    }

    ...
    // [2]
    if (auth_age > auth_retry_time) {
        server.cluster->failover_auth_time = mstime() +
            500 +
            random() % 500;
        server.cluster->failover_auth_count = 0;
        server.cluster->failover_auth_sent = 0;
        server.cluster->failover_auth_rank = clusterGetSlaveRank();
        server.cluster->failover_auth_time +=
            server.cluster->failover_auth_rank * 1000;
```

```
        ...
        return;
    }

    // [3]
    if (mstime() < server.cluster->failover_auth_time) {
        clusterLogCantFailover(CLUSTER_CANT_FAILOVER_WAITING_DELAY);
        return;
    }

    // [4]
    if (auth_age > auth_timeout) {
        clusterLogCantFailover(CLUSTER_CANT_FAILOVER_EXPIRED);
        return;
    }
    // more
}
```

【1】 發起選舉流程需要滿足以下條件：
  • 目前節點是從節點。
  • 目前節點的主節點已經客觀下線。
  • 目前節點沒有開啟禁止容錯移轉的選項。
  • 目前節點的主節點存在負責的槽位。

【2】 auth_age 為本次選舉已花費時間（cluster.failover_auth_time 與目前時間之差），auth_retry_time 為選舉重試時間，如果 auth_age 大於 auth_retry_time，則說明本次選舉失敗，並且目前可以重新準備下次選舉。執行以下操作：
  （1）重置請求發送標示 cluster.failover_auth_sent，並重新計算節點優先順序 cluster.failover_ auth_rank。
  （2）計算選舉下次開始時間 cluster.failover_auth_time，計算規則為目前時間 + 隨機時間（500 ～ 1000）+ 優先順序 ×1000，單位為毫秒（隨機時間可以避免多個節點同時發送投票請求）。

【3】 如果目前時間小於 cluster.failover_auth_time，則代表本次選舉失敗了，並且下次選舉開始時間未到，不允許發起選舉流程，退出函數。

【4】 如果本次選舉已花費時間大於選舉逾時，則說明本次選舉逾時了（通常是因為發生了選票瓜分），本次選舉流程不允許繼續，退出函數。

選舉逾時（auth_timeout）為節點下線時間（server.cluster_node_timeout）的 2 倍，不能小於 2 秒，選舉重試時間（auth_retry_time）為選舉逾時的 2 倍，所以如果選舉時發生了選票瓜分，則重新發起選舉需要等待的時間（毫秒）為 server.cluster_node_timeout×4+ 隨機時間（500 ～ 1000）+ 節點優先順序 ×1000。

```c
void clusterHandleSlaveFailover(void) {
    ...
    // [5]
    if (server.cluster->failover_auth_sent == 0) {
        server.cluster->currentEpoch++;
        server.cluster->failover_auth_epoch = server.cluster->currentEpoch;

        clusterRequestFailoverAuth();
        server.cluster->failover_auth_sent = 1;

        return;
    }

    // [6]
    if (server.cluster->failover_auth_count >= needed_quorum) {
        if (myself->configEpoch < server.cluster->failover_auth_epoch) {
            myself->configEpoch = server.cluster->failover_auth_epoch;
        }

        clusterFailoverReplaceYourMaster();
    } ...
}
```

【5】 執行到這裡，說明可以繼續執行選舉流程。如果 cluster.failover_auth_sent 為 0，則代表目前節點還沒有發送投票請求，這時執行以下操作：

（1）cluster.currentEpoch 加 1，進入新的任期，並將 cluster.current Epoch 設定值給 cluster.failover_ auth_epoch。

（2）呼叫 clusterRequestFailoverAuth 函數在叢集中廣播發送 CLUSTERMSG_TYPE_ FAILOVER_AUTH_REQUEST 訊息，要求其他節點給自己投票。

（3）將 cluster.failover_auth_sent 設定為 1，代表目前節點已發送投票請求。

（4）退出函數，等待其他節點投票。

【6】 執行到這裡，說明已經發送投票請求，正在等待其他節點選票。這時 cluster.failover_ auth_count 記錄了其他主節點對目前節點的投票數量，如果投票數量大於 needed_quorum（needed_quorum 同樣是 cluster.size/2+1），則呼叫 clusterFailoverReplaceYourMaster 函數開始容錯移轉。

> 提示
> 由於目前節點為從節點，無投票資格，所以並不會給自己投票。

下面以叢集其他節點的角度，看一下其他節點對投票請求訊息（CLUSTERMSG_TYPE_ FAILOVER_AUTH_REQUEST 訊息）的處理。

clusterProcessPacket 函數首先會更新接收節點的任期號等資訊：

```
int clusterProcessPacket(clusterLink *link) {
    ...
    if (sender && !nodeInHandshake(sender)) {
        // [1]
        senderCurrentEpoch = ntohu64(hdr->currentEpoch);
        senderConfigEpoch = ntohu64(hdr->configEpoch);
        if (senderCurrentEpoch > server.cluster->currentEpoch)
            server.cluster->currentEpoch = senderCurrentEpoch;

        if (senderConfigEpoch > sender->configEpoch) {
            sender->configEpoch = senderConfigEpoch;
        }

        // [2]
```

```
        sender->repl_offset = ntohu64(hdr->offset);
        sender->repl_offset_time = now;
        ...
    }
    ...
}
```

【1】 如果發送節點的任期比接收節點的任期更大，則更新任期號，包括
　　　 cluster.currentEpoch 及發送節點實例的 configEpoch 屬性。

【2】 接收節點每次收到訊息後都需要更新發送節點實例的複製偏移量
　　　 屬性，該屬性用於容錯移轉時計算節點優先順序。節點發送訊息
　　　 時，會將 server.master_repl_offset（發送節點為主節點）或 server.
　　　 master.reploff 屬性（發送節點為從節點）發送給接收節點。

clusterProcessPacket 函 數 收 到 投 票 請 求 訊 息 後， 會 呼 叫 clusterSend
FailoverAuthIfNeeded 函數處理該訊息：

```
void clusterSendFailoverAuthIfNeeded(clusterNode *node, clusterMsg
*request) {
    clusterNode *master = node->slaveof;
    uint64_t requestCurrentEpoch = ntohu64(request->currentEpoch);
    uint64_t requestConfigEpoch = ntohu64(request->configEpoch);
    unsigned char *claimed_slots = request->myslots;
    int force_ack = request->mflags[0] & CLUSTERMSG_FLAG0_FORCEACK;
    int j;

    // [1]
    if (nodeIsSlave(myself) || myself->numslots == 0) return;

    // [2]
    if (requestCurrentEpoch < server.cluster->currentEpoch) {
        return;
    }

    // [3]
    if (server.cluster->lastVoteEpoch == server.cluster->currentEpoch) {
        return;
    }
```

```
    // [4]
    if (nodeIsMaster(node) || master == NULL ||
        (!nodeFailed(master) && !force_ack))
    {
        return;
    }

    // [5]
    if (mstime() - node->slaveof->voted_time < server.cluster_node_
timeout * 2)
    {
        return;
    }

    // [6]
    for (j = 0; j < CLUSTER_SLOTS; j++) {
        if (bitmapTestBit(claimed_slots, j) == 0) continue;
        if (server.cluster->slots[j] == NULL ||
            server.cluster->slots[j]->configEpoch <= requestConfigEpoch)
        {
            continue;
        }

        return;
    }

    // [7]
    server.cluster->lastVoteEpoch = server.cluster->currentEpoch;
    node->slaveof->voted_time = mstime();

    clusterSendFailoverAuth(node);

}
```

【1】 如果接收節點為從節點或沒有負責的槽位，則沒有投票資格，退出
     函數

【2】 如果請求節點的任期號小於接收節點的任期號，則拒絕投票，退出
     函數。
     注意，這裡請求節點的任期號並不會大於接收節點的任期號，因

為 clusterProcessPacket 函數發現請求中的任期號大於接收節點任期號時，會先更新接收節點的任期號，再呼叫 clusterSendFailover AuthIfNeeded 函數。

【3】 如果接收節點在該任期內已經給其他節點投過票了，則拒絕投票，退出函數。cluster.lastVoteEpoch 屬性記錄接收節點最新同意投票的任期。

【4】 如果發送節點不是從節點，或其主節點未下線，則拒絕投票，退出函數。

【5】 如果接收節點上次同意投票後過去的時間未大於 server.cluster_node_timeout 的 2 倍，則拒絕投票，退出函數。

【6】 如果請求節點宣告負責的槽位中，槽位原負責節點的任期號比請求節點的任期號大，則拒絕投票，退出函數。

【7】 執行到這裡，說明可以給發送請求的節點投票。執行以下操作：

（1）更新接收節點的 cluster.lastVoteEpoch、cluster.voted_time 屬性。

（2）呼叫 clusterSendFailoverAuth 函數，給發送節點回覆 CLUSTERMSG_TYPE_FAILOVER_ AUTH_ACK 訊息，代表目前節點給發送節點投票。發送節點在收到該資訊後，會給 cluster.failover_auth_count 屬性加 1。當發送節點收到超過半數節點的 CLUSTERMSG_TYPE_ FAILOVER_AUTH_ACK 訊息時，就贏得了選舉，成為 leader 節點。

16.5.3 從節點晉升

再來到 leader 節點的角度，該節點贏得選舉後呼叫 clusterFailoverReplace YourMaster 函數，晉升為新的主節點：

```
void clusterFailoverReplaceYourMaster(void) {
    int j;
    clusterNode *oldmaster = myself->slaveof;
```

```
    if (nodeIsMaster(myself) || oldmaster == NULL) return;

    // [1]
    clusterSetNodeAsMaster(myself);
    replicationUnsetMaster();

    // [2]
    for (j = 0; j < CLUSTER_SLOTS; j++) {
        if (clusterNodeGetSlotBit(oldmaster,j)) {
            clusterDelSlot(j);
            clusterAddSlot(myself,j);
        }
    }

    // [3]
    clusterUpdateState();
    clusterSaveConfigOrDie(1);

        // [4]
    clusterBroadcastPong(CLUSTER_BROADCAST_ALL);

    resetManualFailover();
}
```

【1】 將目前節點切換為主節點，執行以下步驟：

（1）clusterSetNodeAsMaster 函數會修改自身實例屬性，將 cluster Node.slaveof 清空，並替換 CLUSTER_NODE_SLAVE 為 CLUSTER_NODE_ MASTER 標示。

（2）呼叫 replication.c/replicationUnsetMaster 函數，取消之前的主 從複製關係。

【2】 將原主節點負責的槽位指派給目前節點。

【3】 更新 Cluster 狀態並寫入資料檔案。

【4】 發送 CLUSTERMSG_TYPE_PONG 訊息，將目前節點的最新資訊 發送給叢集其他節點，其他節點收到該訊息後將更新自身視圖的狀 態資訊（cluster 變數）或與晉升節點建立主從關係。

16.5.4 更新叢集資訊

最後以叢集其他節點的角度,看一下容錯移轉完成後其他節點的處理邏輯。

為了方便描述,結合以下例子分析程式。

假如 Cluster 叢集中 A 節點為主節點,B、C 節點為從節點,現在 A 節點下線了,B 節點晉升為主節點。

clusterProcessPacket 函數完成容錯移轉的善後工作:

```c
int clusterProcessPacket(clusterLink *link) {
    ...

    if (type == CLUSTERMSG_TYPE_PING || type == CLUSTERMSG_TYPE_PONG ||
        type == CLUSTERMSG_TYPE_MEET)
    {
        ...

        if (sender) {
            if (!memcmp(hdr->slaveof,CLUSTER_NODE_NULL_NAME,
                sizeof(hdr->slaveof)))
            {
                // [1]
                clusterSetNodeAsMaster(sender);
            } else {
                // [2]
                clusterNode *master = clusterLookupNode(hdr->slaveof);

                if (nodeIsMaster(sender)) {
                    clusterDelNodeSlots(sender);
                    sender->flags &= ~(CLUSTER_NODE_MASTER|
                                        CLUSTER_NODE_MIGRATE_TO);
                    sender->flags |= CLUSTER_NODE_SLAVE;
                }

                // [3]
```

```
            if (master && sender->slaveof != master) {
                if (sender->slaveof)
                    clusterNodeRemoveSlave(sender->slaveof,sender);
                clusterNodeAddSlave(master,sender);
                sender->slaveof = master;


            }
        }

    }

    clusterNode *sender_master = NULL;
    int dirty_slots = 0;
    // [4]
    if (sender) {
        sender_master = nodeIsMaster(sender) ? sender : sender->slaveof;
        if (sender_master) {
            dirty_slots = memcmp(sender_master->slots,
                    hdr->myslots,sizeof(hdr->myslots)) != 0;
        }
    }

    // [5]
    if (sender && nodeIsMaster(sender) && dirty_slots)
        clusterUpdateSlotsConfigWith(sender,senderConfigEpoch,hdr-
>myslots);
    }
}
```

【1】 如果發送節點為主節點（slaveof 屬性為空），則將發送節點的實例
角色切換為主節點。

結合上面的例子，當叢集其他節點收到 B 節點發送的
CLUSTERMSG_TYPE_PONG 訊息後，會在這裡將 B 節點實例修改
為主節點。

【2】 發送節點為從節點，但它原本為主節點，清除該節點實例原負責槽
位，並更新標示。

結合上面的例子，如果 A 節點重新啟動並切換為從節點，則叢集中的其他節點收到 A 節點訊息後會在這裡將 A 節點實例修改為從節點。

【3】 發送節點為從節點，但它原來的主節點與現在報告的主節點不一致，將更新發送節點實例的 slaveof 屬性，並將發送節點實例增加到新主節點實例的 slaves 清單中。

結合上面的例子，叢集中的其他節點收到 C 節點訊息後會在這裡將 C 節點的主節點修改為 B 節點。

【4】 Cluster 節點發送訊息時，會將發送節點的主節點槽位點陣圖增加到請求中。這裡比較訊息內容中的槽位點陣圖與發送節點的主節點實例槽位點陣圖，判斷槽位負責節點是否發生了變化。

結合上面的例子，叢集中的其他節點收到 B 節點訊息後，比較 B 節點實例負責槽位與訊息中宣告的槽位資訊，可以判斷 B 節點負責槽位發生了變化（目前在其他節點中，B 節點實例還沒有指派任何槽位）。

【5】 如果發送節點是主節點，並且槽位負責節點發生了變化，則呼叫 clusterUpdateSlots- ConfigWith 函數更新槽位資訊或建立主從關係。

16.5.5　建立主從關係

最後看一下 clusterUpdateSlotsConfigWith 函數，它負責更新槽位資訊或建立主從關係：

```
void clusterUpdateSlotsConfigWith(clusterNode *sender, uint64_t
senderConfigEpoch, unsigned char *slots) {
    ...
    curmaster = nodeIsMaster(myself) ? myself : myself->slaveof;
    for (j = 0; j < CLUSTER_SLOTS; j++) {
        if (bitmapTestBit(slots,j)) {
            ...
            // [1]
            if (server.cluster->slots[j] == NULL ||
                server.cluster->slots[j]->configEpoch <
```

```
senderConfigEpoch)
            {
                ...

                if (server.cluster->slots[j] == curmaster)
                    newmaster = sender;
                clusterDelSlot(j);
                clusterAddSlot(sender,j);

            }
        }
    }

    ...
    // [2]
    if (newmaster && curmaster->numslots == 0) {
        ...
        clusterSetMaster(sender);

    } else if (dirty_slots_count) {
        for (j = 0; j < dirty_slots_count; j++)
            delKeysInSlot(dirty_slots[j]);
    }
}
```

【1】 檢查訊息中的每個槽位。如果槽位在目前節點視圖中處於未指派狀態（通常是叢集剛啟動時負責該槽位的節點的資訊未同步過來），或槽位原負責節點的 configEpoch 小於發送節點的 senderConfigEpoch（通常是發送節點完成了容錯移轉），則執行以下操作：

（1）如果該槽位原來由目前節點的主節點負責，但現在已經指派給發送節點，則將發送節點設定值給 newmaster 變數，代表目前節點的主節點可能已經變更。

（2）更新 cluster 變數中的槽位指派陣列和節點實例中的槽位點陣圖資訊。

結合上面的例子，C 節點會將 A 節點原來負責的槽位全部刪除，再指派給 B 節點。

所以，最後 C 節點原來的主節點（A 節點）負責槽位數量會變成 0。

【2】　如果 newmaster 變數不為空並且目前節點的主節點負責的槽位數量為 0，則認為發送節點完成了容錯移轉，並成為目前節點的新的主節點。這時目前節點與發送節點建立主從關係，成為發送節點的從節點。

結合上面例子，C 節點會在這裡成為 A 節點的從節點。

再考慮一個場景，A 節點重新啟動後是如何成為從節點的？ A 節點重新啟動後，從資料檔案中載入叢集訊息，這時 A 節點會「誤以為」自己還是主節點，並負責儲存部分槽位資料，所以 A 節點會發送訊息給其他節點，宣告自己負責的槽位，但其他節點會發現 A 節點的任期小於這些槽位原負責節點（B 節點）的 configEpoch，所以其他節點並不會將（自己視圖下的）槽位指派給 A 節點（clusterUpdateSlotsConfigWith 函數中的第 1 步）。

另外，A 節點會收到 B 節點的訊息，發現 B 節點負責了 A 節點原本負責的槽位，並且 B 節點的任期比自己的任期大，所以 A 節點轉為 B 節點的從節點（clusterUpdateSlotsConfigWith 函數中的第 2 步）。

最後説一下 Cluster 中的定時邏輯。

clusterCron 函數是 Cluster 機制的定時邏輯函數，該函數除了執行上述建立連接、給隨機節點發送 PING 資訊等操作，還需要執行兩個關鍵邏輯。

（1）從節點遷移。

如果目前叢集滿足以下條件，那麼將執行從節點遷移：

■ 目前 Cluster 叢集中可以找到一個孤立主節點（無從節點的主節點）。

■ 目前節點是從節點，其主節點擁有的從節點數量比叢集中的其他主節點都多，並且大於 server.cluster_migration_barrier 設定。

■ 目前節點實例的 name 比其主節點下的其他從節點實例的 name 都小。

如果滿足上述條件，目前節點將執行從節點遷移，與叢集孤立主節點建立主從關係，成為孤立主節點的從節點。該操作可以儘量避免叢集中出現孤立主節點。從節點遷移的邏輯在 clusterHandleSlaveMigration 函數中，讀者可以自行閱讀程式。

（2）如果上次收到某個節點的 PONG 資訊後，已經超過 server.cluster_node_timeout/2 的時間沒有發送 PING 資訊給這個節點，那麼這時需要發送 PING 資訊給該節點，避免節點連接逾時斷開。

還有一個細節，為什麼要設計 16384 個槽位，Redis 作者列出了以下解釋：

（1）CLUSTERMSG_TYPE_PING 等訊息中攜帶節點實例時，需要將目前節點的主節點負責的槽位點陣圖增加到訊息中。使用 2KB 空間就可以存放 16384（即 16K）個槽位的點陣圖資訊，不需要佔用多大空間。

（2）Redis Cluster 不太可能（也不建議）擴充到超過 1000 個主節點，16384 個槽位已經夠用了。

《複習》

■ Cluster 機制將資料劃分到不同槽位中，並將不同槽位指派給不同節點，實現分散式儲存。
■ Cluster 機制中由用戶端完成重新導向，當伺服器傳回 ASK 或 MOVED 轉向標示時，用戶端會向重新導向目標節點發送請求。
■ Cluster 支持槽位遷移。
■ Cluster 節點透過 Gossip 演算法相互認識。
■ Cluster 支持容錯移轉，容錯移轉的機制與 Sentinel 基本一致。

第 5 部分
進階特性

交易

Redis 支援交易機制，但 Redis 的交易機制與傳統關聯式資料庫的交易機制並不相同。

Redis 交易的本質是一組指令的集合。交易可以一次執行多個指令，並提供以下保證：

（1）交易中的所有指令都按循序執行。交易執行過程中，其他用戶端提交的指令請求需要等待目前交易執行完成後再處理，不會插入目前交易指令佇列中。

（2）交易中的指令不是都執行，就是都不執行，即使交易中有些指令執行失敗，後續指令依然被執行。因此 Redis 交易也是原子的。

注意 Redis 不支援回覆，如果交易中有指令執行失敗了，那麼 Redis 會繼續執行後續指令而非回覆。

可能有讀者疑惑 Redis 是否支持 ACID ？筆者認為，ACID 概念起源於傳統的關聯式資料庫，而 Redis 是非關聯式資料庫，而且 Redis 並沒有宣告是否支持 ACID，所以本書不討論該問題。

17.1　交易的應用範例

Redis 提供了 MULTI、EXEC、DISCARD 和 WATCH 指令來實現交易功能：

```
> MULTI
OK
> SET points 1
QUEUED
> INCR points
QUEUED
> EXEC
1) (integer) 1
2) (integer) 1
```

- MULTI 指令可以開啟一個交易，後續的指令都會被放入交易指令佇列。

- EXEC 指令可以執行交易指令佇列中的所有指令，DISCARD 指令可以拋棄交易指令佇列中的指令，這兩個指令都會結束目前交易。

- WATCH 指令可以監視指定鍵，當後續交易執行前發現這些鍵已修改時，則拒絕執行交易。

表 17-1 展示了一個 WATCH 指令的簡單使用範例。

表 17-1

client1	client2
> SET score 1 **OK** > WATCH score **OK** > MULTI **OK** > INCR score **QUEUED**	

	> set score 3 **OK**
> EXEC (nil) > GET score **"3"**	

可以看到，在執行 EXEC 指令前如果 WATCH 的鍵被修改，則 EXEC 指令不會執行交易，因此 WATCH 常用於實現樂觀鎖。

17.2 交易的實現原理

server.h/multiState 結構負責存放交易資訊：

```
typedef struct multiState {
    multiCmd *commands;
    ...
} multiState;
```

■ commands：交易指令佇列，存放目前交易所有的指令。

用戶端屬性 client.mstate 指向一個 multiState 變數，該 multiState 作為用戶端的交易上下文，負責存放該用戶端目前的交易資訊。

下面看一下 MULTI、EXEC 和 WATCH 指令的實現。

17.2.1 WATCH 指令的實現

> **提示**
> 本章程式如無特殊說明，均在 multi.c 中。

WATCH 指令的實現邏輯較獨立，我們先分析該指令的實現邏輯。

redisDb 中定義了字典屬性 watched_keys，該字典的鍵是資料庫中被監視的 Redis 鍵，字典的值是監視字典鍵的所有用戶端清單，如圖 17-1 所示。

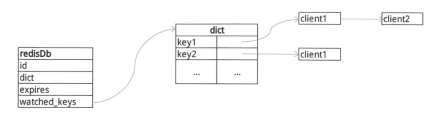

提示：　client1 監視鍵 key1、key2
　　　　client2 監視鍵 key1

▲ 圖 17-1

client 中也定義了清單屬性 watched_keys，記錄該用戶端所有監視的鍵。

watchCommand 函數負責處理 WATCH 指令，該函數會呼叫 watchForKey 函數處理相關邏輯：

```
void watchForKey(client *c, robj *key) {
    ...
    // [1]
    clients = dictFetchValue(c->db->watched_keys,key);
    ...
    listAddNodeTail(clients,c);

    // [2]
    wk = zmalloc(sizeof(*wk));
    wk->key = key;
    wk->db = c->db;
    incrRefCount(key);
    listAddNodeTail(c->watched_keys,wk);
}
```

【1】 將用戶端增加到 redisDb.watched_keys 字典中該 Redis 鍵對應的用戶端列表中。

【2】 初始化 watchedKey 結構（wk 變數），該結構可以儲存被監視鍵和對應的資料庫。將 wk 變數增加到 client.watched_keys 中。

Redis 中每次修改資料時，都會呼叫 signalModifiedKey 函數，將該資料標示為已修改。

signalModifiedKey 函數會呼叫 touchWatchedKey 函數，通知監視該鍵的用戶端資料已修改：

```
void touchWatchedKey(redisDb *db, robj *key) {
    ...
    clients = dictFetchValue(db->watched_keys, key);
    if (!clients) return;

    listRewind(clients,&li);
    while((ln = listNext(&li))) {
        client *c = listNodeValue(ln);

        c->flags |= CLIENT_DIRTY_CAS;
    }
}
```

從 redisDb.wzatched_keys 中獲取所有監視該鍵的用戶端，替這些用戶端增加CLIENT_ DIRTY_CAS標示，該標示代表用戶端監視的鍵已被修改。

17.2.2 MULTI、EXEC 指令的實現

MULTI 指令由 multiCommand 函數處理，該函數的處理非常簡單，就是打開用戶端 CLIENT_MULTI 標示，代表該用戶端已開啟交易。

前面説過，processCommand 函數執行指令時，會檢查用戶端是否已開啟交易。如果用戶端已開啟交易，則呼叫 queueMultiCommand 函數，將指令請求增加到用戶端交易指令佇列 client.mstate.commands 中：

```
int processCommand(client *c) {
    ...
    if (c->flags & CLIENT_MULTI &&
        c->cmd->proc != execCommand && c->cmd->proc != discardCommand &&
        c->cmd->proc != multiCommand && c->cmd->proc != watchCommand)
```

```
    {
        queueMultiCommand(c);
        addReply(c,shared.queued);
    } ...
    return C_OK;
}
```

EXEC 指令由 execCommand 函數處理：

```
void execCommand(client *c) {
    ...

    // [1]
    if (c->flags & (CLIENT_DIRTY_CAS|CLIENT_DIRTY_EXEC)) {
        addReply(c, c->flags & CLIENT_DIRTY_EXEC ? shared.execaborterr :
shared.nullarray[c->resp]);
        discardTransaction(c);
        goto handle_monitor;
    }

    // [2]
    unwatchAllKeys(c);
    orig_argv = c->argv;
    orig_argc = c->argc;
    orig_cmd = c->cmd;
    addReplyArrayLen(c,c->mstate.count);
    for (j = 0; j < c->mstate.count; j++) {
        c->argc = c->mstate.commands[j].argc;
        c->argv = c->mstate.commands[j].argv;
        c->cmd = c->mstate.commands[j].cmd;

        // [3]
        if (!must_propagate &&
            !server.loading &&
            !(c->cmd->flags & (CMD_READONLY|CMD_ADMIN)))
        {
            execCommandPropagateMulti(c);
            must_propagate = 1;
        }
```

```
    // [4]
    int acl_keypos;
    int acl_retval = ACLCheckCommandPerm(c,&acl_keypos);
    if (acl_retval != ACL_OK) {
        ...
    } else {
        call(c,server.loading ? CMD_CALL_NONE : CMD_CALL_FULL);
    }
    ...
    }
    // [5]
    c->argv = orig_argv;
    c->argc = orig_argc;
    c->cmd = orig_cmd;
    discardTransaction(c);

    // [6]
    if (must_propagate) {
        int is_master = server.masterhost == NULL;
        server.dirty++;
        ...
    }
    ...
}
```

【1】 當用戶端監視的鍵被修改（用戶端存在 CLIENT_DIRTY_CAS 標示）或用戶端已拒絕交易中的指令（用戶端存在 CLIENT_DIRTY_EXEC 標示）時，直接拋棄交易指令佇列中的指令，並進行錯誤處理。

　　 當伺服器處於異常狀態（如記憶體溢位）時，Redis 將拒絕指令，並替開啟了交易的用戶端增加 CLIENT_DIRTY_EXEC 標示。

【2】 取消目前用戶端對所有鍵的監視，所以 WATCH 指令只能作用於後續的交易。

【3】 在執行交易的第一個寫入指令之前，傳播 MULTI 指令到 AOF 檔案和從節點。MULTI 指令執行完後並不會被傳播（MULTI 指令

並不屬於寫入指令），如果交易中執行了寫入指令，則在這裡傳播
MULTI 指令。

【4】 檢查使用者的 ACL 許可權，檢查通過後執行指令。

【5】 執行完所有指令，呼叫 discardTransaction 函數重置用戶端交易上
下 文 client.mstate， 並 刪 除 CLIENT_MULTI、CLIENT_DIRTY_
CAS、CLIENT_DIRTY_EXEC 標示，代表目前交易已經處理完成。

【6】 如果交易中執行了寫入指令，則修改 server.dirty，這樣會使 server.
c/call 函數將 EXEC 指令傳播到 AOF 檔案和從節點，從而保證一個
交易的 MULTI、EXEC 指令都被傳播。

關於 Redis 不支持回覆機制，Redis 在官網中列出了以下解釋：

（1）僅當使用了錯誤語法（並且該錯誤無法在指令加入佇列期間檢測）
或 Redis 指令操作資料類型錯誤（比如對集合類型使用了 HGET 指
令）時，才可能導致交易中的指令執行失敗，這表示交易中失敗的
指令是程式設計錯誤的結果，所以這些問題應該在開發過程中發現
並處理，而非依賴於在生產環境中的回覆機制來避開。

（2）不支援回覆，Redis 交易機制實現更簡單並且性能更高。

Redis 的交易非常簡單，即在一個原子操作內執行多筆指令。Redis 的
Lua 指令稿也是交易性的，所以使用者可以使用 Lua 指令稿實現交易。
Redis Lua 指令稿會在後續章節詳細分析。

《複習》

- Redis 交易保證多筆指令在一個原子操作內執行。
- Redis 提供了 MULTI、EXEC、DISCARD 和 WATCH 指令來實現交易
  功能。
- 使用 WATCH 指令可以實現樂觀鎖機制。

非阻塞刪除

眾所皆知，Redis 使用單執行緒執行使用者指令，由於它是記憶體中資料庫，所以大部分 Redis 指令的執行速度非常快，不會有性能問題。但有一類指令可以批次操作鍵，如 ZUNIONSTORE、LRANGE、KEYS，根據處理資料量大小的不同，可能會阻塞 Redis 數秒或數分鐘，從而造成 Redis 無法及時回應使用者請求。其中 DEL 指令比較特殊。像 ZUNIONSTORE、LRANGE 等指令，使用者可以透過參數限制處理的資料量，而 KEYS 這類指令則直接不建議生產使用。但 DEL 指令無法使用這些方式避開性能問題，所以 Redis 4 提供了非阻塞刪除，並引入了後台執行緒（從 Redis 4 開始，Redis 就不是單執行緒的了）。

本章分析 Redis 非阻塞刪除與後台執行緒的實現原理。

18.1 UNLINK 指令的實現原理

當使用者使用 DEL 指令刪除資料時，如果被刪除的值物件是串列、集合、有序集合或雜湊類型時，由於這些資料類型包含的元素儲存在不同的區塊中，Redis 需要遍歷所有元素，釋放其對應的區塊空間，而記憶體釋放很可能導致 UNIX 系統呼叫，所以該操作可能會很耗時，導致 Redis 長時間阻塞。

Redis 4 提供的 UNLINK 指令可以實現非阻塞刪除：

```
UNLINK hash
```

UNLINK 指令由 unlinkCommand 函數處理，該函數依次呼叫以下函數：unlinkCommand → delGenericCommand → dbAsyncDelete，最後由 dbAsyncDelete 函數執行非阻塞刪除邏輯：

```
int dbAsyncDelete(redisDb *db, robj *key) {
    // [1]
    if (dictSize(db->expires) > 0) dictDelete(db->expires,key->ptr);

    // [2]
    dictEntry *de = dictUnlink(db->dict,key->ptr);
    if (de) {
        // [3]
        robj *val = dictGetVal(de);
        size_t free_effort = lazyfreeGetFreeEffort(val);

        // [4]
        if (free_effort > LAZYFREE_THRESHOLD && val->refcount == 1) {
            atomicIncr(lazyfree_objects,1);
            bioCreateBackgroundJob(BIO_LAZY_FREE,val,NULL,NULL);
            dictSetVal(db->dict,de,NULL);
        }
    }

    if (de) {
        // [5]
        dictFreeUnlinkedEntry(db->dict,de);
        if (server.cluster_enabled) slotToKeyDel(key->ptr);
        return 1;
    } else {
        return 0;
    }
}
```

【1】 如果過期字典中存在該鍵（該鍵設定了過期時間），則先從過期字典中刪除該鍵。

【2】 將該鍵從資料庫字典中刪除，傳回鍵值對，這時並沒有刪除鍵值對物件。

【3】 計算該鍵值對的值物件佔用的位元組數。

【4】 如果值物件佔用的位元組數大於 LAZYFREE_THRESHOLD（64 位元組），並且該值物件只被目前一處引用，則執行以下操作，實現非阻塞刪除：

（1）建立一個後台工作負責刪除值物件，這些後台工作由後台執行緒。

（2）將該鍵值對的值物件引用設定為 NULL，保證主執行緒無法再存取該值物件。

【5】 刪除鍵值對物件，並釋放其記憶體空間。如果是非阻塞刪除，那麼這裡值物件引用已經被設定為 NULL，並不會阻塞目前執行緒。

在非阻塞刪除場景下，由後台執行緒負責刪除值物件，主執行緒繼續處理使用者請求。在第【4】步後，主執行緒已經刪除該值物件在主執行緒中所有的引用，主執行緒不能再存取該值物件。這時只有後台執行緒可以存取該值物件，所以後台執行緒後續刪除值物件時並不需要進行執行緒同步操作。

18.2 後台執行緒

Redis 中的後台執行緒負責完成非阻塞刪除等較耗時的操作，避免這些操作阻塞主執行緒。

18.2.1 條件變數

Redis 後台執行緒中除了使用 UNIX 互斥量，還使用了 UNIX 條件變數。下面先介紹 UNIX 條件變數。

在執行緒同步機制時，執行緒除了等待互斥量，還可以等待某個條件狀態成立。舉例來說，在最經典的生產者 / 消費者模式中，通常會定義一個互斥量用於避免多個執行緒同時操作緩衝區，只有先佔了該互斥量的執行緒才可以從緩衝區獲取資料或將資料放入緩衝區。

考慮這樣的場景：如果目前緩衝區已經空了，那麼消費者執行緒就算搶到互斥量也沒有用，所以這時消費者執行緒不應該先佔互斥量。這時就需要使用條件變數了。

當緩衝區為空時，消費者執行緒阻塞在一個條件變數上，不再先佔互斥量。直到生產者將資料放入緩衝區，再喚醒這些消費者執行緒，這時消費者執行緒才可以繼續先佔互斥量。

請讀者注意區分本章提到的兩個概念：條件狀態和條件變數。

- 條件狀態：指某個條件是否成立，如根據緩衝區是否有資料判斷不可為空條件是否成立。
- 條件變數：指 UNIX 系統提供用於阻塞或喚醒執行緒的條件變數。

通常一個條件狀態會使用一個條件變數控制執行緒。舉例來說，上述生產者 / 消費者場景中通常會定義一個條件狀態（緩衝區不可為空），以及對應的條件變數。

下面介紹 UNIX 條件變數涉及的函數。

pthread_cond_init 函數負責初始化條件變數：

```
int pthread_cond_init(pthread_cond_t *cv,const pthread_condattr_t
*cattr);
```

pthread_cond_t 是 UNIX 定義的條件變數識別符號。

pthread_cond_wait 函數將執行緒阻塞在指定的條件變數上：

```
int pthread_cond_wait(pthread_cond_t *cv,pthread_mutex_t *mutex);
```

第 2 個參數 mutex 為互斥量，條件變數由互斥量保護，目前執行緒必須在先佔互斥量之後，才可以呼叫該函數。

如果執行緒要求的條件狀態不成立，則可以呼叫該函數，釋放互斥量並阻塞目前執行緒。

pthread_cond_signal 可以喚醒一個阻塞在指定條件變數上的執行緒：

```
int pthread_cond_signal(pthread_cond_t *cv);
```

舉例來說，生產者將資料放入空的資料池後，可以呼叫該函數發送訊號，喚醒一個消費者執行緒。

目前執行緒呼叫該函數後應該釋放互斥量，因為被喚醒的執行緒需要先佔互斥量才能繼續執行。

如果要喚醒所有阻塞的執行緒，則可以使用 pthread_cond_broadcast 函數：

```
int pthread_cond_broadcast(pthread_cond_t *cond);
```

18.2.2 後台執行緒的實現

下面分析 Redis 中後台執行緒的實現。

> **提示**
> 本節的程式都在 bio.c 中。

使用 bioInit 函數初始化後台執行緒（由 main 函數觸發）：

```
void bioInit(void) {
    pthread_attr_t attr;
    pthread_t thread;
    size_t stacksize;
    int j;
```

```
    // [1]
    for (j = 0; j < BIO_NUM_OPS; j++) {
        pthread_mutex_init(&bio_mutex[j],NULL);
        pthread_cond_init(&bio_newjob_cond[j],NULL);
        pthread_cond_init(&bio_step_cond[j],NULL);
        bio_jobs[j] = listCreate();
        bio_pending[j] = 0;
    }

    // [2]
    ...

    // [3]
    for (j = 0; j < BIO_NUM_OPS; j++) {
        void *arg = (void*)(unsigned long) j;
        if (pthread_create(&thread,&attr,bioProcessBackgroundJobs,arg) !=
0) {
            serverLog(LL_WARNING,"Fatal: Can't initialize Background
Jobs.");
            exit(1);
        }
        bio_threads[j] = thread;
    }
}
```

【1】 BIO_NUM_OPS 變數值為 3，Redis 中定義了 3 類後台工作：檔案
關閉、磁碟同步和非阻塞刪除。

前面分析 AOF 機制時説過，如果磁碟同步策略設定為每秒同步一
次，則會使用後台執行緒執行磁碟同步操作。

另外，在 AOF 重新定義時，也會使用後台執行緒關閉暫存檔案。

這裡為每一類後台工作建立了互斥量（bio_mutex）、條件變數
（bio_newjob_cond、bio_step_cond）、任務佇列（bio_jobs）。

【2】 設定執行緒堆疊大小，避免在某些系統中執行緒堆疊太小導致出
錯。

【3】 建立後台執行緒，並指定 bioProcessBackgroundJobs 為執行緒執行
函數。注意 pthread_create 函數的最後一個參數指定了該執行緒負
責執行的是哪一類後台工作。

bioCrcatcBackgroundJob 函數負責增加一個後台工作，該函數通常由主執
行緒呼叫。非阻塞刪除就是主執行緒呼叫該函數增加後台工作實現的。

```
void bioCreateBackgroundJob(int type, void *arg1, void *arg2, void *arg3)
{
    struct bio_job *job = zmalloc(sizeof(*job));
    // [1]
    job->time = time(NULL);
    job->arg1 = arg1;
    job->arg2 = arg2;
    job->arg3 = arg3;
    // [2]
    pthread_mutex_lock(&bio_mutex[type]);
    listAddNodeTail(bio_jobs[type],job);
    bio_pending[type]++;
    // [3]
    pthread_cond_signal(&bio_newjob_cond[type]);
    pthread_mutex_unlock(&bio_mutex[type]);
}
```

【1】 每類任務最多可以附加 3 個參數，這些參數用於判斷任務類型或執
行任務。

【2】 先佔該類任務對應的互斥量，再將該任務增加到對應的任務佇列
中。

【3】 喚醒阻塞在條件變數 bio_newjob_cond 上的執行緒（該執行緒負責
處理任務），最後釋放互斥量。

bioProcessBackgroundJobs 函數負責執行後台執行緒的主邏輯：

```
void *bioProcessBackgroundJobs(void *arg) {
    ...
    // [1]
```

```
pthread_mutex_lock(&bio_mutex[type]);
...
while(1) {
    listNode *ln;
    // [2]
    if (listLength(bio_jobs[type]) == 0) {
        pthread_cond_wait(&bio_newjob_cond[type],&bio_mutex[type]);
        continue;
    }

    // [3]
    ln = listFirst(bio_jobs[type]);
    job = ln->value;
    pthread_mutex_unlock(&bio_mutex[type]);

    // [4]
    if (type == BIO_CLOSE_FILE) {
        close((long)job->arg1);
    } else if (type == BIO_AOF_FSYNC) {
        redis_fsync((long)job->arg1);
    } else if (type == BIO_LAZY_FREE) {
        if (job->arg1)
            lazyfreeFreeObjectFromBioThread(job->arg1);
        else if (job->arg2 && job->arg3)
            lazyfreeFreeDatabaseFromBioThread(job->arg2,job->arg3);
        else if (job->arg3)
            lazyfreeFreeSlotsMapFromBioThread(job->arg3);
    } else {
        serverPanic("Wrong job type in bioProcessBackgroundJobs().");
    }
    zfree(job);

    // [5]
    pthread_mutex_lock(&bio_mutex[type]);
    listDelNode(bio_jobs[type],ln);
    bio_pending[type]--;
    ...
}
}
```

【1】 type 即該執行緒負責的任務類型，首先先佔該任務類型的互斥量。

【2】 檢查任務佇列中待處理任務是否為空，如果待處理任務為空，則將目前執行緒阻塞在條件變數 bio_newjob_cond 上。

【3】 執行到這裡，說明目前存在待處理的任務。獲取一個任務，並釋放互斥量。注意，在後台工作執行期間，後台執行緒是不鎖定互斥量的，否則主執行緒在增加後台工作時可能會一直阻塞，這樣後台執行緒就失去了意義。

【4】 根據任務類型執行對應的邏輯處理。

在非阻塞刪除場景中，也劃分了 3 種情況：刪除物件、刪除資料庫和刪除基數樹 Rax，這裡不展示詳細程式。

【5】 重新先佔互斥量，並刪除該任務。

可以看到，bio 中先佔和釋放互斥量是比較頻繁的，主執行緒每增加一個任務都需要先佔和釋放互斥量一次，後台執行緒每處理一個任務都先佔和釋放互斥量兩次，這也是無法避免的。

《複習》

- Redis 4 提供了 UNLINK 指令實現非阻塞刪除。
- Redis 透過後台執行緒實現非阻塞刪除操作。
- Redis 還使用後台執行緒實現關閉暫存檔案、磁碟同步兩個耗時操作（主要用於 AOF 操作中）。

▶ 第 5 部分　進階特性

記憶體管理

Redis 是記憶體中資料庫，對記憶體的使用可以說是「錙銖必較」，本書在第 1 部分已經分析了 Redis 針對各種類型的資料的最佳化處理，從而節省記憶體。

本章分析 Redis 中記憶體管理的細節。

19.1 動態記憶體分配器

我們知道，在 C 語言中可使用 malloc 函數（或 calloc、realloc 等函數）申請動態記憶體空間：

```
void* malloc (size_t size);
```

而釋放動態記憶體可以使用 free 函數。

上面這些動態記憶體分配函數實際上是由動態記憶體分配器實現的。

比較流行的動態記憶體分配器有 C 語言標準函數庫 glibc 使用的 Ptmalloc，以及性能更好的 Tcmalloc、Jemalloc。

Tcmalloc、Jemalloc 同樣提供了 malloc、free 等 C 語言標準記憶體管理函數，可以直接替換 Ptmalloc。

19.1.1　記憶體分配器概述

我們回顧一下 C 語言處理程序的記憶體空間，如圖 19-1 所示。

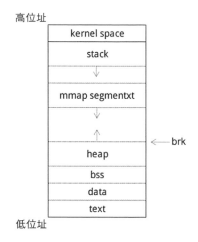

高位址

| kernel space |
| stack |
| ↓ |
| mmap segmentxt |
| ↓ |
| ↑ |
| heap | ← brk
| bss |
| data |
| text |

低位址

提示：上下箭頭指明記憶體區域增長方向
注意這是簡化示意圖，不同系統實現細節不同

▲ 圖 19-1

這裡將堆分成以下兩部分：

- 堆（heap）：連續記憶體堆積空間。
- 記憶體映射段（mmap segmentxt）：用於檔案映射、匿名映射。

UNIX 提供了兩個系統呼叫來申請動態記憶體：brk 和 mmap。

brk：將 brk 指標向高位址移動，在堆積上申請記憶體空間。

```
int brk(void *addr);
void *sbrk(intptr_t increment);
```

mmap：在檔案映射段中劃分一塊空閒的記憶體映射空間。

```
void *mmap(void *addr, size_t length, int prot, int flags,
           int fd, off_t offset);
```

addr 參數指定記憶體空間的開始位址，如果該參數為空，則由作業系統決定記憶體空間的開始位址。

mmap 可以實現不同的映射方式。

（1）匿名映射：flags 參數設定為 MAP_ANONYMOUS，申請匿名的記憶體映射空間。本章説的 mmap 都是指這種映射方式。

（2）檔案映射：將一個檔案映射到記憶體中，可以減少記憶體拷貝的次數，提高階案讀 / 寫入效率。這部分內容本書不討論。

堆積上分配的區塊都是連續的，特點是無記憶體碎片，但釋放記憶體較麻煩（需要等待前面的記憶體都釋放了），而記憶體映射段的區塊不連續，特點是申請、釋放區塊更方便，但會造成記憶體碎片。

Tcmalloc、Jemalloc、Ptmalloc 等動態記憶體分配器都使用這兩個 UNIX 系統呼叫實現，它們主要實現以下功能：

（1）減少系統呼叫次數，如果應用每次申請記憶體都執行 UNIX 系統呼叫，則很可能造成性能問題。動態記憶體分配器會快取並重複利用應用申請的區塊，以減少系統呼叫次數。

（2）減少記憶體碎片。

記憶體碎片分為兩種：

■ 內部碎片：系統分配的記憶體空間大於應用請求的記憶體空間，多餘的記憶體空間形成內部碎片。舉例來説，應用申請的記憶體空間為 20 位元組，為了區塊對齊，系統可能分配 32 位元組的記憶體空間。

■ 外部碎片：指已分配的區塊之間的記憶體空間由於太小無法分配給應用而形成的碎片。

外部碎片如圖 19-2 所示。

未分配，空間太小，無法分配給應用

已分配　　　　已分配

▲ 圖 19-2

（3）當處理程序中存在多個執行緒時，動態記憶體分配器還需要支援多執行緒同時申請和釋放區塊。

為了讓讀者對記憶體分配器有更直觀的認識，下面介紹 Jemalloc 分配器的設計想法。

19.1.2　Jemalloc 設計概述

Jemalloc 將記憶體分成許多不同的區域，每個區域稱為 arena。Jemalloc 中的每個 arena 都是相互獨立的，Jemalloc 透過建立多個 arena 來減少執行緒申請記憶體的操作衝突。arena 的數量預設為 CPU 的數量 ×4。

arena 以 chunk 為單位向作業系統申請記憶體空間，預設為 2MB。Jemalloc 會把 chunk 分割成很多個 run。run 的大小必須是 page 的整數倍，page 是 Jemalloc 中記憶體管理的最小單位，page 預設為 4KB。

Jemalloc 將一個 run 劃分為許多相同大小的 region，並將 region 分配給應用使用。

Jemalloc 按 region 的大小將其分為三類：small、large 和 huge。每一類又分為許多小組：

- small：[8], [16, 32, 48, …, 128]，[192, 256, 320, …, 512]，[768, 1024, 1280, …, 3840]。
- large：[4 KiB, 8 KiB, 12 KiB, …, 4072 KiB]。
- huge：[4 MiB, 8 MiB, 12 MiB, …]。

注意
不同版本的 Jemalloc 劃分 region 的具體區塊大小可能都不相同。

使用者請求記憶體的大小會被向上對齊為最接近的 region。

對於 small region，Jemalloc 為每一分組的 region 都維護了一個 bin（集貨箱），該 bin 維護了所有用於劃分該 region 的 run，如圖 19-3 所示。

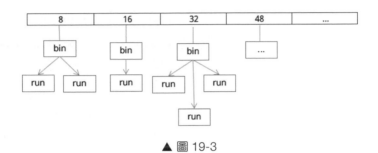

▲ 圖 19-3

應用申請 small region 時，從 bin 維護的 run 中尋找一個合適的 run，在 run 上劃分 small region。如果 bin 中沒有可以劃分的 run，則從 chunk 中申請 run。run 使用點陣圖管理劃分的 region。

各區塊的關係如圖 19-4 所示。

arean							
chunk1						chunk2	
run1			run2				
region1	region2	...	region1	region2	...	...	...	...

▲ 圖 19-4

Jemalloc 不使用 bin 管理 large region，對於 large region，Jemalloc 直接從 chunk 中申請對應大小的 run 並返回。

Jemalloc 不使用 arena 管理 huge region，對於 huge region，Jemalloc 直接申請系統記憶體，並使用紅黑樹管理 huge region。

Jemalloc 在 arean 分配記憶體時，需要對 arean 或 region 對應的 bin 進行加鎖。為了減少執行緒同步，Jemalloc 為每個執行緒分配一個私有快取空間 tcache，快取目前執行緒已申請的（small/large）區塊。執行緒申請記憶體時，Jemalloc 會優先尋找私有快取空間對應的區塊，避免到 arean 中申請記憶體導致執行緒同步。

Jemalloc 分配記憶體的流程如下：

（1）將應用申請的記憶體的大小向上對齊為最接近的 region。

（2）如果申請的是 small region 或小於 tcache_maxclass（tcache 快取的最大區塊大小）的 large region，則嘗試從 tcache 開始分配，如果分配成功，則結束分配流程。

（3）如果申請的是 small region，則從對應的 bin 中找到一個合適的 run，並從 run 中劃分 region（如果 bin 沒有可用 run，則從 chunk 中劃分 run）。該操作需要對 bin 加鎖。

（4）如果申請的是 large region，則從對應 chunk 中申請對應大小的 run 並返回。該操作需要對 area 加鎖。

（5）如果申請的是 huge region，則直接採用 mmap 在作業系統申請記憶體並增加到對應的紅黑樹中進行管理。

另外，如果 area 中沒有可用 chunk，則 Jemalloc 會從作業系統中申請 chunk，如果一個 chunk 上所有記憶體都已經釋放，Jemalloc 會將該 chunk 歸還給作業系統。

Jemalloc 會統計髒頁（dirty page，待回收的頁）的數量，當髒頁的數量超過一定比例時，就會啟動 GC 清除髒頁（purge），並嘗試合併相鄰空閒頁，將其釋放回作業系統或傳回可用區域，進一步減少記憶體碎片。

Jemalloc 中有不少優秀的設計：

■ 將區塊對齊為統一的大小。Jemalloc 將應用申請區塊按大小對齊，提高區塊重複使用率，這是降低記憶體碎片的關鍵。

- 謹慎劃分區塊分組。如果區塊分組間的差距過大，則容易造成內部碎片。如果分組過多，可能導致區塊劃分得過細，造成外部碎片。Jemalloc 對區塊分組進行了精細的設計，並在版本迭代中不斷最佳化。
- 儘量降低中繼資料的記憶體消耗。Jemalloc 限制中繼資料（中繼資料負責管理 Jemalloc 的內部資料，如 bin 陣列、run 中的點陣圖）的記憶體消耗比例，這個比例不超過總記憶體消耗的 2%。
- 儘量減少活躍資料頁的數量。Jemalloc 參照作業系統按照頁的方式管理虛擬記憶體，並將資料集中到盡可能少的頁上。
- 最小化鎖競爭。Jemalloc 實現了多個獨立的 arenas，並引入執行緒獨立快取，使得記憶體申請 / 釋放過程可以無干擾地平行，這使得 Jemalloc 可以支援大量執行緒併發使用。

動態記憶體分配涉及很多內容，實現也比較複雜。這裡簡單概述了 Jemalloc 的設計想法，不深入討論實現細節（其中部分細節可能與最新的程式實現已經不同），這部分內容僅作拋磚引玉，希望讓讀者能直觀地了解記憶體分配器是執行原理的，感興趣的讀者可以自行深入研究。

Redis 支 援 Tcmalloc、Jemalloc、Ptmalloc 這 三 種 記 憶 體 分 配 器，在 zmalloc.h 中會按以下順序尋找可用的記憶體分配器：Tcmalloc → Jemalloc → Ptmalloc。

另外，Redis 引入了 Jemalloc 原始程式（deps/jemalloc），會預設編譯並使用 Jemalloc。如果要使用 Ptmalloc、Tcmalloc（需要先安裝 Tcmalloc），則需要在編譯時增加對應的參數。

使用 Ptmalloc，編譯指令如下：

```
make MALLOC=libc
make install
```

使用 Tcmalloc，編譯指令如下：

```
make MALLOC=tcmalloc
make install
```

查看 Redis 使用的記憶體管理器：

```
$ redis-server --version
Redis server v=6.0.9 sha=00000000:0 malloc=jemalloc-5.1.0 bits=64
build=f761cd2cf8ab51b1
```

zmalloc.h 對 C 語言標準記憶體管理函數進行了封裝，提供了 zmalloc、zcalloc、zrealloc、zfree 等函數，這些函數都是透過呼叫 C 語言標準記憶體管理函數實現的，並且執行一些額外處理，如統計 Redis 申請的記憶體大小。

19.1.3 磁碟重組機制

Redis 服務長期執行可能產生較多的記憶體碎片。除了記憶體申請、釋放過程中導致的內部碎片和外部碎片，還有一種場景是 Redis 刪除了鍵，但記憶體分配器並沒有將記憶體歸還作業系統。舉例來說，Jemalloc 中需要在某個 chunk 的所有記憶體都釋放後，才將該 chunk 記憶體歸還作業系統。Redis 刪除鍵後，如果該鍵所在的 chunk 中還會有其他鍵，則該 chunk 無法歸還作業系統，導致 Redis 持有大量處理程序並未使用的記憶體空間。

重新啟動 Redis 服務可以讓 Redis 重新載入一遍資料，將資料整理到較緊湊的記憶體區域中，從而減少記憶體碎片。但生產環境中並不能隨便重新啟動 Redis 服務，所以 Redis 4 提供了記憶體磁碟重組機制，當 Redis 記憶體碎片率過高時，會自動整理記憶體碎片，釋放記憶體空間。

Redis 磁碟重組機制是以 Jemalloc 為基礎的，要使用該功能就必須使用 Jemalloc 分配器。

使用 INFO 指令查詢記憶體的使用資訊：

```
> INFO memory
# Memory
used_memory:866168
```

```
used_memory_human:845.87K
used_memory_rss:7069696
used_memory_rss_human:6.74M
...
mem_fragmentation_ratio:8.57
```

- used_memory：Redis 實際使用的記憶體大小，以位元組為單位。Redis 每次呼叫 zmalloc、zfree 等函數申請、釋放記憶體時都會統計實際使用的記憶體大小。

- used_memory_rss：Redis 處理程序佔用的記憶體大小，單位為位元組。Redis 透過讀取 UNIX 系統檔案 /proc/{pid}/stat 來獲取 Redis 處理程序佔用的記憶體大小。

- mem_fragmentation_ratio：記憶體碎片率，即 used_memory_rss/used_memory，理想狀態下這個值應該略大於 1。如果該值小於 1，則說明記憶體不足，作業系統可能將部分資料置換到硬碟上，這樣會嚴重影響性能。這時應該考慮對記憶體進行擴充。

如果要開啟 Redis 記憶體磁碟重組機制，則需要設定以下參數：

- activedefrag：設定為 yes 表示開啟記憶體磁碟重組機制，預設為 no。

- active-defrag-ignore-bytes：記憶體碎片的大小必須不小於該設定才進行磁碟重組，預設為 100MB。

- active-defrag-threshold-lower：記憶體碎片佔比必須不小於該設定才進行磁碟重組，預設為 10，即記憶體碎片率大於或等於 1.1。

- active-defrag-cycle-min：磁碟重組使用的 CPU 時間所佔比例不小於該設定，保證磁碟重組機制可以正常執行，預設為 1。

- active-defrag-threshold-upper：如果記憶體碎片佔比超過該設定，那麼 Redis 會盡最大努力整理碎片，磁碟重組會佔用更多的 CPU 時間，但不會超出 active-defrag-cycle-max 的限制，預設為 100。

- active-defrag-cycle-max：磁碟重組使用的 CPU 時間所佔比例不大於該設定，避免磁碟重組機制阻塞 Redis 處理程序，預設為 25。

在 serverCron 中會定時呼叫 defrag.c/activeDefragCycle 函數，該函數會根據上述設定執行磁碟重組操作。

記憶體磁碟重組機制依賴於 Jemalloc 程式的底層函數，實現方式就是申請新的記憶體空間，將資料移動到新的記憶體空間上，從而將資料整理到較緊湊的記憶體區域中。

使用 MEMORY PURGE 指令可以清除 Jemalloc 髒頁，併合並相鄰空閒頁，也可以降低記憶體碎片率，但該指令可能阻塞 Redis 處理程序，在生產環境中需謹慎使用。

19.2 資料過期機制

EXPIRE 指令可以為指定鍵設定過期時間，到達過期時間後，這些鍵會被自動刪除。

類似的指令還有 EXPIREAT、PEXPIRE、SETEX、PSETEX，或帶 EX、PX 選項的 SET 指令。

這些指令為鍵設定存活時間的邏輯都是透過 expireGenericCommand 函數處理的，呼叫 setExpire 函數將鍵、過期時間戳記增加到資料庫的過期字典 redisDb.expires 中。

redisDb.expires 的結構如圖 19-5 所示。

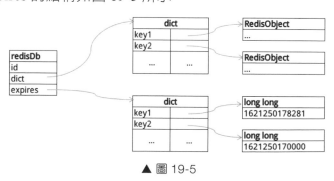

▲ 圖 19-5

Redis 使用兩種機制來刪除過期的鍵，分別是定時刪除和惰性刪除。

19.2.1　定時刪除

serverCron 函數會定時觸發 expire.c/activeExpireCycle 函數，該函數會清除資料庫中的過期資料，直到資料庫過期資料比例達到指定比例（這裡的比例並不是準確比例，而是取樣統計後的近似比例）：

```c
void activeExpireCycle(int type) {
    // [1]
    ...
    // [2]
    for (j = 0; j < dbs_per_call && timelimit_exit == 0; j++) {

        unsigned long expired, sampled;
        // [3]
        redisDb *db = server.db+(current_db % server.dbnum);
        current_db++;

        // [4]
        do {
            ...
            iteration++;
            ...

            long max_buckets = num*20;
            long checked_buckets = 0;
            // [5]
            while (sampled < num && checked_buckets < max_buckets) {
                for (int table = 0; table < 2; table++) {
                    if (table == 1 && !dictIsRehashing(db->expires)) break;
                    // [6]
                    unsigned long idx = db->expires_cursor;
                    idx &= db->expires->ht[table].sizemask;
                    // [7]
                    dictEntry *de = db->expires->ht[table].table[idx];
                    long long ttl;
```

```
                    checked_buckets++;

                    while (de) {
                        dictEntry *e = de;
                        de = de->next;

                        ttl = dictGetSignedIntegerVal(e)-now;
                        if (activeExpireCycleTryExpire(db,e,now))
    expired++;

                        ...
                        sampled++;
                    }
                }
                db->expires_cursor++;
            }
            ...

            // [8]
            if ((iteration & 0xf) == 0) {
                elapsed = ustime()-start;
                if (elapsed > timelimit) {
                    timelimit_exit = 1;
                    server.stat_expired_time_cap_reached_count++;
                    break;
                }
            }
        // [9]
        } while (sampled == 0 ||
                (expired*100/sampled) > config_cycle_acceptable_stale);
    }

    ...
}
```

參數說明：

■ type：指定 activeExpireCycle 函數的執行模式，設定值為 ACTIVE_
EXPIRE_CYCLE_FAST 或 ACTIVE_EXPIRE_CYCLE_SLOW。

【 1 】 為了避免該函數阻塞主處理程序，Redis 需要控制該函數的執行時間。這裡計算幾個閾值變數，用於後面控制函數的執行時間。

■ timelimit：activeExpireCycle 函數執行的最長時間，該值的計算與函數的執行模式、server.hz、active-expire-effort 相關。在 ACTIVE_EXPIRE_CYCLE_FAST 模式下預設值為 1000，在 ACTIVE_EXPIRE_CYCLE_SLOW 模式下預設為 25000，單位為微秒。
■ config_keys_per_loop：每次取樣刪除操作中取樣鍵的最大數量，預設為 20。
■ config_cycle_acceptable_stale：每次取樣後，如果目前已過期鍵所佔比例低於該閾值，則不再處理該資料庫，預設為 10。即預設情況下，當資料庫中已過期鍵所佔比例低於 10% 時，不再處理該資料庫。

這些閾值的計算都與 active-expire-effort 設定有關。

【 2 】 遍歷指定數量的資料庫。dbs_per_call 變數取資料庫數量與 CRON_DBS_PER_CALL（固定為 16）中的較小值。timelimit_exit 不為 0，代表該函數處理時間超出限制，退出函數。
【 3 】 獲取資料庫。current_db 為靜態區域變數，記錄目前正處理的資料庫。
【 4 】 處理該資料庫中的過期字典。
【 5 】 執行一次取樣刪除操作，取樣資料量為 config_keys_per_loop（必須小於過期字典數量），透過統計取樣資料量中已過期鍵的比例，預估整個資料庫中已過期鍵的比例。
【 6 】 計算待處理的 Hash 表陣列索引。這裡並沒有使用隨機演算法，而是按連續處理 Hash 表陣列所有索引上的元素。redisDb.expires_cursor 記錄了下一個處理的索引，使用該屬性計算待處理的索引。
【 7 】 檢查該索引上所有的鍵，呼叫 activeExpireCycleTryExpire 函數刪除過期的鍵。每檢查一個鍵，就將取樣鍵數量加一。

【8】 每執行 16 次取樣刪除操作，就檢查該函數處理時間是否超過限制。

【9】 根據取樣結果統計已過期鍵所佔的比例。如果該比例小於 config_cycle_acceptable_stale，則認為目前資料庫過期鍵的比例達到要求，不再繼續處理該資料庫。

active-expire-effort 設定控制了 activeExpireCycle 函數的執行時間、佔用 CPU 時間，以及最終的資料庫中已過期鍵的比例。

該設定的設定值範圍為 [1,10]，預設為 1，該值越大，activeExpireCycle 函數將執行越久，佔用 CPU 時間越多，並且清除過期後資料庫中已過期鍵的比例越低。

19.2.2 惰性刪除

惰性刪除很簡單，當使用者查詢鍵時，檢測鍵是否過期，如果該鍵已過期，則刪除該鍵。該操作由 expireIfNeeded 函數完成。

不管是定時刪除還是惰性刪除，刪除資料後，還需要生成刪除指令並傳播到 AOF 和從節點。

19.3 資料淘汰機制

當記憶體不夠時，Redis 可以主動刪除一些資料，以保證 Redis 服務正常執行。該機制即資料淘汰（逐出）機制。

Redis 支援以下資料淘汰演算法：

- volatile-lru/allkeys-lru：在資料庫字典 / 過期字典中挑選最近最少使用的資料淘汰。
- volatile-lfu/allkeys-lfu：在資料庫字典 / 過期字典中挑選最不經常使用的資料淘汰。

- volatile-random/allkeys-random：在資料庫字典 / 過期字典中隨機挑選資料淘汰。
- volatile-ttl：在過期字典中淘汰最快過期的資料。
- noeviction：不淘汰任何資料，記憶體不足時執行寫入指令會傳回錯誤。預設的記憶體淘汰演算法。

LRU 和 LFU 是常用的快取淘汰演算法。

- LRU（Least Recently Used）：如果一個資料在最近一段時間內沒有被存取，那麼認為將來它被存取的可能性也很小。因此，當空間滿時，最久沒有存取的資料最先被淘汰。
- LFU（Least Frequently Used）：如果一個資料在最近一段時間內很少被存取，那麼認為將來它被存取的可能性也很小。因此，當空間滿時，最小頻率存取的資料最先被淘汰。

下面分析 Redis 資料淘汰機制的實現。

通常使用雙向鏈結串列實現 LRU 演算法，當存取資料時，將被存取的資料放置到鏈結串列頭部。由於 Redis 是記憶體中資料庫，使用鏈結串列記錄所有鍵的存取順序需要耗費過多記憶體，所以 Redis 並沒有採用該方案。

Redis 使用的是 LRU 近似演算法，從資料中獲取部分隨機資料作為樣本資料，並將樣本資料中最合適的資料淘汰。LFU 演算法同樣使用類似的近似演算法。

為了實現 LRU/LFU 近似演算法，Redis 使用 redisObject.lru 記錄鍵的最新存取時間（LRU 時間戳記）或鍵的存取頻率（LFU 計數）。

db.c/lookupKey 函數負責從資料庫中尋找鍵，每次尋找鍵都會更新 redisObject.lru 屬性：

```
robj *lookupKey(redisDb *db, robj *key, int flags) {
    dictEntry *de = dictFind(db->dict,key->ptr);
    if (de) {
        robj *val = dictGetVal(de);

        if (!hasActiveChildProcess() && !(flags & LOOKUP_NOTOUCH)){
            // [1]
            if (server.maxmemory_policy & MAXMEMORY_FLAG_LFU) {
                updateLFU(val);
            } else {
                // [2]
                val->lru = LRU_CLOCK();
            }
        }
        return val;
    } else {
        return NULL;
    }
}
```

【 1 】 如果使用 LFU 演算法淘汰資料，則呼叫 updateLFU 函數更新 LFU 計數。

【 2 】 否則呼叫 LRU_CLOCK 函數更新 LRU 時間戳記。

19.3.1 LRU 時間戳記

LRU 時間戳記的實現比較簡單，每次查詢鍵後，都將 redisObject.lru 更新為 server.lruclock。

server.lruclock 是 Redis 中的 LRU 時間戳記。serverCron 函數會定時更新 server.lruclock，server.lruclock 更新規則：取秒級時間戳記的低 24 個 bit 位元。

使用 server.lruclock 可以避免每次都呼叫 mstime() 函數來獲取時間戳記，提高了性能。

redisObject.lru 只有 24 位元，無法保存完整的 UNIX 時間戳記，大約 194 天就會有一個輪回。

19.3.2 LFU 計數

updateLFU 函數負責更新 LFU 計數：

```
void updateLFU(robj *val) {
    // [1]
    unsigned long counter = LFUDecrAndReturn(val);
    counter = LFULogIncr(counter);
    // [2]
    val->lru = (LFUGetTimeInMinutes()<<8) | counter;
}
```

【1】 LFUDecrAndReturn 函數根據鍵的閒置時間對計數進行衰減。LFULogIncr 函數負責增加計數。

【2】 更新 redisObject.lru 中的高 16 位元，即時間資訊。

LFU 計數並不只是鍵的存取次數。Redis 將 redisObject.lru 分為 2 部分，高 16 位元用於儲存時間資訊（取分鐘級時間戳記的低 16 個 bit 位元），低 8 位元用於儲存鍵的存取頻率。Redis 對 LFU 計數進行了 2 個最佳化設計：

（1）Redis 會根據鍵的閒置時間對 LFU 計數進行衰減，保證過期的熱點資料能夠被及時淘汰。

LFUDecrAndReturn 函數負責對 LFU 計數進行衰減：

```
unsigned long LFUDecrAndReturn(robj *o) {
    unsigned long ldt = o->lru >> 8;
    unsigned long counter = o->lru & 255;
    unsigned long num_periods = server.lfu_decay_time ?
LFUTimeElapsed(ldt) / server.lfu_decay_time : 0;
    if (num_periods)
```

```
        counter = (num_periods > counter) ? 0 : counter - num_periods;
    return counter;
}
```

server.lfu_decay_time 預設為 1，用於指定 LFU 的衰減速率。

LFUTimeElapsed 用於計算該鍵上次存取後過去的分鐘數，除以 server.lfu_decay_time 得到衰減數 num_periods。最後將 LFU 計數減去衰減數 num_periods 得到衰減後的 LFU 計數。

即預設設定下，如果有 N 分鐘沒有存取這個鍵，那麼 LFU 計數就減 N。

（2）redisObject.lru 低 8 位元最大值為 255，但 Redis 實現了一種機率計數器，使這 8 個 bit 位元可以儲存上百萬次的存取頻率。

LFULogIncr 函數負責增加 LFU 計數：

```
uint8_t LFULogIncr(uint8_t counter) {
    if (counter == 255) return 255;
    double r = (double)rand()/RAND_MAX;
    double baseval = counter - LFU_INIT_VAL;
    if (baseval < 0) baseval = 0;
    double p = 1.0/(baseval*server.lfu_log_factor+1);
    if (r < p) counter++;
    return counter;
}
```

rand() 函數傳回 1 到 RAND_MAX 之間的虛擬亂數（整數），所以 r 的範圍也是 0 ～ 1。

baseval 為真正的存取頻率（counter 減去初值 LFU_INIT_VAL），r 需要小於 1.0/(baseval×server.lfu_log_factor+1)，才增加 LFU 計數。

server.lfu_log_factor 預設為 10，counter++ 執行的機率如表 19-1 的第三列所示。

表 19-1

baseval	1.0/(baseval×server.lfu_log_factor+1)	$r < p$
1	≈ 0.1	≈ 0.1
10	≈ 0.01	≈ 0.01
100	≈ 0.001	≈ 0.001
200	≈ 0.0005	≈ 0.0005

由此可見，隨著存取次數越來越多，redisObject.lru 增長得越來越慢。

預設 server.lfu_log_factor 為 10 的情況下，redisObject.lru 的 8 個 bit 位元可以表示 100 萬的存取頻率。

19.3.3 資料淘汰演算法

下面分析 Redis 資料淘汰演算法的實現。

在 processCommand 函數執行 Redis 指令之前，呼叫 freeMemoryIfNeeded AndSafe 函數，該函數又呼叫 freeMemoryIfNeeded 淘汰資料：

```
int freeMemoryIfNeeded(void) {
    ...
    // [1]
    if (getMaxmemoryState(&mem_reported,NULL,&mem_tofree,NULL) == C_OK)
        return C_OK;

    ...

    while (mem_freed < mem_tofree) {
        ...
        // [2]
        if (server.maxmemory_policy & (MAXMEMORY_FLAG_LRU|MAXMEMORY_FLAG_
LFU) ||
            server.maxmemory_policy == MAXMEMORY_VOLATILE_TTL)
        {
            struct evictionPoolEntry *pool = EvictionPoolLRU;
```

```
        while(bestkey == NULL) {
            unsigned long total_keys = 0, keys;

            // [3]
            for (i = 0; i < server.dbnum; i++) {
                db = server.db+i;
                dict = (server.maxmemory_policy & MAXMEMORY_FLAG_
ALLKEYS) ?
                        db->dict : db->expires;
                if ((keys = dictSize(dict)) != 0) {
                    evictionPoolPopulate(i, dict, db->dict, pool);
                    total_keys += keys;
                }
            }
            if (!total_keys) break;

            // [4]
            ...

            for (k = EVPOOL_SIZE-1; k >= 0; k--) {
                if (pool[k].key == NULL) continue;
                bestdbid = pool[k].dbid;

                if (server.maxmemory_policy & MAXMEMORY_FLAG_ALLKEYS)
{
                    de = dictFind(server.db[pool[k].dbid].dict,
                        pool[k].key);
                } else {
                    de = dictFind(server.db[pool[k].dbid].expires,
                        pool[k].key);
                }

                ...

                if (de) {
                    bestkey = dictGetKey(de);
                    break;
                } else {
                }
```

```
            }

        }
    }

    // [5]
    else if (server.maxmemory_policy == MAXMEMORY_ALLKEYS_RANDOM ||
             server.maxmemory_policy == MAXMEMORY_VOLATILE_RANDOM)
    {
        for (i = 0; i < server.dbnum; i++) {
            j = (++next_db) % server.dbnum;
            db = server.db+j;
            dict = (server.maxmemory_policy == MAXMEMORY_ALLKEYS_
RANDOM) ?
                    db->dict : db->expires;
            if (dictSize(dict) != 0) {
                de = dictGetRandomKey(dict);
                bestkey = dictGetKey(de);
                bestdbid = j;
                break;
            }
        }
    }

    // [6]
    if (bestkey) {
        db = server.db+bestdbid;
        robj *keyobj = createStringObject(bestkey,sdslen(bestkey));
        propagateExpire(db,keyobj,server.lazyfree_lazy_eviction);
        delta = (long long) zmalloc_used_memory();
        latencyStartMonitor(eviction_latency);
        if (server.lazyfree_lazy_eviction)
            dbAsyncDelete(db,keyobj);
        else
            dbSyncDelete(db,keyobj);
        ...
    } else {
        goto cant_free;
    }
```

```
    }
    result = C_OK;
    ...
}
```

【1】 獲取目前記憶體使用量並判斷是否需要淘汰資料。如果目前不需要
　　　淘汰資料，則直接退出函數。

【2】 處理 LRU、LFU 或 MAXMEMORY_VOLATILE_TTL 演算法。

【3】 呼叫 evictionPoolPopulate 函數，從指定的資料集（資料字典或過期
　　　字典）中採取樣本集並填充到樣本池中。樣本池中的資料按淘汰優
　　　先順序排序，越優先淘汰的資料越在後面。

【4】 從樣本池中獲取淘汰優先順序最高的資料作為待淘汰鍵。

【5】 如果使用的是隨機淘汰演算法，則從指定的資料集中隨機選擇一個
　　　鍵作為待淘汰鍵。

【6】 刪除前面選擇的待淘汰鍵。

evictionPoolPopulate 函數負責對資料集取樣，並填充到樣本池中：

```
void evictionPoolPopulate(int dbid, dict *sampledict, dict *keydict,
struct evictionPoolEntry *pool) {
    int j, k, count;
    dictEntry *samples[server.maxmemory_samples];
    // [1]
    count = dictGetSomeKeys(sampledict,samples,server.maxmemory_samples);

    for (j = 0; j < count; j++) {
        ...
        // [2]
        de = samples[j];
        key = dictGetKey(de);

        if (server.maxmemory_policy != MAXMEMORY_VOLATILE_TTL) {
            if (sampledict != keydict) de = dictFind(keydict, key);
            o = dictGetVal(de);
        }
```

```
    // [3]
    if (server.maxmemory_policy & MAXMEMORY_FLAG_LRU) {
        idle = estimateObjectIdleTime(o);
    } else if (server.maxmemory_policy & MAXMEMORY_FLAG_LFU) {
        idle = 255-LFUDecrAndReturn(o);
    } else if (server.maxmemory_policy == MAXMEMORY_VOLATILE_TTL) {
        idle = ULLONG_MAX - (long)dictGetVal(de);
    } ...

    // [4]
    ...
    }

}
```

【1】 從資料集中獲取隨機取樣資料。server.maxmemory_samples 指定取樣資料的數量，預設為 5。在 maxmemory_samples 等於 10 的情況下，Redis 的 LRU 近似演算法已經很接近於理想 LRU 演算法的表現。

【2】 獲取樣本資料對應的鍵值對。

【3】 計算淘汰優先順序 idle。idle 越大，淘汰優先順序越高。
- 如果使用 LRU 演算法，則 idle 為鍵閒置時間（單位為毫秒）。
- 如果使用 LFU 演算法，則 idle 為 255 減去 LFU 計數。
- 如 果 使 用 MAXMEMORY_VOLATILE_TTL 演 算 法， 那 麼 sampledict 字典為過期字典，這時鍵值對的值是該鍵的過期時間，使用 ULLONG_MAX 減去過期時間作為 idle。

【4】 將樣本資料加入樣本池。這裡需要保持樣本池資料淘汰的優先順序從小到大排序。樣本池大小為固定的 16，如果樣本池已滿並且樣本資料 idea 比樣本池所有資料都小，則拋棄該樣本資料。

《複習》

- Redis 使用 Jemalloc 作為記憶體分配器，並提供磁碟重組功能。
- Redis 使用兩個方式刪除過期的鍵：定期刪除和惰性刪除。
- Redis 提供了多種記憶體淘汰演算法，並使用 LRU 近似演算法、LFU 近似演算法以節省記憶體。

Redis Stream

Redis 5 提供了一種新的資料類型 Stream，用於實現訊息佇列（Message Queue，MQ）。Redis Stream 實現了大部分訊息佇列的功能，包括：

- 訊息 ID 的序列化生成。
- 訊息遍歷。
- 訊息的阻塞和非阻塞讀取。
- 訊息的分組消費。
- ACK 確認機制。

除了 Stream，Redis 還有其他可以實現類似訊息佇列的機制，比如針對頻道的發佈 / 訂閱（Pub/Sub），但 Pub/Sub 機制有個缺點就是訊息無法持久化，如果出現網路斷開、節點下線等情況，訊息就會遺失。

Redis Stream 提供了訊息的持久化和主從複製功能，可以讓任意用戶端存取任何時刻的資料，並且能記住每一個用戶端的存取位置，從而保證訊息不遺失。

本章主要分析 Redis Stream 的應用範例與實現原理。

20.1 Redis Stream 的應用範例

20.1.1 增加、讀取訊息

XADD 指令可以發送訊息到指定 Stream 訊息流中（如果對應訊息流不存在，則 Redis 會先建立該訊息流）：

```
> XADD userinfo 1620087391111-0 name a age 10
"1620087391111-0"
> XADD userinfo 1620087392222-0 name b age 13
"1620087392222-0"
> XADD userinfo 1620087393333-0 name c age 16
"1620087393333-0"
> XADD userinfo 1620087394444-0 name d age 19
"1620087394444-0"
```

userinfo 為訊息流的名稱，訊息由鍵值對組成，並且每個訊息都連結了一個訊息 ID。訊息 ID 的格式為 < 毫秒級時間戳記 >-< 序號 >。XADD 指令的第 3 個參數傳入訊息 ID，該參數也可以傳入 "*"，要求 Redis 自動生成訊息 ID，這裡為了更進一步地辨認訊息 ID，傳入了具體的訊息 ID。

使用 XREAD 指令可以直接讀取訊息流中的訊息：

```
> XREAD COUNT 2 STREAMS userinfo 1620087391111-0
1) 1) "userinfo"
   2) 1) 1) "1620087392222-0"
         2) 1) "name"
            2) "b"
            3) "age"
            4) "13"
      2) 1) "1620087393333-0"
         2) 1) "name"
            2) "c"
            3) "age"
            4) "16"
```

XREAD 指令最後的參數是訊息 ID，Redis 會傳回大於該 ID 的訊息。
"0-0"（或直接使用 "0"）是一個特殊 ID，代表最小的訊息 ID，使用它可以要求 Redis 從頭讀取訊息。

使用 XREAD 指令可以同時讀取多個訊息流中的訊息：

```
XREAD [COUNT count] STREAMS key_1 key_2 key_3 ... key_N ID_1 ID_2 ID_3
... ID_N
```

使用 XREAD 指令也可以阻塞用戶端，等待訊息流中接收新的訊息：

```
> XREAD BLOCK 30000 STREAMS userinfo $
(nil)
(30.09s)
```

BLOCK 選項指定了阻塞等待時間。"$" 參數也是一個特殊 ID，代表訊息流目前最大的訊息 ID，使用它可以要求 Redis 讀取新的訊息。

20.1.2 消費組

Redis Stream 借鏡了 Kafka 的設計，引入了消費組和消費者的概念。每個訊息流中可以建立多個消費組，每個消費組可以連結多個消費者。Redis 保證在一個消費組內，訊息流的每一筆訊息都只會被消費組中的消費者消費。

舉例來説，訊息組中存在消費者 S1、S2、S3，如果訊息流中的某個訊息 M1 被 S1 消費，則不會再被 S2 和 S3 重複消費。

通常可以按業務劃分多個消費組，並將分散式系統中的每個服務節點作為一個消費者，從而保證在一個業務中訊息不會被重複消費。舉例來説，帳號系統、權益系統都可以建立一個消費組，當收到新使用者註冊的訊息（假如新使用者註冊時會發送訊息到 userinfo 訊息流中）時，它們分別為新使用者建立帳號、分配權益。

下面介紹訊息組的使用。

首先使用 XGROUP CREATE 指令建立一個消費組:

```
> XGROUP CREATE userinfo cg10-0
```

每個消費組都維護了目前消費組最新讀取的訊息 ID—last_delivered_id,這裡將 last_delivered_id 初始化為 0-0,要求消費組從頭開始讀取訊息。

透過 XREADGROUP 指令使用消費者讀取資料:

```
> XREADGROUP GROUP cg1 c1 COUNT 1 STREAMS userinfo >
1) 1) "userinfo"
   2) 1) 1) "1620087391111-0"
         2) 1) "name"
            2) "a"
            3) "age"
            4) "10"
```

XREADGROUP 指令中的 cg1 為消費組,c1 為消費者,最後的 ">" 參數也是特殊訊息 ID,使用該參數要求消費組讀取大於 last_delivered_id 的訊息。每次讀取訊息後,last_delivered_id 都會被更新為最新讀取的訊息 ID。

20.1.3 ACK 確認

Stream 提供了 ACK 確認機制,用戶端消費訊息成功後,可以使用 XACK 指令確認訊息已消費成功:

```
> XACK userinfo cg11620087391111-0
```

消費組會記錄所有待確認(已消費但未確認)的訊息。透過 XPENDING 指令可以獲取消費組內待確認的訊息:

```
> XREADGROUP GROUP cg1 c1 COUNT 1 STREAMS userinfo >
1) 1) "userinfo"
   2) 1) 1) "1620087392222-0"
```

```
        2) 1) "name"
           2) "b"
           3) "age"
           4) "13"
  > XPENDING userinfo cg1 - +  10
  1) 1) "1620087392222-0"
     2) "c1"
     3) (integer) 5622
     4) (integer) 1
```

可以看到 gc1 中有一筆訊息未確認，消費者是 c1。

如果需要保證訊息不遺失，則可以在訊息處理成功後發送 XACK，並定時使用 XPENDING 指令檢查是否存在未確認的訊息。

XREADGROUP 指令提供了兩種讀取訊息的模式：

（1）使用特殊 ID">" 讀取 last_delivered_id 後面的訊息。例如：

```
  > XREADGROUP GROUP cg1 c1 COUNT 1 STREAMS userinfo >
  1) 1) "userinfo"
     2) 1) 1) "1620087393333-0"
           2) 1) "name"
              2) "c"
              3) "age"
              4) "16"
```

（2）使用具體的訊息 ID 讀取待確認訊息。例如：

```
  > XREADGROUP GROUP cg1 c1 COUNT 1 STREAMS userinfo 1620087391111-0
  1) 1) "userinfo"
     2) 1) 1) "1620087392222-0"
           2) 1) "name"
              2) "b"
              3) "age"
              4) "13"
```

注意

使用具體訊息 ID 時只能讀取待確認訊息，不能讀取非待確認訊息。例如：

```
> XREADGROUP GROUP cg1 c1 COUNT 1 STREAMS userinfo 1620087393333-0
1) 1) "userinfo"
   2) (empty array)
```

雖然 1620087393333-0 訊息的後面還有一筆訊息，但該訊息並非待確認訊息，所以上面的指令無法讀取。

當某個訊息已經被某個消費者消費後，則該訊息歸屬於該消費者，其他消費者無法讀取該訊息，保證每個訊息只會被一個消費者消費：

```
> XREADGROUP GROUP cg1 c2 COUNT 1 STREAMS userinfo 1620087391111-0
1) 1) "userinfo"
   2) (empty array)
```

目前訊息佇列中並沒有歸屬於消費者 c2 的訊息，所以 c2 無法讀取待確認訊息。

如果某個消費者已下線無法恢復，則可以使用其他消費者來認領該消費者的待確認訊息，認領成功後新的歸屬消費者就可以讀取這些訊息，並對它們進行進一步的處理。

使用 XCLAIM 指令可以認領訊息：

```
> XCLAIM userinfo cg1 c2100016200087392222-0
1) 1) "1620087392222-0"
   2) 1) "name"
      2) "b"
      3) "age"
      4) "13"
> XPENDING userinfo cg1 - +  10
1) 1) "1620087392222-0"
   2) "c2"
   3) (integer) 10720
   4) (integer) 3
```

```
    ...
> XREADGROUP GROUP cg1 c2 COUNT 1 STREAMS userinfo 1620087391111-0
1) 1) "userinfo"
   2) 1) 1) "1620087392222-0"
         2) 1) "name"
            2) "b"
            3) "age"
            4) "13"
```

可以看到，1620087392222-0 已經歸屬消費者 c2，所以 c2 可以讀取該訊息。XCLAIM 指令的第 3 個參數指定了閒置時間，只有待確認訊息的閒置時間大於該參數時，消費者才會成功認領該訊息。

由於認領訊息也會更新訊息的閒置時間，所以該參數可以保證如果有兩個消費者同時嘗試認領同一筆訊息，那麼後面操作的消費者將失敗，如表 20-1 所示。

表 20-1

client1	client2
> XCLAIM userinfo cg1 c310001620087393333-0 1) 1) "1620087393333-0" 2) 1) "name" 2) "c" 3) "age" 4) "16"	
	> XCLAIM userinfo cg1 c410001620087393333-0 (empty array)

可以看到，消費者 c4 認領 1620087393333-0 訊息失敗了。

20.1.4 刪除訊息

Redis 畢竟是記憶體中資料庫，所以不能像 Kafka 那樣支持大量的訊息資料，下面介紹 Redis 刪除訊息的方式。

（1）使用 XADD 指令的 MAXLEN 選項限制訊息流中訊息的最大數量。

使用 MAXLEN 選項後，當訊息流中的訊息數量達到指定數量後，舊的訊息會自動被刪除，因此訊息流的大小基本是恆定的。

執行下面的指令後，userinfo 訊息流中只保留最新的兩個訊息：

```
> XADD userinfo MAXLEN 2 * name x age 31
"1620090996254-0"
```

（2）使用 XTRIM 指令對訊息流進行修剪，限制訊息流中的訊息數量。
執行下面的指令，userinfo 訊息流中只保留最新的兩個訊息：

```
XTRIM userinfo MAXLEN 2
```

（3）使用 XDEL 指令刪除指定訊息。

```
> XDEL userinfo 1620087391111-01620087392222-0
(integer) 2
```

另外，透過 XINFO 可以查看訊息流資訊：

- XINFO STREAM userinfo 指令：查詢訊息流的基本資訊。
- XINFO GROUPS userinfo 指令：查詢消費組資訊。
- XINFO CONSUMERS userinfo cg1 指令：查詢消費者資訊。

20.2 Stream 的實現原理

下面分析 Redis Stream 機制的實現。

Stream 中使用了兩個新的資料結構—listpack 與 Rax。在深入分析 Stream 前，需先分析這兩個資料結構。

20.2.1 listpack 結構

listpack 是對 ziplist 結構的最佳化，也是類似陣列的緊湊型鏈結串列格式。它會申請一整塊記憶體，在該記憶體區域上存放鏈結串列的所有資料。

1. 定義

listpack 的整體佈局如下：

```
<lpbytes><lpnumbers><entry><entry>...<entry>
```

- lpbytes：listpack 佔用的位元組數量。
- lpnumbers：listpack 中儲存的元素數量。
- entry：listpack 節點，entry 的內容為 <encode><val><backlen>。
  - encode：節點編碼格式，包含編碼類型及節點元素長度或節點元素（LP_ENCODING_ INT 編碼的節點元素保存在 encode 中）。
  - val：節點元素，即節點儲存的資料。
  - backlen：反向遍歷時使用的節點長度。

在 ziplist 中，每個節點都會記錄前驅節點長度，以便支持反向遍歷鏈結串列。而在 listpack 中，在節點尾部使用 backlen 屬性記錄目前節點長度，從而支援反向遍歷鏈結串列。

2. 操作分析

listpack.c/lpInsert 函數負責插入元素到 listpack 中：

```
unsigned char *lpInsert(unsigned char *lp, unsigned char *ele, uint32_t
size, unsigned char *p, int where, unsigned char **newp) {
    ...

    // [1]
    if (ele == NULL) where = LP_REPLACE;

    if (where == LP_AFTER) {
```

```
        p = lpSkip(p);
        where = LP_BEFORE;
    }

    unsigned long poff = p-lp;

    // [2]
    int enctype;
    if (ele) {
        enctype = lpEncodeGetType(ele,size,intenc,&enclen);
    } else {
        enctype = -1;
        enclen = 0;
    }

    // [3]
    unsigned long backlen_size = ele ? lpEncodeBacklen(backlen,enclen) : 0;
    // [4]
    uint64_t old_listpack_bytes = lpGetTotalBytes(lp);
    uint32_t replaced_len  = 0;
    if (where == LP_REPLACE) {
        replaced_len = lpCurrentEncodedSize(p);
        replaced_len += lpEncodeBacklen(NULL,replaced_len);
    }

    uint64_t new_listpack_bytes = old_listpack_bytes + enclen + backlen_
size
                                  - replaced_len;
    if (new_listpack_bytes > UINT32_MAX) return NULL;


    unsigned char *dst = lp + poff;

    // [5]
    if (new_listpack_bytes > old_listpack_bytes) {
        if ((lp = lp_realloc(lp,new_listpack_bytes)) == NULL) return NULL;
        dst = lp + poff;
    }
```

```
    // [6]
    if (where == LP_BEFORE) {
        memmove(dst+enclen+backlen_size,dst,old_listpack_bytes-poff);
    } else {
        long lendiff = (enclen+backlen_size)-replaced_len;
        memmove(dst+replaced_len+lendiff,
                dst+replaced_len,
                old_listpack_bytes-poff-replaced_len);
    }

    // [7]
    if (new_listpack_bytes < old_listpack_bytes) {
        if ((lp = lp_realloc(lp,new_listpack_bytes)) == NULL) return
NULL;
        dst = lp + poff;
    }
    // more
}
```

參數說明：

- ele：插入元素的內容。
- size：插入元素的長度。
- p：元素插入的位置。
- where：插入方式，存在 LP_BEFORE、LP_AFTER、LP_REPLACE 三個值，即在插入位置前、後插入元素或直接替換插入位置的元素。
- newp：記錄新元素。

【1】 如果插入元素為 NULL，實際上是刪除元素，所以將 where 設定值為 LP_REPLACE，以便後續將指定元素設定為 NULL。如果 where 參數為 LP_AFTER（在插入位置的後面插入元素），則找到後驅節點，並將插入操作調整為 LP_BEFORE（在後驅節點前面插入）。這樣只需要處理兩個邏輯：LP_BEFORE 和 LP_REPLACE。

【2】 lpEncodeGetType 函數對插入元素內容進行編碼，傳回編碼類型，編碼類型有 LP_ENCODING_STRING（字串編碼）、LP_ENCODING_INT

（數值編碼）兩種。該函數處理成功後，會將編碼（encode 屬性）
儲存在 intenc 變數中，元素長度儲存在 enclen 變數中。

【3】　lpEncodeBacklen 函數將 enclen 轉化為 backlen 屬性，並將其記錄在
　　　　backlen 參數中，傳回 backlen 屬性佔用的位元組數。

【4】　計算新的 listpack 佔用的空間 new_listpack_bytes。

【5】　如果新的空間大於原來的空間（插入元素或替換為更大的元素），
　　　　則呼叫 lp_realloc 函數申請新的空間。

【6】　如果是插入元素，則將插入位置後面的元素後移，為插入元素騰出
　　　　空間。如果是替換元素，則調整替換元素的大小。

【7】　如果新的空間小於原來的空間（刪除或替換為更小的元素），則呼
　　　　叫 lp_realloc 函數調整 listpack 空間。

```
unsigned char *lpInsert(unsigned char *lp, unsigned char *ele, uint32_t
size, unsigned char *p, int where, unsigned char **newp) {
    ...
    // [8]
    if (newp) {
        *newp = dst;
        if (!ele && dst[0] == LP_EOF) *newp = NULL;
    }

    if (ele) {
        // [9]
        if (enctype == LP_ENCODING_INT) {
            memcpy(dst,intenc,enclen);
        } else {
            lpEncodeString(dst,ele,size);
        }
        // [10]
        dst += enclen;
        memcpy(dst,backlen,backlen_size);
        dst += backlen_size;
    }

    // [11]
    if (where != LP_REPLACE || ele == NULL) {
```

```
        uint32_t num_elements = lpGetNumElements(lp);
        if (num_elements != LP_HDR_NUMELE_UNKNOWN) {
            if (ele)
                lpSetNumElements(lp,num_elements+1);
            else
                lpSetNumElements(lp,num_elements-1);
        }
    }
    lpSetTotalBytes(lp,new_listpack_bytes);
    ...
}
```

【8】 執行到這裡，listpack 空間已經調整好，直接將新元素插入 dst 位置即可。這裡將 newp 指標指向插入位置 dst，插入元素後 newp 指標將指向插入元素。

【9】 將插入元素內容保存到 listpack 中。如果插入內容是數值編碼，插入元素已經保存到 intenc 變數（lpEncodeGetType 函數）中，則直接將 intenc 變數寫入 listpack 即可。否則呼叫 lpEncodeString，依次寫入元素編碼和元素內容。

【10】 寫入 backlen 屬性。

【11】 更新 listpack 中的 lpbytes、lpnumbers 屬性。

3. 編碼

下面關注一下元素編碼的實現。lpEncodeGetType 函數負責對元素內容進行編碼，傳回編碼類型，並且將編碼（encode 屬性）儲存在 intenc 參數中，元素長度（不包括 backlen 屬性）儲存在 enclen 參數中，編碼規則如表 20-2 所示。

表 20-2

元素內容	編碼類型	intenc 格式	enclen
數值範圍（0 ～ 127）	LP_ENCODING_INT	0XXXXX	1
數值範圍（-4096 ～ 4095）	LP_ENCODING_INT	110XXXXX XXX⋯	2
數值範圍（-32768 ～ 32767）	LP_ENCODING_INT	11110001 XXX⋯	3

元素內容	編碼類型	intenc 格式	enclen
數值範圍（-8388608 ～ 8388607）	LP_ENCODING_INT	11110010 XXX…	4
數值範圍（-2147483648 ～ 2147483647）	LP_ENCODING_INT	11110011 XXX…	5
數值範圍（其他）	LP_ENCODING_INT	11110100 XXX…	6
字串長度 <64	LP_ENCODING_STRING	10XXXXXX	字串長度 +1
字串長度 <4096	LP_ENCODING_STRING	1110XXXX XXX…	字串長度 +2
字串長度≥ 4096	LP_ENCODING_STRING	11110000 XXX…	字串長度 +5

lpEncodeBacklen 函數負責將 enclen（不含 backlen 的元素長度）轉為 backlen，轉換規則為：將 enclen 的每 7 個 bit 位元劃分為一組，保存到 backlen 的位元組中，並且將位元組序倒轉。

舉例來說，元素內容為字串且長度為 11912261672，則 enclen 為 11912261677，二進位值為 11110000000000101100011000000110101100 0000101101，轉換過程如圖 20-1 所示。

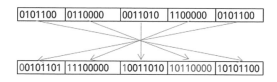

提示：只處理 enclen 低 35 位

▲ 圖 20-1

backlen 的每個位元組的最高 bit 位元為 1 時，代表前面一位元組也是 backlen 的一部分。

enclen 與 backlen 可以相互轉換。當反向遍歷 listpack 時，如果需要獲取前一個元素的長度，則從前一個元素的最後位置讀取 backlen，再轉為 enclen。最後將 enclen 與 backlen 佔用的位元組數相加，結果就是前一個元素的長度。

listpack 沒有「串聯更新」的問題，可以看到，由於使用了更優秀的設計，相比於 ziplist，listpack 不僅性能更好，而且程式實現更簡單。

20.2.2 Rax 結構

1. 定義

Rax 也稱為基數樹，它也可以存放鍵值對，並且可以對鍵的內容進行壓縮。圖 20-2 展示了一個典型的 Rax 的結構。

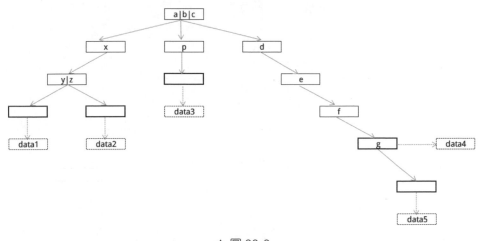

▲ 圖 20-2

為了描述方便，使用節點中的字元表示某個節點，如 a|b|c 節點代表圖 20-2 中 Rax 的根節點。

另外，當我們說某個節點是一個鍵時，指的是由該節點所有父節點組成該鍵內容，但不包括該節點內容。

所以圖 20-2 中 Rax 存放的鍵值對以下（圖 20-2 中使用粗邊框表示該節點是一個鍵）：

```
axy-->data1
axz-->data2
```

```
bp-->data3
cdef-->data4
cedfg-->data5
```

可以看到，Rax 中的某個位置如果有相同的鍵內容，則只需要保存一份內容就可以了。舉例來說，a|b|c 節點只有一個 a 字元，就可以代表兩個以 a 開頭的鍵，所以説 Rax 可以對鍵內容進行壓縮。

Redis 對 Rax 執行了一個常見的最佳化操作，如果多個節點中只有一個子節點（並且這些節點只有第一個節點可以作為鍵），則將它們壓縮到一個節點中，壓縮後的 Rax 如圖 20-3 所示。

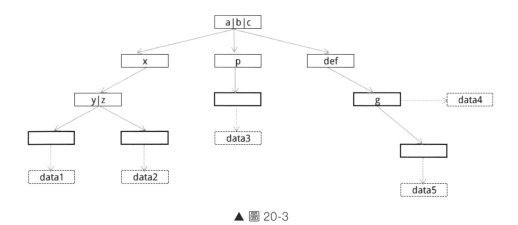

▲ 圖 20-3

由於 g 節點是一個鍵，所以不能壓縮到 def 節點中。

本節後續分析插入、刪除鍵的操作時都以該 Rax 結構為例，為了描述方便，將該 Rax 稱為「範例 Rax 結構」。

Redis 中定義了 Rax 節點結構：

```
typedef struct raxNode {
    uint32_t iskey:1;
    uint32_t isnull:1;
    uint32_t iscompr:1;
```

```
        uint32_t size:29;
        unsigned char data[];
    } raxNode;
```

- iskey：該節點是否為鍵。
- isnull：該節點的值是否指向 NULL。
- iscompr：該節點是否為壓縮節點。
- size：子節點數量或壓縮字元數量。
- data：存放節點字元、子節點指標、值指標。

如果是非壓縮節點，則 data 屬性的內容如下：

```
[header][abc][a-ptr][b-ptr][c-ptr](value-ptr?)
```

壓縮節點 data 的內容如下：

```
[header][xyz][ptr](value-ptr?)
```

壓縮節點只有一個子節點。

在 Redis 中，「範例 Rax 結構」如圖 20-4 所示。

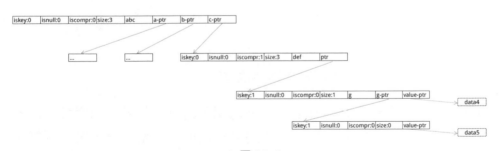

▲ 圖 20-4

2. 尋找鍵

下面說明在 Rax 結構中尋找鍵的過程。假如在「範例 Rax 結構」中尋找鍵 cdefg，則尋找過程如圖 20-5 所示。

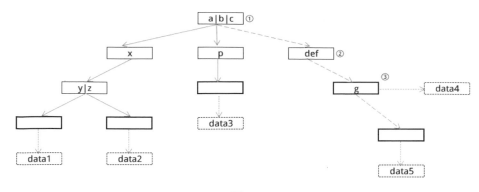

▲ 圖 20-5

①：a|b|c 節點為非壓縮節點，找到匹配的 c 字元，沿著該字元的子節點向下尋找。

②：def 節點是壓縮節點，依次比較該節點所有字元，全部匹配，沿著子節點向下尋找。

③：g 節點只有一個節點字元，與尋找鍵匹配，傳回 g 字元對應子節點的值。

3. 插入鍵值對

下面分析插入操作。

首先明確兩個概念：插入節點與衝突位置。

插入節點即插入鍵與 Rax 鍵第一個不匹配字元所在節點，衝突位置即該不匹配字元在插入節點中的索引（如果插入節點不是壓縮節點，則衝突位置固定為 0）。

衝突位置可以分為兩種情況：

（1）衝突位置不等於 0，這時插入節點肯定是壓縮節點。

（2）衝突位置等於 0（插入節點既可以是壓縮節點，也可以是非壓縮節點）。

圖 20-6 展示了兩種情況下的插入節點與衝突位置。

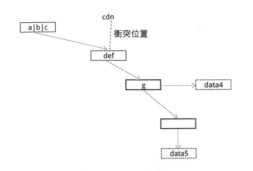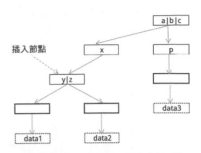

第一種情況：在 "範例 Rax 結構" 中插入鍵 cdn
則插入節點為 def 節點，衝突位置為 1 (def 節點中 e 字元的索引)

第二種情況：在 "範例 Rax 結構" 中插入鍵 ax
則插入節點為 y|z 節點，衝突位置為 0
提示：這裡插入鍵 ax 已存在於 Rax 中，可以視為：
插入鍵 ax 後存在一個 "假想字元" 與 Rax 衝突了
所以插入節點為 y|z 節點

▲ 圖 20-6

插入操作可以分為以下 4 種情況：

（1）Rax 中已存在插入鍵內容，並且插入節點不是壓縮節點（或插入節點
是壓縮節點，但衝突位置為 0）。

（2）Rax 中已存在插入鍵內容，但插入節點是壓縮節點（並且衝突位置不
等於 0）。

（3）Rax 中不存在插入鍵內容，並且衝突位置在壓縮節點中。

（4）Rax 中不存在插入鍵內容，但衝突位置不在壓縮節點中。

下面詳細分析這 4 種情況的插入過程。

rax.c/raxGenericInsert 負責插入元素到 Rax 中：

```
int raxGenericInsert(rax *rax, unsigned char *s, size_t len, void *data,
void **old, int overwrite) {
    ...
    // [1]
    i = raxLowWalk(rax,s,len,&h,&parentlink,&j,NULL);

    // [2]
```

```
    if (i == len && (!h->iscompr || j == 0 /* not in the middle if j is 0
 */)) {
        ...
        if (!h->iskey || (h->isnull && overwrite)) {
            h = raxReallocForData(h,data);
            if (h) memcpy(parentlink,&h,sizeof(h));
        }
        ...

        if (h->iskey) {
            if (old) *old = raxGetData(h);
            if (overwrite) raxSetData(h,data);
            errno = 0;
            return 0;
        }

        raxSetData(h,data);
        rax->numele++;
        return 1;
    }

    // more
 }
```

參數說明：

- s、len：插入鍵和插入鍵長度。
- data：插入值。
- overwrite：如果插入鍵已存在，是否替換該鍵原來的值。old 參數用於
  儲存替換前的值。

【1】 raxLowWalk 函數尋找 Rax 中是否存在插入鍵（尋找過程已說明），
    傳回匹配位元組的數量，並記錄以下變數：
    • h：插入節點。
    • j：衝突位置。

parentlink：插入節點的父節點必然存在一個子節點指標指向插入節點，
parentlink 指向該子節點指標。修改該位置的內容，可以變更父節點的子

節點，如圖 20-7 所示。

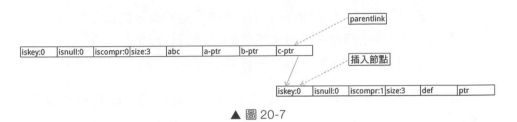

▲ 圖 20-7

【2】 這裡處理的是插入操作 4 種情況中的第一種情況，插入鍵內容已經
存在於 Rax 中（i==len），並且插入節點非壓縮節點（或衝突位置為
0），這時可以直接將插入值設定為插入節點值。

- 如果插入節點不是鍵，則為該節點重新分配記憶體空間，將插入
值設定為該節點值。
- 如果插入節點本來就是鍵，則根據 overwrite 參數替換節點值。

假如在「範例 Rax 結構」中插入鍵值對 "ax-->data6"，即插入操作 4 種情
況中的第一種情況，結果如圖 20-8 所示。

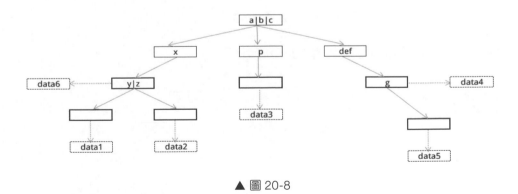

▲ 圖 20-8

下面分析插入操作 4 種情況中的第二、三種情況，這兩種情況都需要先
拆分壓縮節點，再插入新的鍵。

本書只分析第三種情況，第二種情況與之類似。

首先按拆分結果定義以下幾個概念：

- 字首節點：將壓縮節點中衝突位置前的字元拆分出來的節點。
- 尾碼節點：將壓縮節點中衝突位置後的字元拆分出來的節點。
- 拆分節點：將衝突位置拆分出來一個新節點。

按照衝突位置在壓縮節點的位置不同，第二種情況還可以劃分為以下 3 類場景。

場景 1：沒有字首節點，如圖 20-9 所示。

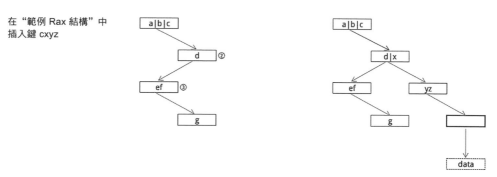

▲ 圖 20-9

場景 2：沒有尾碼節點，如圖 20-10 所示。

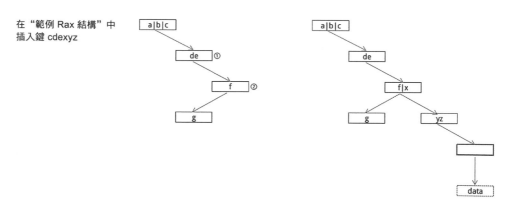

▲ 圖 20-10

場景 3：同時有字首節點和尾碼節點，如圖 20-11 所示。

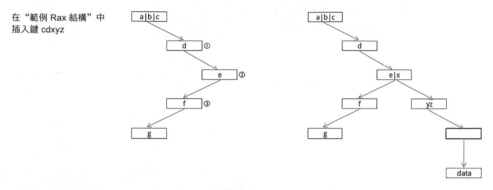

▲ 圖 20-11

圖 20-9、圖 20-10、圖 20-11 中的①、②、③分別代表字首節點、拆分節點、尾碼節點，左邊代表拆分操作，右邊代表插入操作。

了解了第三種情況的具體場景後，下面繼續看 raxGenericInsert 函數：

```
int raxGenericInsert(rax *rax, unsigned char *s, size_t len, void *data,
void **old, int overwrite) {
    ...

    if (h->iscompr && i != len) {
        ...

        // [3]
        raxNode **childfield = raxNodeLastChildPtr(h);
        raxNode *next;
        memcpy(&next,childfield,sizeof(next));
        ...

        // [4]
        size_t trimmedlen = j;
        size_t postfixlen = h->size - j - 1;
        int split_node_is_key = !trimmedlen && h->iskey && !h->isnull;
        size_t nodesize;
```

```
// [5]
raxNode *splitnode = raxNewNode(1, split_node_is_key);
raxNode *trimmed = NULL;
raxNode *postfix = NULL;

if (trimmedlen) {
    nodesize = sizeof(raxNode)+trimmedlen+raxPadding(trimmedlen)+
            sizeof(raxNode*);
    if (h->iskey && !h->isnull) nodesize += sizeof(void*);
    trimmed = rax_malloc(nodesize);
}

if (postfixlen) {
    nodesize = sizeof(raxNode)+postfixlen+raxPadding(postfixlen)+
            sizeof(raxNode*);
    postfix = rax_malloc(nodesize);
}

...
splitnode->data[0] = h->data[j];

if (j == 0) {
    // [6]
    if (h->iskey) {
        void *ndata = raxGetData(h);
        raxSetData(splitnode,ndata);
    }
    memcpy(parentlink,&splitnode,sizeof(splitnode));
} else {
    // [7]
    ...
    if (h->iskey && !h->isnull) {
        void *ndata = raxGetData(h);
        raxSetData(trimmed,ndata);
    }
    raxNode **cp = raxNodeLastChildPtr(trimmed);
    memcpy(cp,&splitnode,sizeof(splitnode));
    memcpy(parentlink,&trimmed,sizeof(trimmed));
    parentlink = cp;
```

```
            rax->numnodes++;
        }

        if (postfixlen) {
            // [8]
            ...
            memcpy(postfix->data,h->data+j+1,postfixlen);
            raxNode **cp = raxNodeLastChildPtr(postfix);
            memcpy(cp,&next,sizeof(next));
            rax->numnodes++;
        } else {
            // [9]
            postfix = next;
        }

        // [10]
        raxNode **splitchild = raxNodeLastChildPtr(splitnode);
        memcpy(splitchild,&postfix,sizeof(postfix));

        rax_free(h);
        h = splitnode;
    } else if (h->iscompr && i == len) {
        // [11]
        ...
    }
    ...

}
```

【3】 這裡開始處理插入操作 4 種情況中的第三種情況,即圖 20-9、圖
     20-10、圖 20-11 中左邊的操作。使用 next 節點記錄插入節點的子
     節點,壓縮節點只有一個子節點(其父節點也只有一個子節點)。
【4】 trimmedlen 為字首節點的長度,0 代表不存在字首節點。postfixlen
     為尾碼節點的長度,0 代表不存在尾碼節點。
【5】 初始化拆分節點 splitnode、字首節點 trimmed、尾碼節點 postfix。
【6】 不存在字首節點 trimmed,使用拆分節點替換原來的插入節點。修
     改 parentlink 位置的指標就可以變更父節點對應的子節點。

【7】 存在字首節點 trimmed，給字首節點設定值，並將拆分節點作為字首節點的子節點，使用字首節點替換原來的插入節點。如果插入節點是一個鍵，則將插入節點的節點值設定為字首節點的節點值。

【8】 存在尾碼節點 splitnode，給尾碼節點設定值，並將 next 節點作為尾碼節點的子節點。

【9】 不存在尾碼節點 splitnode，直接將 next 節點作為尾碼節點。

【10】將尾碼節點設定為拆分節點的第一個子節點。

【11】這裡處理 i==len 的場景，即插入操作 4 種情況中的第二種情況，感興趣的讀者可自行閱讀程式。

經過上述拆分步驟後，插入節點已經被拆分為只有一個子節點的非壓縮節點。這時可以將插入鍵中不匹配的內容插入 Rax 了，並在最後設定值物件，讀者可以回顧圖 20-9、圖 20-10、圖 20-11 中右邊的操作。這裡也是對插入操作 4 種情況中的第四種情況的處理。繼續看 raxGenericInsert 函數：

```
int raxGenericInsert(rax *rax, unsigned char *s, size_t len, void *data,
void **old, int overwrite) {
    ...
    while(i < len) {
        raxNode *child;

        // [12]
        if (h->size == 0 && len-i > 1) {

            size_t comprsize = len-i;
            ...
            raxNode *newh = raxCompressNode(h,s+i,comprsize,&child);
            if (newh == NULL) goto oom;
            h = newh;
            memcpy(parentlink,&h,sizeof(h));
            parentlink = raxNodeLastChildPtr(h);
            i += comprsize;
        } else {
```

```
            // [13]
            raxNode **new_parentlink;
            raxNode *newh = raxAddChild(h,s[i],&child,&new_parentlink);
            if (newh == NULL) goto oom;
            h = newh;
            memcpy(parentlink,&h,sizeof(h));
            parentlink = new_parentlink;
            i++;
        }
        rax->numnodes++;
        // [14]
        h = child;
    }
    // [15]
    raxNode *newh = raxReallocForData(h,data);
    if (newh == NULL) goto oom;
    h = newh;
    if (!h->iskey) rax->numele++;
    raxSetData(h,data);
    memcpy(parentlink,&h,sizeof(h));
    return 1; /* Element inserted. */
    ...
}
```

【12】插入節點 h 是空節點（空節點即沒有子節點的節點，通常為新節點），並且待插入的字元大於 1，將所有待插入字元插入插入節點 h中（h 節點成為壓縮節點），並生成新的空子節點。這裡插入節點 h為空節點通常是由於執行了第 13 步的程式，插入節點 h 指向了新的空節點。

【13】raxAddChild 函數替插入節點 h 增加一個節點字元 s[i]，並生成新的子節點，child 指向生成的子節點。這時需要使用 parentlink 將 h 節點重新設定為插入節點父節點的子節點，因為插入過程中要重新申請記憶體空間，h 指標會變化。

【14】將插入節點 h 指向新的空節點，繼續處理插入鍵的剩餘字元。

【15】執行到這裡，插入鍵不匹配的內容已經插入完成，h 指向最後生成
的空節點，這時將插入值（data 參數）設定為空節點的節點值。

注意

Rax 中每個節點的節點字元都是已排序的，raxAddChild 函數在插入節點字元
時會將其插入正確的位置。

---

4. 刪除鍵值對

刪除鍵值對比較簡單，除了將節點值設定為 NULL，還要考慮清除節點資
料或合併節點，分為以下 4 種情況。

（1）只清除節點資料，如圖 20-12 所示。

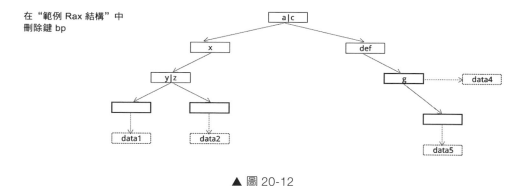

▲ 圖 20-12

刪除節點後，如果父節點對應的字元已經沒有子節點，則需要刪除父節
點對應的字元。

（2）只合併節點，如圖 20-13 所示。

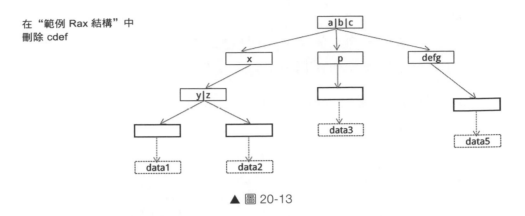

在 "範例 Rax 結構" 中
刪除 cdef

▲ 圖 20-13

（3）同時需要清除節點資料和合併節點，如圖 20-14 所示。

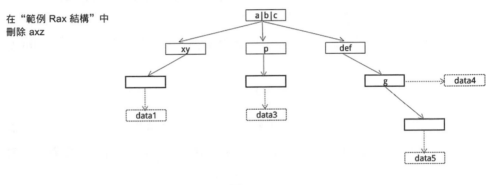

在 "範例 Rax 結構" 中
刪除 axz

▲ 圖 20-14

（4）最後一種情況是既不需要清除資料，也不需要合併節點。舉例來說，在圖 20-8 的 Rax 結構中刪除鍵 ax 就是典型的場景。

20.2.3 Stream 結構

了解了 listpack 或 Rax 的資料結構之後，下面再分析 stream 就簡單多了。

> **提示**
>
> 本節以下程式如無特殊說明，均在 stream.h、t_stream.c 中。

1. 定義

和其他資料類型一樣,訊息流類型也是在 redisObject 中儲存的,redisObject.prt 指向 stream 結構。

stream 結構存放一個訊息流的所有資訊:

```
typedef struct stream {
    rax *rax;
    uint64_t length;
    streamID last_id;
    rax *cgroups;
} stream;
```

- rax:存放訊息內容,該 Rax 中的鍵為訊息 ID,值指向 listpack。
- length:該訊息流中訊息的數量。
- cgroups:存放消費組,該 Rax 中的鍵為消費者名,值指向 streamCG 變數。
- last_id:訊息流中最新的訊息 ID。

stream.rax 中的 Rax 鍵存放訊息 ID,由於訊息 ID 以時間戳記開頭,字首會大量重複,所以可以大量節省記憶體。stream.rax 的結構如圖 20-15 所示。

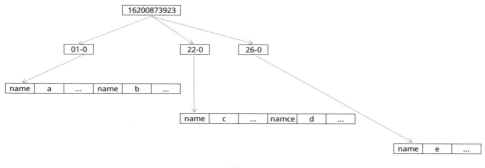

▲ 圖 20-15

stream.rax 的 Rax 值指向 listpack,Rax 鍵是 listpack 中最小的訊息 ID。

該設計與 quicklist 中將元素劃分到不同的 ziplist 中類似，目的是刪除訊息時減少資料的移動，並且提高查詢訊息的效率。這其實是一種稀疏索引，是儲存資料的常用方式。Kafka 也使用這種方式儲存訊息，感興趣的讀者可以自行了解。

streamID 結構負責儲存訊息 ID：

```
typedef struct streamID {
    uint64_t ms;
    uint64_t seq;
} streamID;
```

- ms：毫秒等級的時間戳記。
- seq：序號，如果在一毫秒內增加多筆訊息，則增加序號。

stream.cgroups 儲存消費組資訊，它也是一個 Rax，該 Rax 的鍵是消費組名，值指向 streamCG 變數：

```
typedef struct streamCG {
    streamID last_id;
    rax *pel;
    rax *consumers;
} streamCG;
```

- last_id：該消費組最新讀取的訊息 ID—last_delivered_id。
- pel：該消費組中所有待確認的訊息。
- consumers：該消費組中所有消費者，Rax 類型，Rax 鍵為消費者的名稱，Rax 值指向 streamConsumer。

streamConsumer 儲存消費者資訊，定義如下：

```
typedef struct streamConsumer {
    mstime_t seen_time;
    sds name;
    rax *pel;
} streamConsumer;
```

- seen_time：該消費者上次活躍時間。
- name：消費者名稱。
- pel：歸屬該消費者的所有待確認訊息。

streamCG.pel 和 streamConsumer.pel 都是 Rax 類型，Rax 鍵是訊息 ID，Rax 值指向 streamNACK，streamNACK 儲存待確認的訊息資訊：

```
typedef struct streamNACK {
    mstime_t delivery_time;
    uint64_t delivery_count;
    streamConsumer *consumer;
} streamNACK;
```

- delivery_time：訊息發送給消費者的最新時間。
- delivery_count：訊息發送給消費者的次數。
- consumer：訊息屬於哪個消費者。

stream.cgroups 的結構如圖 20-16 所示。

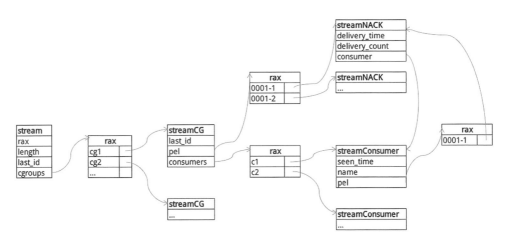

提示：為了方便展示，使用鍵值對的形式展示 Rax

▲ 圖 20-16

2. 寫入訊息

Redis 會將新的訊息追加到 stream.rax 的 listpack 中。

XADD 指令由 xaddCommand 函數處理，負責插入訊息：

```
void xaddCommand(client *c) {
    ...
    // [1]
    if (streamAppendItem(s,c->argv+field_pos,(c->argc-field_pos)/2,
        &id, id_given ? &id : NULL)
        == C_ERR)
    {
        addReplyError(c,"The ID specified in XADD is equal or smaller
than the "
                        "target stream top item");
        return;
    }
    ...
    // [2]
    if (maxlen >= 0) {
        if (streamTrimByLength(s,maxlen,approx_maxlen)) {
            notifyKeyspaceEvent(NOTIFY_STREAM,"xtrim",c->argv[1],c->db-
>id);
        }
        if (approx_maxlen) streamRewriteApproxMaxlen(c,s,maxlen_arg_idx);
    }
    ...
}
```

【1】 streamAppendItem 函數負責插入一個訊息到訊息流中。s 參數為訊
　　　息流對應的 stream 結構。

【2】 如果指令中設定了 MAXLEN 參數，則呼叫 streamRewriteApproxMaxlen
　　　函數對訊息流進行修剪。

Redis 對 Stream 訊息內容做了最佳化，它認為一個訊息流中所有訊息的
屬性基本是相同的。所以 Redis 在每個 listpack 的開始位置記錄一個「主
項目」，該「主項目」包含了第一個訊息的所有屬性名稱。如果後續訊息

屬性與「主項目」中的屬性相同，則只需要記錄這些訊息的值，不需要記錄屬性名稱，從而節省了記憶體。

「主項目」的內容如表 20-3 所示。

表 20-3

count	deleted	num-fields	field_1	field_2	...	field_N	0

註：最後的 0 代表「主項目」結束。

count 和 deleted 屬性記錄 listpack 中的有效訊息數量，以及標示為已刪除訊息的數量。所以 listpack 中的訊息數量為 count+deleted。

下面看一下 streamAppendItem 函數如何插入一個訊息到訊息流中：

```
int streamAppendItem(stream *s, robj **argv, int64* t numfields, streamID
*added_id, streamID *use_id) {
    // [1]
    streamID id;
    if (use_id)
        id = *use_id;
    else
        streamNextID(&s->last_id,&id);

    // [2]
    if (streamCompareID(&id,&s->last_id) <= 0) return C_ERR;


    // [3]
    raxIterator ri;
    raxStart(&ri,s->rax);
    raxSeek(&ri,"$",NULL,0);

    size_t lp_bytes = 0;
    unsigned char *lp = NULL;

    if (raxNext(&ri)) {
```

```
        lp = ri.data;
        lp_bytes = lpBytes(lp);
    }
    raxStop(&ri);

    // [4]
    if (lp != NULL) {
        if (server.stream_node_max_bytes &&
            lp_bytes >= server.stream_node_max_bytes)
        {
            lp = NULL;
        } else if (server.stream_node_max_entries) {
            int64_t count = lpGetInteger(lpFirst(lp));
            if (count >= server.stream_node_max_entries) lp = NULL;
        }
    }

    // [5]
    int flags = STREAM_ITEM_FLAG_NONE;
    if (lp == NULL || lp_bytes >= server.stream_node_max_bytes) {
        master_id = id;
        streamEncodeID(rax_key,&id);

        lp = lpNew();
        lp = lpAppendInteger(lp,1);
        lp = lpAppendInteger(lp,0);
        ...
        raxInsert(s->rax,(unsigned char*)&rax_key,sizeof(rax_
key),lp,NULL);
        flags |= STREAM_ITEM_FLAG_SAMEFIELDS;
    } else {
        // [6]
        serverAssert(ri.key_len == sizeof(rax_key));
        memcpy(rax_key,ri.key,sizeof(rax_key));

        streamDecodeID(rax_key,&master_id);
        unsigned char *lp_ele = lpFirst(lp);

        int64_t count = lpGetInteger(lp_ele);
```

```
        ...
    }
    // more
}
```

【1】 如果使用者指定了訊息 ID，則使用使用者指定的 ID，否則生成訊息 ID。

【2】 檢查新訊息 ID 是否比之前的訊息 ID 都大。如果不是，則不允許插入。

【3】 從 Stream.rax 中找到最大的 Rax 鍵，以及 Rax 鍵指向的 listpack。

- raxStart 函數負責初始化一個 Rax 迭代器。

- raxSeek 函數負責定位到特定的 Rax 節點，$ 參數要求定位到 Rax 中的最大節點。前面說了，Rax 中每個節點的節點字元都是排序的，所以在 Rax 中可以按鍵大小進行查詢。

- raxNext 函數負責尋找 Rax 下一個節點，讀者可能會疑惑，這裡 Rax 迭代器已經定位到 Rax 最後的節點，再呼叫 raxNext 函數會不會有問題？這裡解釋一下，raxSeek 函數會替 Rax 迭代器增加一個 RAX_ITER_JUST_SEEKED 標示，如果在 raxNext 函數中發現 Rax 迭代器存在該標示，則只會清除該標示，並不會尋找下一個節點。這裡呼叫 raxNext 函數並不會有問題（所以 raxNext 函數通常緊接在 raxSeek 函數後被呼叫）。

【4】 如果 listpack 的大小大於或等於 server.stream_node_max_bytes，或 listpack 存放訊息的數量大於或等於 server.stream_node_max_entries，則認為該 listpack 已滿，需要將新訊息放置到新的 listpack 中，所以這裡將 listpack 指標設定為空。

【5】 當 listpack 為空時，需要建立一個新的 listpack，並生成「主項目」。最後替 flags 屬性增加 STREAM_ITEM_FLAG_SAMEFIELDS 標示，代表目前插入訊息屬性與主項目一致（本來就是使用該訊息屬性生成的「主項目」）。

【6】 如果 listpack 不為空，則需要將訊息增加到目前 listpack 中，執行以
下操作：

（1）獲取 master_id，master_id 即 Rax 中指向目前 listpack 的鍵，
該鍵是目前 listpack 中最小的訊息 ID。

（2）將「主項目」中的 count 屬性加一，代表新增了一個訊息。

（3）將插入訊息的所有屬性與「主項目」的屬性進行比較，如果
屬性完全相等，則替 flags 屬性增加 STREAM_ITEM_FLAG_
SAMEFIELDS 標示。

```c
int streamAppendItem(stream *s, robj **argv, int64* t numfields, streamID
*added_id, streamID *use_id) {
    ...
    // [7]
    lp = lpAppendInteger(lp,flags);
    lp = lpAppendInteger(lp,id.ms - master_id.ms);
    lp = lpAppendInteger(lp,id.seq - master_id.seq);
    if (!(flags & STREAM_ITEM_FLAG_SAMEFIELDS))
        lp = lpAppendInteger(lp,numfields);
    for (int64_t i = 0; i < numfields; i++) {
        sds field = argv[i*2]->ptr, value = argv[i*2+1]->ptr;
        if (!(flags & STREAM_ITEM_FLAG_SAMEFIELDS))
            lp = lpAppend(lp,(unsigned char*)field,sdslen(field));
        lp = lpAppend(lp,(unsigned char*)value,sdslen(value));
    }

    // [8]
    int64_t lp_count = numfields;
    lp_count += 3;
    if (!(flags & STREAM_ITEM_FLAG_SAMEFIELDS)) {
        lp_count += numfields+1;
    }
    lp = lpAppendInteger(lp,lp_count);

    // [9]
    if (ri.data != lp)
        raxInsert(s->rax,(unsigned char*)&rax_key,sizeof(rax_
```

```
key),lp,NULL);
    s->length++;
    s->last_id = id;
    if (added_id) *added_id = id;
    return C_OK;
}
```

【7】 將資訊內容寫到 listpack 中,如果訊息屬性與「主項目」不一致,
則訊息格式如表 20-4 所示。

表 20-4

flags	entry-id	num-fields	field-1	value-1	...	field-N	value-N	p-count

如果訊息屬性與「主項目」一致,則訊息格式如表 20-5 所示。

表 20-5

flags	entry-id	value-1	...	value-N	p-count

這裡對 entry-id(訊息 ID)也做了最佳化,只記錄插入訊息 ID 中的
時間戳記、序號與 master_id 的差值,進一步節省了記憶體,並且
使用兩個 listpack 元素儲存 entry-id 屬性:ms-diff、seq-diff。
最後一個屬性 lp-count 記錄了儲存該訊息內容使用了多少個 listpack
元素,用於反向遍歷 listpack 時讀取訊息內容。

【8】 計算 lp_count,如果訊息屬性與「主項目」一致,則 lp_count 為
numfields+3(訊息值數量、flags,以及佔用 2 個 listpack 元素的
entry-id 屬性),如果訊息屬性與「主項目」不一致,則 lp_count 還
需要加上 numfields(訊息屬性數量)。

【9】 lpAppend、lpAppendInteger 等函數為 listpack 插入一個新元素,
並傳回 listpack 的最新指標(插入元素需要申請記憶體,可能導致
listpack 指標變更)。執行到這裡,lp 為 lipstick 的最新指標。如果
lp 與原來的 Rax 值不一致(listpack 指標已變更),則呼叫 raxInsert
函數將訊息 ID、lipstick 的最新指標插入 Rax 中。

3. 讀取訊息

XREAD 和 XREADGROUP 都是由 xreadCommand 函數處理的。

xreadCommand 函數主要解析指令參數，並且查詢 stream（訊息流）、streamID（指令中的訊息 ID）、streamCG（消費組）、streamConsumer（消費者）等資訊，最後呼叫 streamReplyWithRange 函數讀取訊息：

```
size_t streamReplyWithRange(client *c, stream *s, streamID *start,
streamID *end, size_t count, int rev, streamCG *group, streamConsumer
*consumer, int flags, streamPropInfo *spi) {
    void *arraylen_ptr = NULL;
    size_t arraylen = 0;
    streamIterator si;
    int64_t numfields;
    streamID id;
    int propagate_last_id = 0;
    int noack = flags & STREAM_RWR_NOACK;

    // [1]
    if (group && (flags & STREAM_RWR_HISTORY)) {
        return streamReplyWithRangeFromConsumerPEL(c,s,start,end,count,
                                                   consumer);
    }

    if (!(flags & STREAM_RWR_RAWENTRIES))
        arraylen_ptr = addReplyDeferredLen(c);
    // [2]
    streamIteratorStart(&si,s,start,end,rev);
    while(streamIteratorGetID(&si,&id,&numfields)) {
        // [3]
        if (group && streamCompareID(&id,&group->last_id) > 0) {
            group->last_id = id;
            if (noack) propagate_last_id = 1;
        }

        // [4]
        addReplyArrayLen(c,2);
```

```
        addReplyStreamID(c,&id);

        ...

        // [5]
        if (group && !noack) {
            unsigned char buf[sizeof(streamID)];
            streamEncodeID(buf,&id);

            streamNACK *nack = streamCreateNACK(consumer);
            int group_inserted =
                raxTryInsert(group->pel,buf,sizeof(buf),nack,NULL);
            int consumer_inserted =
                raxTryInsert(consumer->pel,buf,sizeof(buf),nack,NULL);
            ...

            if (spi) {
                robj *idarg = createObjectFromStreamID(&id);
                streamPropagateXCLAIM(c,spi->keyname,group,spi-
>groupname,idarg,nack);
                decrRefCount(idarg);
            }
        }

        arraylen++;
        if (count && count == arraylen) break;
    }
    // [6]
    if (spi && propagate_last_id)
        streamPropagateGroupID(c,spi->keyname,group,spi->groupname);

    streamIteratorStop(&si);
    if (arraylen_ptr) setDeferredArrayLen(c,arraylen_ptr,arraylen);
    return arraylen;
}
```

【1】 flags 參 數 存 在 STREAM_RWR_HISTORY 標 示， 代 表 在
XREADGROUP 指令中使用具體的訊息 ID，這時只能呼叫 streamR

eplyWithRangeFromConsumerPEL 函數從 streamCG.pel 中讀取待確認訊息。

【2】 呼叫 streamIteratorGetID 函數從 stream.rax 中讀取對應的訊息內容。由於 stream.rax 中 Rax 鍵是其指向 listpack 中最小的訊息 ID，所以只需要找到小於或等於目標訊息 ID 的最大 Rax 鍵，在該 Rax 鍵指向的 listpack 中遍歷尋找，直到找到目標訊息 ID。限於篇幅，本書不展示分析 streamIteratorGetID 函數，感興趣的讀者可以自行閱讀程式。

【3】 更新消費組的 last_delivered_id。

【4】 將查詢訊息內容寫入回覆緩衝區。

【5】 建立對應的 streamNACK 並增加到 streamCG.pel、consumer.pel 中，這裡還需要將 streamNACK 轉為寫入指令，並傳播到 AOF 和從節點。

【6】 使用最新的消費組 last_delivered_id 生成寫入指令並傳播到 AOF 和從節點。

20.2.4 Stream 持久化與複製

下面看一下訊息流如何實現持久化與複製。

對於 AOF 機制與從節點複製，直接傳播指令給 AOF 和從節點就可以了。指令傳播已經分析過了，這裡不再複述。需要注意的是，在讀取訊息時，如果生成了 streamNACK 或修改了消費組 last_delivered_id，那麼也需要生成對應的寫入指令進行傳播。

下面看一下訊息流內容如何保存到 RDB 中。訊息流的保存同樣在 rdbSaveObject 函數中實現。每個訊息流需保存以下內容：

【1】 保存 stream.rax。遍歷 Rax，保存 Rax 鍵及鍵指向的 listpack，listpack 以字元陣列格式直接保存。

【2】　保存 stream.last_id。

【3】　保存消費組內容 stream.cgroups。遍歷 Rax，保存以下內容：

■ 保存消費組的名稱（Rax 鍵），然後保存 Rax 鍵指向的 streamCG，每個 streamCG 保存以下內容：

  • 保存 streamCG.last_id，即 last_delivered_id。

  • 保存 streamCG.pel，遍歷 Rax，保存 Rax 鍵（訊息 ID）及鍵指向的 streamNACK 結構的 delivery_time、delivery_count 屬性，不需要保存 streamNACK.consumer 內容。

  • 保存 streamCG.consumers，遍歷 Rax，保存 Rax 鍵（消費者名稱）及鍵指向的 streamConsumer 結構的 seen_time、pel 屬性，streamConsumer.pel 同樣只保存 streamNACK.delivery_time、streamNACK.delivery_count 屬性。

《複習》

■ listpack 結構是對 ziplist 結構的最佳化，避免了 ziplist 中「串聯更新」的問題。

■ Rax 結構可以存放鍵值對，並對鍵內容進行壓縮。

■ Redis Stream 實現了訊息佇列，提供了消費組、ACK 確認等功能。

存取控制清單 ACL

Redis 6 之前沒有許可權的概念，所有連接的用戶端（透過密碼驗證後）
都可以對 Redis 中的資料進行任意操作，並使用所有高危指令，這樣很可
能誤操作資料，甚至清空所有資料。

Redis 6 開始提供存取控制清單 ACL（Access Control List），並引入了使
用者的概念，透過管理使用者可執行的指令和可存取的鍵，對使用者許
可權進行細緻的控制。

> **提示**
>
> 本章的使用者是指 Redis 為每個用戶端連結的使用者角色，其他章節説到使用
> 者通常指 Redis 使用者，請不要混淆這兩個概念。

本章分析 Redis ACL 的應用和實現。

21.1 ACL 的應用範例

ACL LIST 指令可以查看伺服器目前存在的使用者：

```
> ACL LIST
1) "user default on nopass ~* +@all"
```

為了相容舊版本，Redis 6 提供了預設的使用者 "default"，該使用者具有
所有權限。

使用舊版本的 AUTH 指令認證 "default" 使用者：

```
AUTH <password>
```

21.1.1 建立使用者

Redis 的許可權操作基本都可以透過 ACL SETUSER 指令執行。該指令可以使用指定的規則建立使用者或修改現有使用者的規則。

增加一個使用者：

```
> ACL SETUSER binecy on >123456
OK
> ACL LIST
1) "user binecy on #8d969eef6ecad3c29a3a629280e686cf0c3f5d5a86aff3ca12020
c923adc6c92 -@all"
```

- on：該參數代表啟用該使用者。
- >123456： 該 參 數 表 示 替 使 用 者 增 加 密 碼 123456， 格 式 為 >[password]。

這時就可以使用該使用者進行認證：

```
> AUTH binecy 123456
OK
```

這裡的 AUTH 指令除了需要密碼參數，還需要用戶名參數。這時 binecy 還沒有任何許可權，不能執行任何指令。

使用 <[passowrd] 參數可以刪除密碼，下面的指令將 binecy 的使用者密碼修改為 abcd：

```
> ACL SETUSER binecy <123456 >abcd
OK
```

另外，使用 #[hashedpassword] 參數可以增加一個 Hash 密碼，該 Hash 密碼使用 SHA256 演算法計算純文字密碼的 Hash 值，並轉為十六進位字串。

```
> ACL SETUSER binecy on #8d969eef6ecad3c29a3a629280e686cf0c3f5d5a86aff3ca
12020c923adc6c92
```

上面的指令同樣為使用者 binecy 增加了密碼 123456。

21.1.2 可執行指令授權

Redis 對指令進行了分類,透過 ACL CAT 指令可以查看所有的指令分類:

```
> ACL CAT
1) "keyspace"
2) "read"
3) "write"
...
```

查看某個分類下的具體指令:

```
> ACL CAT read
1) "zlexcount"
2) "keys"
3) "hlen"
4) "zrangebyscore"
5) "type"
6) "scard"
7) "host:"
...
```

使用 +@<category> 參數可以授予使用者執行指定分類內所有指令的許可權(category 指指令分類,如 read、write):

```
> ACL SETUSER binecy +@read
OK
```

+@read:對所有的查詢指令授權。這時 binecy 使用者可以執行所有的查詢指令(實際上執行這些指令還是會被拒絕,因為該使用者還沒有便捷鍵的許可權)。

如果需要授予使用者執行某個指令的許可權，則可以使用 +<command>、
+<command>|subcommand 參數。

舉例來説，建立一個新使用者 binecy2，並授權其可以執行 SCAN 指令：

```
> ACL SETUSER binecy2 on >123456
OK
> ACL SETUSER binecy2 +SCAN
OK
```

授權 binecy2 可以執行 CLIENT GETNAME 子指令：

```
>  ACL SETUSER binecy2 +CLIENT|GETNAME
OK
```

使用 +@all 參數授權使用者 binecy2 可以執行所有指令：

```
> ACL SETUSER binecy2 +@all
OK
```

如果需要刪除對某個指令或指令分類的許可權，則可以使
用 -@<category> 或 -<command> 參數刪除許可權：

```
> ACL SETUSER binecy2  -SCAN
OK
> ACL SETUSER binecy2  -@all
OK
```

21.1.3 可便捷鍵授權

上一節的例子中 binecy 使用者雖然被授權可執行查詢指令，但還不能存
取任何鍵，所以執行指令仍然傳回無許可權錯誤：

```
> AUTH binecy 123456
OK
> GET k1
(error) NOPERM this user has no permissions to access one of the keys
used as arguments
```

下面給該使用者授予便捷鍵的許可權。

使用 ~<pattern> 參數，授權使用者可以存取指定模式的鍵：

```
> ACL SETUSER binecy ~cached:*
```

~cached:*：授權該使用者可以存取 "cached:" 開頭的鍵。

~<pattern> 參數支援使用萬用字元，萬用字元匹配規則範例如下：

- h?llo 匹配 hello、hallo、hxllo。
- h*llo 匹配 hllo、heeeello。
- h[ae]llo 匹配 hello、hallo，但不匹配 hillo。
- h[^e]llo 匹配 hallo、hbllo，…，但不匹配 hello。
- h[a-b]llo 匹配 hallo、hbllo。

現在 binecy 使用者可以執行以下指令：

```
> GET cached:1
(nil)
```

> **注意**
>
> 指令授權和鍵授權是獨立的。

舉例來說，執行下面兩個指令：

```
> ACL SETUSER binecy ~cached:* +get
OK
> ACL SETUSER binecy ~user:* +set
OK
```

讀者不要誤以為這樣會給 "~cached："模式的鍵指定 get 指令許可權，給 "user："模式的鍵指定 set 指令許可權。並非如此，實際上鍵模式與指令執行許可權並沒有對應關係，上面這兩個指令給使用者指定存取 "cached:"、"user:" 兩種模式的鍵的許可權，並指定執行 get、set 指令的許可權。

使用 ~* 參數可以授權使用者存取所有的鍵：

```
> ACL SETUSER binecy ~*
OK
```

ACL SETUSER 還提供了以下特殊參數：

- allkeys：等於 ~*，授權使用者存取所有鍵。
- allcommands：等於 +@all，授權使用者執行所有指令。
- nocommands：等於 -@all，禁止使用者執行所有指令。
- nopass：可以使用任意密碼認證該使用者。
- resetkeys：清空之前設定的所有鍵模式。
- reset：重置使用者，刪除密碼，刪除關於鍵和指令的所有權限。

21.1.4 Pub/Sub 頻道授權

Redis 6.2 還增加了 Pub/Sub 頻道的許可權控制。

透過 &<pattern> 參數可以限制使用者使用特定的頻道：

```
> ACL SETUSER binecy3 on nopass +PUBLISH +SUBSCRIBE   resetchannels
&message:*
OK
```

binecy3 使用者被指定執行 PUBLISH、SUBSCRIBE 指令的許可權，並且
發佈 / 訂閱指令都只能針對 message:* 模式的頻道：

```
> AUTH binecy31
OK
> SUBSCRIBE room:1
(error) NOPERM this user has no permissions to access one of the channels
used as arguments
> SUBSCRIBE message:1
1) "subscribe"
2) "message:1"
3) (integer) 1
```

由於使用 nopass 參數建立了 binecy3 使用者，所以可以使用任意密碼認證該使用者。

該實例需要在 Redis 6.2 及以上版本上操作。

> **注意**
>
> 建立 binecy3 使用者的指令中使用了 resetchannels 參數。由於建立一個新使用者時該使用者就附帶了使用所有頻道的許可權（保證該功能與之前 Redis 版本的表現一致），這時如果要限制該使用者只能存取特定頻道模式，則需要先使用 resetchannels 清除原來的頻道許可權。

同樣，使用 ~* 參數授予使用者存取所有鍵的許可權後，如果要限制使用者只能存取特定的鍵模式，那麼也要先使用 resetkeys 參數清除原來的鍵許可權。

```
> ACL SETUSER binecy4 on nopass ~*
OK
> ACL SETUSER binecy4 ~hello:*
(error) ERR Error in ACL SETUSER modifier '~hello:*': …
> ACL SETUSER binecy4 resetkeys ~hello:*
OK
```

使用者規則也可以設定在設定檔中：

```
user binecy5 on >123456 +@read ~count:*
```

啟動 Redis 伺服器後，可以看到該使用者訊息：

```
> ACL LIST
1) "user binecy5 on #8d969eef6ecad3c29a3a629280e686cf0c3f5d5a86aff3ca1202
0c923adc6c92 ~count:* -@all +@read"
```

可以將使用者規則的設定分離到單獨的檔案中，並使用 aclfile 選項指定使用者規則的設定檔：

```
aclfile /etc/redis/users.acl
```

21.2 ACL 的實現原理

21.2.1 定義

server.h/user 結構負責儲存使用者資訊：

```
typedef struct {
    sds name;
    uint64_t flags;
    uint64_t allowed_commands[USER_COMMAND_BITS_COUNT/64];
    sds **allowed_subcommands;
    list *passwords;
    list *patterns;
} user;
```

- name：用戶名。
- flags：使用者標識，存在如索引示。
  - USER_FLAG_ALLKEYS：該使用者可以存取所有鍵。使用 ~* 參數給使用者授權，會打開該使用者標示。
  - USER_FLAG_ALLCOMMANDS：該使用者可以執行所有的指令。使用 +@all 參數給使用者授權，會打開該使用者標示。
  - USER_FLAG_ENABLED/USER_FLAG_DISABLED：該使用者是否啟用 / 禁用。
  - USER_FLAG_NOPASS：該使用者是否可以使用任意密碼認證。
- allowed_commands：可執行指令的點陣圖。USER_COMMAND_BITS_COUNT 變數為 1024，代表 Redis 指令最大的數量，USER_COMMAND_BITS_COUNT/64 中除以 64 是因為 uint64_t 類型有 64 個 bit 位元，每個 bit 位元可以代表一個指令是否授權。該點陣圖中 bit 位元的索引對應指令 id（redisCommand.id）。

- allowed_subcommands：二維陣列，儲存可執行的子指令。一維索引對應 redisCommand.id，如 CLIENT 指令的 redisCommand.id 為 160，給 CLIENT GETNAME 子指令授權後，則 allowed_subcommands[160][0]="getname"。
- passwords：密碼清單。一個使用者可以設定多個密碼。
- patterns：可存取的鍵模式清單。

Redis 6 為 redisCommand 結構增加了 id 屬性，用於實現 ACL 功能。當給某一個指令分類授權時，需要將該分類下所有指令在 allowed_commands 點陣圖中對應的 bit 位元設定為 1。

acl.c 定義了 Rax 類型的全域變數 Users，Rax 鍵為用戶名，Rax 值指向 user 變數。client.user 屬性也指向 user 變數，代表該用戶端連結的使用者。

21.2.2 初始化 ACL 環境

首先看一下指令中 id、分類資訊是如何初始化的。

前面說過，Redis 啟動時，會呼叫 populateCommandTable 函數載入 server.c/redisCommandTable 資料，將指令名稱和 redisCommand 增加到 server.commands、server.orig_commands 指令字典中（可回顧 initServerConfig 函數）。

populateCommandTable 函數會初始化指令資訊：

（1）呼叫 populateCommandTableParseFlags 函數將 sflags 轉為 flags 標示，Redis 透過 flags 標識將指令劃分到不同的分類中。
（2）呼叫 ACLGetCommandID 函數為 redisCommand.id 設定值，這裡會按 server.c/redisCommand-Table 陣列宣告 redisCommand 的順序定義 id。

server.c/redisCommandTable 陣列內容的定義如下：

```
struct redisCommand redisCommandTable[] = {
    {"module",moduleCommand,-2,
     "admin no-script",
     0,NULL,0,0,0,0,0,0},

    {"get",getCommand,2,
     "read-only fast @string",
     0,NULL,1,1,1,0,0,0},

    {"set",setCommand,-3,
     "write use-memory @string",
     0,NULL,1,1,1,0,0,0},
    ...
}
```

處理結果如表 21-1 所示。

表 21-1

指令	id	sflags	flags
module	0	module, no-script	[CMD_ADMIN|CMD_CATEGORY_ADMIN|CMD_CATEGORY_DANGEROUS], [CMD_NOSCRIPT]
get	1	read-only, fast, @string	[CMD_READONLY|CMD_CATEGORY_READ], [CMD_FAST|CMD_CATEGORY_FAST], [CMD_CATEGORY_STRING]
set	2	write, use-memory	[CMD_WRITE|CMD_CATEGORY_WRITE], [CMD_DENYOOM]
...			

存在 CMD_CATEGORY_READ 標示的指令會被分到 read 分類中，存在 CMD_CATEGORY_ WRITE 標示的指令會被分到 write 分類中。讀者可以從 acl.c/ACLCommandCategories 陣列中找到所有分類與指令標示的關係。

sflags 有以下常用的值：

- write：寫入指令。
- read-only：唯讀指令。
- use-memory：可能需要申請記憶體空間的指令。
- admin：後台管理指令，如 SAVE、SHUTDOWN。
- pub-sub：Pub/Sub 相關指令。
- no-script：Lua 指令稿不允許執行的指令。
- random：傳回不確定數（如目前時間戳記）的指令。
- no-auth：不需要認證的指令。

其他標示不一一介紹，讀者可自行閱讀 server.c/populateCommandTable ParseFlags 函數。

下面看一下如何初始化 ACL 環境。

Redis 啟動時會呼叫 ACLInit 函數（main 函數觸發）初始化 ACL 的執行環境：

```
void ACLInit(void) {
    Users = raxNew();
    UsersToLoad = listCreate();
    ACLLog = listCreate();
    ACLInitDefaultUser();
    server.requirepass = NULL;
}
```

主要是初始化 Users、UsersToLoad 等變數，並呼叫 ACLInitDefaultUser 建立 default 使用者。

config.c 負責解析設定，當讀取到使用者規則設定時（user ...），會呼叫 ACLAppendUserForLoading 函數將這些設定內容增加到 acl.c/UsersToLoad 中。最後在 ACLLoadUsersAtStartup 函數（由 main 函數觸發）中解析 UsersToLoad 的內容。另外，如果 aclfile 設定項目中指定了單獨的使用者規則的設定檔，那麼 ACLLoadUsersAtStartup 函數也會讀取並解析該檔案。

ACLLoadUsersAtStartup 函數呼叫 ACLLoadConfiguredUsers 解析使用者規則設定：

```
int ACLLoadConfiguredUsers(void) {
    listIter li;
    listNode *ln;
    // [1]
    listRewind(UsersToLoad,&li);
    while ((ln = listNext(&li)) != NULL) {
        sds *aclrules = listNodeValue(ln);
        sds username = aclrules[0];

        ...
        // [2]
        user *u = ACLCreateUser(username,sdslen(username));
        ...

        // [3]
        for (int j = 1; aclrules[j]; j++) {
            if (ACLSetUser(u,aclrules[j],sdslen(aclrules[j])) != C_OK) {
                ...
                return C_ERR;
            }
        }

        ...
    }
    return C_OK;
}
```

【1】 遍歷並處理所有使用者規則設定。

【2】 呼叫 ACLCreateUser 函數建立使用者。

【3】 針對該使用者所有的規則設定，呼叫 ACLSetUser 函數進行處理。

21.2.3 使用者規則設定

ACL 指令由 aclCommand 函數處理：

```
void aclCommand(client *c) {
    char *sub = c->argv[1]->ptr;
    // [1]
    if (!strcasecmp(sub,"setuser") && c->argc >= 3) {
        sds username = c->argv[2]->ptr;
        ...

        // [2]
        user *tempu = ACLCreateUnlinkedUser();
        user *u = ACLGetUserByName(username,sdslen(username));
        if (u) ACLCopyUser(tempu, u);
        // [3]
        for (int j = 3; j < c->argc; j++) {
            if (ACLSetUser(tempu,c->argv[j]->ptr,sdslen(c->argv[j]->ptr))
!= C_OK) {
                char *errmsg = ACLSetUserStringError();
                addReplyErrorFormat(c,
                    "Error in ACL SETUSER modifier '%s': %s",
                    (char*)c->argv[j]->ptr, errmsg);

                ACLFreeUser(tempu);
                return;
            }
        }

        // [4]
        if (!u) u = ACLCreateUser(username,sdslen(username));
        serverAssert(u != NULL);
        ACLCopyUser(u, tempu);
        ACLFreeUser(tempu);
        addReply(c,shared.ok);
    }
    ...
}
```

【1】 處理 ACL SETUSER 子指令，本章只關注該子指令的處理邏輯。

【2】 建立一個臨時使用者（或從已存在的使用者上複製一個臨時使用者），用於執行 ACL SETUSER 子指令設定的所有規則。如果所有規則都執行成功，那麼再應用到真實使用者上，避免 SETUSER 子指令中只有一部分規則應用成功。

【3】 呼叫 ACLSetUser 函數，應用 ACL SETUSER 子指令的所有規則，如果某個規則處理失敗，則退出函數。

【4】 將臨時使用者資訊複製到真實使用者資訊上。如果使用者不存在，則建立一個使用者。

可以看到，Redis 只會應用 ACL SETUSER 子指令中列出的規則，並不會重置或清除使用者原來的規則，所以可以對一個使用者重複呼叫 ACL SETUSER 指令，增量修改該使用者的規則。

ACLSetUser 函數負責處理 ACL SETUSER 子指令的某個具體規則：

```
int ACLSetUser(user *u, const char *op, ssize_t oplen) {
    if (oplen == -1) oplen = strlen(op);
    if (oplen == 0) return C_OK;
    if (!strcasecmp(op,"on")) {
        u->flags |= USER_FLAG_ENABLED;
        u->flags &= ~USER_FLAG_DISABLED;
    } else if (!strcasecmp(op,"off")) {
        u->flags |= USER_FLAG_DISABLED;
        u->flags &= ~USER_FLAG_ENABLED;
    } else if (!strcasecmp(op,"allkeys") ||
               !strcasecmp(op,"~*"))
    {
        u->flags |= USER_FLAG_ALLKEYS;
        listEmpty(u->patterns);
    } else if (!strcasecmp(op,"resetkeys")) {
        u->flags &= ~USER_FLAG_ALLKEYS;
        listEmpty(u->patterns);
    }
    ...
    return C_OK;
}
```

該函數的處理比較簡單，針對 ACL SETUSER 不同的參數進行處理，這裡就不一一展開，讀者可自行閱讀程式。

21.2.4　使用者許可權檢查

processCommand 函數執行指令之前，會呼叫 ACLCheckCommandPerm 函數檢查使用者許可權，如果用戶端連結的使用者沒有執行指令或存取指令鍵的許可權，將拒絕指令並傳回錯誤訊息：

```
int processCommand(client *c) {
    ...
    int acl_keypos;
    // [1]
    int acl_retval = ACLCheckCommandPerm(c,&acl_keypos);
    // [2]
    if (acl_retval != ACL_OK) {
        addACLLogEntry(c,acl_retval,acl_keypos,NULL);
        if (acl_retval == ACL_DENIED_CMD)
            rejectCommandFormat(c,
                "-NOPERM this user has no permissions to run "
                "the '%s' command or its subcommand", c->cmd->name);
        else
            rejectCommandFormat(c,
                "-NOPERM this user has no permissions to access "
                "one of the keys used as arguments");
        return C_OK;
    }
    ...
}
```

【1】 呼叫 ACLCheckCommandPerm 函數檢查使用者是否擁有許可權執行指令或存取指令的鍵。

【2】 使用者許可權檢查不通過，拒絕指令並傳回錯誤訊息。

```
int ACLCheckCommandPerm(client *c, int *keyidxptr) {
    user *u = c->user;
```

```
uint64_t id = c->cmd->id;
...
// [1]
if (!(u->flags & USER_FLAG_ALLCOMMANDS) &&
    c->cmd->proc != authCommand)
{
    // [2]
    if (ACLGetUserCommandBit(u,id) == 0) {
        ...

        // [3]
        long subid = 0;
        while (1) {
            if (u->allowed_subcommands[id][subid] == NULL)
                return ACL_DENIED_CMD;
            if (!strcasecmp(c->argv[1]->ptr,
                            u->allowed_subcommands[id][subid]))
                break;
            subid++;
        }
    }
}

// [4]
if (!(c->user->flags & USER_FLAG_ALLKEYS) &&
    (c->cmd->getkeys_proc || c->cmd->firstkey))
{
    getKeysResult result = GETKEYS_RESULT_INIT;
    int numkeys = getKeysFromCommand(c->cmd,c->argv,c->argc,&result);
    int *keyidx = result.keys;
    // [5]
    for (int j = 0; j < numkeys; j++) {
        listIter li;
        listNode *ln;
        listRewind(u->patterns,&li);

        int match = 0;
        // [6]
        while((ln = listNext(&li))) {
```

```
            sds pattern = listNodeValue(ln);
            size_t plen = sdslen(pattern);
            int idx = keyidx[j];
            if (stringmatchlen(pattern,plen,c->argv[idx]->ptr,
                               sdslen(c->argv[idx]->ptr),0))
            {
                match = 1;
                break;
            }
        }
        if (!match) {
            if (keyidxptr) *keyidxptr = keyidx[j];
            getKeysFreeResult(&result);
            return ACL_DENIED_KEY;
        }
    }
    getKeysFreeResult(&result);
}

return ACL_OK;
}
```

【1】 USER_FLAG_ALLCOMMANDS 標示代表該使用者可以執行所有指令，如果使用者打開了該標示，則不需要檢查使用者是否有執行指令的許可權。

【2】 呼叫 ACLGetUserCommandBit 函數檢查使用者是否有執行該指令的許可權。如果指令 id 在 user.allowed_commands 點陣圖中對應的 bit 位元為 1，則代表具有執行該指令的許可權。舉例來說，CLIENT 指令的 redisCommand.id 為 160，由於 160/64=2，160%64=32，所以只需檢查 allowed_commands[2] &(1<<32) 是否等於 1 即可。

【3】 如果用戶端發送的是子指令，那麼就檢查使用者是否有執行該子指令的許可權。遍歷 allowed_subcommands[redisCommand.id]，如果找到子指令名稱，則允許執行子指令。

如果使用者擁有執行某個指令的許可權（該指令在 user.allowed_

commands 點陣圖中對應的 bit 位元為 1），則不需要執行該檢查，這時使用者擁有執行該指令下所有子指令的許可權。

【4】 USER_FLAG_ALLKEYS 標示代表該使用者可以存取所有鍵，如果使用者打開了該標示，則不需要檢查使用者是否擁有便捷鍵的許可權。

【5】 遍歷該指令存取的全部鍵，檢查使用者是否擁有存取權限。

【6】 遍歷 user.patterns 中所有的鍵模式，檢查鍵是否匹配其中某個鍵模式。

《複習》

- Redis ACL 提供了細緻的使用者許可權控制，可以根據指令分類、指令、子指令、鍵等維度對使用者許可權進行控制。

- Redis 使用 redisCommand.flags 標示對指令進行分類，使用點陣圖記錄指令授權資訊，使用清單記錄使用者授權鍵模式。

- Redis 使用 Rax 管理所有的使用者。

Redis Tracking

Redis 由於速度快、性能高，常常作為 MySQL 等傳統資料庫的快取資料庫。另外，由於 Redis 是遠端服務，查詢 Redis 需要透過網路請求，在高併發查詢情景中難免造成性能損耗。所以，高併發應用通常引入本地快取，在查詢 Redis 前先檢查本地快取是否存在資料。

假如使用 MySQL 儲存資料，那麼資料查詢流程如圖 22-1 所示。

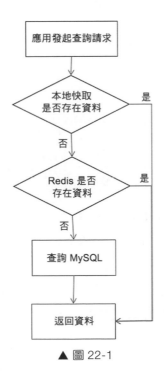

▲ 圖 22-1

引入多端快取後，修改資料時，各資料快取端如何保證資料一致是一個難題。通常的做法是修改 MySQL 資料，並刪除 Redis 快取、本地快取。當使用者發現快取不存在時，會重新查詢 MySQL 資料，並設定 Redis 快取、本地快取。

在分散式系統中，某個節點修改資料後不僅要刪除目前節點的本地快取，還需要發送請求給叢集中的其他節點，要求它們刪除該資料的本地快取，如圖 22-2 所示。如果分散式系統中節點很多，那麼該操作會造成不少性能損耗。

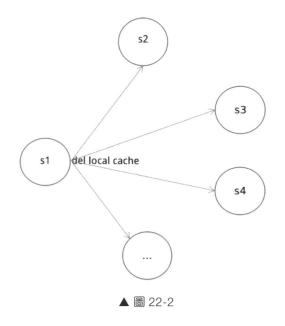

▲ 圖 22-2

為此，Redis 提供了 Redis Tracking 機制，對該快取方案進行了最佳化。開啟 Redis Tracking 後，Redis 伺服器會記錄用戶端查詢的所有鍵，並在這些鍵發生變更後，發送故障訊息通知用戶端這些鍵已變更，這時用戶端需要將這些鍵的本地快取刪除。以 Redis Tracking 機制為基礎，某個節點修改資料後，不需要再在叢集廣播「刪除本地快取」的請求，從而降低了系統複雜度，並提高了性能。

本章討論 Redis Tracking 機制的應用與實現。

Redis Tracking 機制在很多資料中被稱為「Redis 用戶端快取」，但筆者認為使用 Redis Tracking 的說法更貼合 Redis 伺服器行為，所以本書也使用該說法。

22.1 Redis Tracking 的應用範例

下面介紹 Redis Tracking 機制的使用。

22.1.1 基本應用

表 22-1 展示了 Redis Tracking 機制的簡單使用範例。

表 22-1

client1	client2
> HELLO 3 1# "server" => "redis" 2# "version" => "6.2.1" 3# "proto" => (integer) 3 4# "id" => (integer) 3 ... > CLIENT TRACKING on OK > get score (nil)	
	> set score 1 OK
> PING -> invalidate: 'score' PONG	

下面分析表 22-1 中使用的指令。

（1）為了支持 Redis 伺服器推送訊息，Redis 在 RESP2 協定上進行了擴充，實現了 RESP3 協定。HELLO 3 指令表示用戶端與 Redis 伺服器之間使用 RESP3 協定通訊。

> **注意**
>
> Redis 6.0 提供了 Redis Tracking 機制，但該版本的 redis-cli 並不支援 RESP3 協定，所以這裡使用 Redis 6.2 版本的 redis-cli 進行演示，請讀者在執行上述指令時注意使用合適版本的 redis-cli。

（2）CLIENT TRACKING on 指令的作用是開啟 Redis Tracking 機制，此後 Redis 伺服器會記錄用戶端查詢的鍵，並在這些鍵變更後推送訊息通知用戶端。

表 22-1 中的用戶端 client1 查詢了鍵 score 後，用戶端 client2 修改了該鍵，這時 Redis 伺服器會馬上推送故障訊息給用戶端 client1，但 redis-cli 不會直接展示它收到的推送訊息，而是在下一個請求返回後再展示該訊息，所以表 22-1 中重新發送了一個 PING 請求。

使用 telnet 可以更直觀看到「鍵變更後伺服器馬上推送故障訊息」的效果，如表 22-2 所示。

表 22-2

client1	client2
$ telnet 127.0.0.16379 hello 3 ... CLIENT TRACKING on +OK get score $1 2	

client1	client2
	> set score 3
>2 $10 invalidate *1 $5 score	

Redis 要求用戶端實現本地快取功能，用戶端應該在開啟 Redis Tracking 機制後將應用查詢的鍵快取在本地，並且在收到 Redis 伺服器的故障訊息後刪除對應鍵的本地快取。

redis-cli 並沒有實現本地快取，所以我們只能看到故障訊息。

而一些更強大的用戶端（如 Java 用戶端 Lettuce）已實現本地快取功能，使用這些用戶端，在開啟 Redis Tracking 機制後，查詢相同的鍵將不需要再發送查詢指令到 Redis 伺服器，而是直接使用用戶端的本地快取。

這也是 Redis Tracking 機制被稱為「用戶端快取」的主要原因。

22.1.2 廣播模式

Redis Tracking 還提供了多種使用模式，以便使用者更進一步地使用該機制。

廣播模式：使用 BCAST 參數開啟廣播模式，廣播模式通常結合 PREFIX 參數使用，PREFIX 參數代表用戶端只關注指定字首的鍵。

在廣播模式下，當變更的鍵以用戶端關注的字首開頭時，Redis 伺服器會給所有關注了該字首的用戶端發送故障訊息，不管用戶端之前是否查詢過這些鍵。

在非廣播模式下，Redis 伺服器會記錄用戶端查詢過的所有鍵，並且在這些鍵變更時，發送故障訊息給查詢過這些鍵的用戶端，而不會給沒有查詢過這些鍵的用戶端發送故障訊息。

22.1.1 節已經展示了非廣播模式的範例，表 22-3 展示了廣播模式的使用範例。

表 22-3

client1	client2
> CLIENT TRACKING on BCAST PREFIX cached OK	
	> set cached:11 OK
> PING -> invalidate: 'cached:1' PONG	

可以看到，client1 只是關注了 cached 字首，並沒有查詢 cached:1，但 client2 變更了 cached:1 的鍵，伺服器也會發送故障訊息給 client1。

22.1.3 OPTIN、OPTOUT、NOLOOP

OPTIN 模式：使用 OPTIN 模式後，只有在用戶端發送 CLIENT CACHING yes 指令後，下一筆查詢指令的鍵才被伺服器記錄，其他查詢指令的鍵不會被記錄。

```
> CLIENT TRACKING on OPTIN
```

OPTOUT 模式：OPTOUT 模式與 OPTIN 相反。用戶端發送 CLIENT CACHING no 指令後，下一筆查詢指令的鍵不會被伺服器記錄，而其他查詢指令的鍵都會被記錄。

```
> CLIENT TRACKING on OPTOUT
```

OPTIN 和 OPTOUT 針對非 BCAST 模式。

NOLOOP 模式：在 NOLOOP 模式下，當用戶端變更了某個鍵後，伺服器不會給該用戶端發送故障訊息。NOLOOP 模式可用於非廣播模式與廣播模式。

```
> CLIENT TRACKING on NOLOOP
OK
> get k1
(nil)
> set k11
OK
> PING
PONG
```

因為 CLIENT TRACKING 指令中使用了 NOLOOP 參數，所以當用戶端自己修改了鍵 k1，該用戶端並不會收到鍵 k1 的故障訊息（即使用戶端查詢過鍵 k1）。

22.1.4 轉發模式

為了使 Redis 6 之前的 RESP2 協定支持 Redis Tracking 機制（主要是接收推送訊息），Redis 還提供了轉發模式，在該模式下伺服器將鍵故障訊息發送到專門的頻道 __redis__:invalidate 中，只要使用另外一個用戶端訂閱該頻道，訂閱頻道的用戶端就可以收到故障訊息。

表 22-4 展示了轉發模式的使用範例。

表 22-4

client1	client2	client3
> HELLO "id" (integer) 6 ... > SUBSCRIBE redis:invalidate... ...		

client1	client2	client3
	> CLIENT TRACKING on REDIRECT 6 OK > get score "3"	
		> set score 5 OK
"message" "redis:invalidate" 3) 1) "score"		

在表 22-4 中，client2 在 CLIENT TRACKING 指令中使用 REDIRECT 選項要求 Redis 伺服器轉發故障訊息到 id 為 6 的用戶端 client1 中（用戶端 id 可以透過 hello 指令回應中的 id 屬性獲取）。

當 client3 變更了 client2 中快取的鍵之後，Redis 伺服器就推送故障訊息到 client1 訂閱的頻道中。

22.2　Redis Tracking 的實現原理

22.2.1　RESP3 協定

Redis 伺服器與用戶端保持著長連接，伺服器本可以直接推送資料給用戶端，但使用 RESP2 協定用戶端無法解析伺服器主動推送的內容。所以 Redis 6 提供了 RESP3 協定，使用戶端可以解析伺服器的主動推送的內容。

RESP3 協定在 RESP2 的基礎上增加了以下類型：

- NULL：格式為 "_\r\n"。
- Number 類型：格式為 ":<number>\r\n"，如 ":123456\r\n"。

- Double 類型：格式為 ",<floating-point-number>\r\n"，如 ",1.23456\r\n"。

- Boolean 類型：true、false 的格式分別為 "#t\r\n"、"#f\r\n"。

- Big number 類型：格式為 "(<big number>\r\n"，如 "(3492345336546464645645645646482502438234347\r\n"。

- Blob error（多行錯誤）類型：格式為 "!<length>\r\n<bytes>\r\n"，如 "!21\r\nSYNTAX invalid syntax\r\n"。

- Verbatim string（帶格式的多行字串）類型：格式為 "=<length>\r\n<格式標示>:<字串內容>\r\n"，<格式標示>固定為 3 字元，如純文字內容的標示為 txt，markdown 內容的標示為 mkd。當伺服器傳回 Verbatim string 時，用戶端不需要做任何逸出或過濾操作，直接展示內容給使用者即可。

RESP3 協定還定義了以下集合類型：

- Map 類型：格式為 "%<entry num>\r\n<k1>\r\n<v1>\r\n..."，如 "%2\r\n+name\r\n+ binecy\r\n+age\r\n:32\r\n"。

- Set：與陣列類型相同，只是使用 "~" 作為第一個字元，格式為 "~<element num>\r\ n<element1>\r\n...<elementN>\r\n"。

- Attribute type：屬性類型與 Map 類型完全一樣，只是使用 "|" 作為第一個字元。屬性類型用於一些特定的場景。

- Push type：與陣列類型相同，只是使用 ">" 作為第一個字元，格式為 "><element-num> \r\n<element1>\r\n...<elementN>\r\n"。

RESP3 協定還有兩種流式類型：

（1）Stream strings（流式字串）類型：使用分塊編碼的方法傳輸不定長的字串。當事先不知道字串長度時可使用該類型，格式如下：

```
$?\r\n;<count>\r\n<data>\r\n...;0\r\n
```

開頭的 "$?\r\n" 代表這是一個流式字串，結尾的 ";0\r\n" 標示流式字串類型結束。舉例來說，在事先不知道字串長度情況下傳輸 "Hello world" 字串（為了展示更直觀，範例中增加了額外的換行）：

```
$?\r\n
;4\r\n
Hell\r\n
;5\r\n
o wor\r\n
;1\r\n
d\r\n
;0\r\n
```

（2）Stream 集合（流式集合）類型：Stream 集合與 Stream strings 類似，用於事先不知道集合元素數量時發送集合資料。RESP3 協定支援陣列，以及 Set 和 Map 類型的流式集合。

流式陣列的格式如下：

```
*?\r\n<element1>\r\n...<elementn>\r\n.\r\n
```

開頭的 "*?\r\n" 代表這是一個流式陣列，結尾的 ".\r\n" 標示流式陣列結束。

其他類型的流式集合格式與流式陣列基本一致，只是開頭標示符號不同。

舉例來說，在不知道 Map 元素數量時發送以下 Map 內容（同樣增加了額外的換行）：

```
%?\r\n
+a\r\n
:1\r\n
+b\r\n
:2\r\n
.\r\n
```

還有一種特殊的資料類型：

- hello 類型：hello 指令的傳回結果，類似 Map 類型，僅在用戶端和伺服器建立連接的時候發送。

22.2.2 開啟 Redis Tracking

> **提示**
> 本章以下程式如無特殊說明，均位於 tracking.c 中。

client.flags 使用以索引示記錄該用戶端的 Redis Tracking 相關設定：

- CLIENT_TRACKING：該用戶端開啟了 Redis Tracking。
- CLIENT_TRACKING_BROKEN_REDIR：在轉發模式下發現轉發目標用戶端無效則增加該標示。
- CLIENT_TRACKING_BCAST：該用戶端開啟了廣播模式。
- CLIENT_TRACKING_NOLOOP：該用戶端開啟了 NOLOOP 模式。
- CLIENT_TRACKING_OPTIN、CLIENT_TRACKING_OPTOUT： 該用戶端開啟了 OPTIN、OPTOUT 模式。
- CLIENT_TRACKING_CACHING：用戶端呼叫了 CLIENT CACHING yes/no 指令，具體含義取決於 OPTIN、OPTOUT 模式。

tracking.c 中 定 義 了 Rax 變 數 TrackingTable， 用 於 非 廣 播 模 式。TrackingTable 的鍵記錄了用戶端查詢過的 Redis 鍵，TrackingTable 值也是 Rax 變數，該 Rax 鍵存放了 client id，該 Rax 值為 NULL（這裡 Rax 的作用類似於串列，使用 Rax 是為了壓縮 client id 以節省記憶體，使用 client id 而非 client 指標同樣是為了節省記憶體）。

TrackingTable 的結構如圖 22-3 所示。

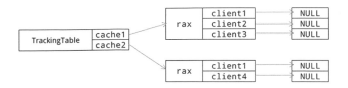

提示：圖中只是直觀展示 Rax 鍵值對關係，並沒有畫出 Rax 樹結構，請不要混淆

client1、client2、client3 查詢過鍵 cache1
client1、client4 查詢過鍵 cache2

▲ 圖 22-3

另外，tracking.c 中 也 定 義 了 Rax 變數 PrefixTable，用 於 廣 播 模 式。PrefixTable 鍵記錄被關注的字首，值指向 bcastState 變數：

```
typedef struct bcastState {
    rax *keys;
    rax *clients;
} bcastState;
```

■ keys：Rax 類型，鍵記錄目前已變更的 Redis 鍵，值指向變更 Redis 鍵的用戶端。

■ clients：Rax 類型，鍵記錄所有關注該字首的用戶端，值為 NULL。

PrefixTable 的結構如圖 22-4 所示。

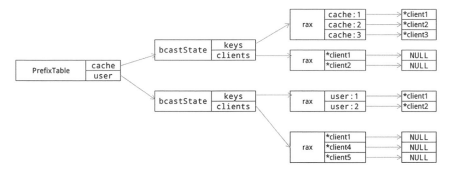

提示：圖中只是直觀展示 Rax 鍵值對關係，並沒有畫出 Rax 樹結構，請不要混淆

client1、client2 關注了 cache 前綴，並且client1、client2、client3 分別變更了鍵cache:1、chche:2、chche:3
client1、client4、client5 關注了前綴 user，並且 client1、client2 分別變更了鍵 user:1、user:2

▲ 圖 22-4

CLIENT 指令由 networking.c/clientCommand 函數處理，如果執行的是子
指令 CLIENT TRACKING，並且第 3 個參數是 on，則呼叫 enableTracking
函數開啟 Redis Tracking 機制：

```
void enableTracking(client *c, uint64_t redirect_to, uint64_t options,
robj **prefix, size_t numprefix) {
    if (!(c->flags & CLIENT_TRACKING)) server.tracking_clients++;
    // [1]
    c->flags |= CLIENT_TRACKING;
    c->flags &= ~(CLIENT_TRACKING_BROKEN_REDIR|CLIENT_TRACKING_BCAST|
                CLIENT_TRACKING_OPTIN|CLIENT_TRACKING_OPTOUT|
                CLIENT_TRACKING_NOLOOP);
    c->client_tracking_redirection = redirect_to;

    if (TrackingTable == NULL) {
        TrackingTable = raxNew();
        PrefixTable = raxNew();
        TrackingChannelName = createStringObject("__redis__:invalidate",20);
    }

    // [2]
    if (options & CLIENT_TRACKING_BCAST) {
        c->flags |= CLIENT_TRACKING_BCAST;
        if (numprefix == 0) enableBcastTrackingForPrefix(c,"",0);
        for (size_t j = 0; j < numprefix; j++) {
            sds sdsprefix = prefix[j]->ptr;
            enableBcastTrackingForPrefix(c,sdsprefix,sdslen(sdsprefix));
        }
    }

    // [3]
    c->flags |= options & (CLIENT_TRACKING_OPTIN|CLIENT_TRACKING_OPTOUT|
                    CLIENT_TRACKING_NOLOOP);
}
```

【1】 用戶端增加 CLIENT_TRACKING 標示，並清除其他 Tracking 相關
標示。

如果 TrackingTable 為空，則初始化 TrackingTable、PrefixTable 等
結構。

【2】 如果指令開啟了廣播模式，則將用戶端關注的字首增加到 PrefixTable
中。

> **注意**
>
> 如果目前指令中沒有設定字首，則會增加一個空字串作為字首，這樣任何鍵
> 變更後，都會發送故障訊息給目前用戶端，可能會導致性能問題，所以在廣
> 播模式下通常使用 PREFIX 參數表示用戶端僅關注指定字首開頭的鍵。

【3】 使用指令選項修改目前用戶端標示。

enableBcastTrackingForPrefix 函數負責增加用戶端關注的字首到 PrefixTable
中：

```
void enableBcastTrackingForPrefix(client *c, char *prefix, size_t plen) {
    // [1]
    bcastState *bs = raxFind(PrefixTable,(unsigned char*)prefix,plen);
    ...
    // [2]
    if (raxTryInsert(bs->clients,(unsigned char*)&c,sizeof(c),NULL,NULL))
    {
        ...
    }
}
```

【1】 從 PrefixTable 中尋找該字首對應的 bcastState，如果不存在，則建
立 bcastState，並增加到 PrefixTable 中。

【2】 將目前用戶端增加到 bcastState.clients 中。

22.2.3 記錄查詢鍵

server.c/call 函數執行 Redis 指令後，如果執行的是查詢指令並且用戶端
開啟了 Redis Tracking 機制，則會記錄指令中的鍵，以便這些鍵變更時通
知用戶端：

```
void call(client *c, int flags) {
    ...
```

```
    // [1]
    if (c->cmd->flags & CMD_READONLY) {
        client *caller = (c->flags & CLIENT_LUA && server.lua_caller) ?
                           server.lua_caller : c;
        if (caller->flags & CLIENT_TRACKING &&
            !(caller->flags & CLIENT_TRACKING_BCAST))
        {
            trackingRememberKeys(caller);
        }
    }
    ...
}
```

【1】 如果執行的指令是唯讀指令（查詢指令），並且用戶端開啟了 Redis Tracking 機制，Redis Tracking 使用的是非廣播模式，則需要記錄指令中的鍵。

> **注意**
>
> 廣播模式下不需要記錄用戶端查詢過的鍵。

trackingRememberKeys 函數負責記錄查詢指令中的鍵：

```
void trackingRememberKeys(client *c) {
    // [1]
    uint64_t optin = c->flags & CLIENT_TRACKING_OPTIN;
    uint64_t optout = c->flags & CLIENT_TRACKING_OPTOUT;
    uint64_t caching_given = c->flags & CLIENT_TRACKING_CACHING;
    if ((optin && !caching_given) || (optout && caching_given)) return;

    getKeysResult result = GETKEYS_RESULT_INIT;
    int numkeys = getKeysFromCommand(c->cmd,c->argv,c->argc,&result);
    ...

    int *keys = result.keys;
    // [2]
    for(int j = 0; j < numkeys; j++) {
        int idx = keys[j];
```

```
        sds sdskey = c->argv[idx]->ptr;
        // [3]
        rax *ids = raxFind(TrackingTable,(unsigned char*)
    sdskey,sdslen(sdskey));
        ...
        if (raxTryInsert(ids,(unsigned char*)&c->id,sizeof(c-
    >id),NULL,NULL))
            TrackingTableTotalItems++;
    }
    getKeysFreeResult(&result);
}
```

【1】 在 OPTIN 模式下用戶端發送 CLIENT CACHING yes 指令後，用戶端將打開 CLIENT_ TRACKING_CACHING 標示。在 OPTOUT 模式下用戶端發送 CLIENT CACHING no 指令後，用戶端將打開 CLIENT_TRACKING_CACHING 標示。如果用戶端開啟 OPTIN 模式或 OPTOUT 模式，那麼這裡需要檢查 CLIENT_TRACKING_ CACHING 標示是否打開。如果沒有打開，則不需要記錄指令鍵。

【2】 遍歷指令中所有的鍵。

【3】 從 TrackingTable 中尋找該 Redis 鍵對應的用戶端 Rax，如果沒有則建立用戶端 Rax 再插入 TrackingTable 中。最後將目前用戶端 id 插入用戶端 Rax 中。

22.2.4 非廣播模式下發送故障訊息

前面分析 WATCH 機制時說過，每次修改鍵後，都會呼叫函數 db.c/signalModifiedKey，標示 Redis 鍵已經變更。該函數會呼叫 trackingInvalidateKeyRaw 檢查修改的鍵是否被快取，如果是，則發送故障訊息通知用戶端。

```
void trackingInvalidateKeyRaw(client *c, char *key, size_t keylen, int
bcast) {
    if (TrackingTable == NULL) return;
    // [1]
```

```
    if (bcast && raxSize(PrefixTable) > 0)
        trackingRememberKeyToBroadcast(c,key,keylen);
    // [2]
    rax *ids = raxFind(TrackingTable,(unsigned char*)key,keylen);
    if (ids == raxNotFound) return;

    // [3]
    raxIterator ri;
    raxStart(&ri,ids);
    raxSeek(&ri,"^",NULL,0);
    while(raxNext(&ri)) {
        uint64_t id;
        memcpy(&id,ri.key,sizeof(id));
        client *target = lookupClientByID(id);

        // [4]
        if (target == NULL ||
            !(target->flags & CLIENT_TRACKING) ||
            target->flags & CLIENT_TRACKING_BCAST)
        {
            continue;
        }

        // [5]
        if (target->flags & CLIENT_TRACKING_NOLOOP &&
            target == c)
        {
            continue;
        }
        // [6]
        sendTrackingMessage(target,key,keylen,0);
    }
    raxStop(&ri);

    TrackingTableTotalItems -= raxSize(ids);
    raxFree(ids);
    // [7]
    raxRemove(TrackingTable,(unsigned char*)key,keylen,NULL);
}
```

參數說明：

■ bcast：是否需要發送故障訊息給廣播模式下的用戶端。

【1】 呼叫 trackingRememberKeyToBroadcast 函數記錄廣播模式下待發
送故障訊息的鍵。Redis 變更鍵時呼叫 trackingInvalidateKeyRaw 函
數，bcast 參數固定為 1。

【2】 從 TrackingTable 中找到 Redis 鍵對應的用戶端 Rax。該 Rax 存放了
所有查詢過該 Redis 鍵的用戶端。

【3】 遍歷上一步得到的用戶端 Rax。

【4】 如果某個用戶端已經斷開連接、關閉 Tracking 機制，或開啟了廣播
模式，則不發送故障訊息。

【5】 用戶端開啟了 NOLOOP 選項，並且該用戶端就是變更 Redis 鍵的用
戶端，則不發送故障訊息。

【6】 發送故障訊息。

【7】 從 TrackingTable 中刪除該變更鍵內容。

sendTrackingMessage 函數負責發送故障訊息：

```
void sendTrackingMessage(client *c, char *keyname, size_t keylen, int
proto) {
    int using_redirection = 0;
    // [1]
    if (c->client_tracking_redirection) {
        client *redir = lookupClientByID(c->client_tracking_redirection);
        if (!redir) {
            c->flags |= CLIENT_TRACKING_BROKEN_REDIR;

            ...
            return;
        }
        c = redir;
        using_redirection = 1;
    }

    // [2]
    if (c->resp > 2) {
```

```
        addReplyPushLen(c,2);
        addReplyBulkCBuffer(c,"invalidate",10);
    } else if (using_redirection && c->flags & CLIENT_PUBSUB) {
        // [3]
        addReplyPubsubMessage(c,TrackingChannelName,NULL);
    } else {
        return;
    }

    // [4]
    if (proto) {
        addReplyProto(c,keyname,keylen);
    } else {
        addReplyArrayLen(c,1);
        addReplyBulkCBuffer(c,keyname,keylen);
    }
}
```

【1】 如果用戶端開啟轉發模式,則尋找轉發用戶端,將 c 指標指向轉發
用戶端。如果轉發用戶端已不存在(如連接斷開),則打開用戶端
CLIENT_TRACKING_BROKEN_REDIR 標示,並傳回錯誤訊息,
退出函數。

【2】 如果使用的是 RESP3 協定,則直接推送故障訊息。

【3】 如果使用的是 RESP2 協定,並且轉發用戶端處於 Pub/Sub 上下文中
(轉發用戶端正呼叫 SUBSCRIBE 指令等待訊息),則發送頻道訊息
到轉發用戶端。

【4】 前面 2 步只是寫入對應 RESP 協定的字首內容(如 RESP3 的字首內
容 >2\r\n$10\r\ ninvalidate),這裡寫入 Redis 鍵的內容。

22.2.5 廣播模式下發送故障訊息

前面說了,廣播模式下不需要記錄使用者查詢過的鍵,當某個 Redis 鍵
變 更 後,trackingInvalidateKeyRaw 函 數 呼 叫 trackingRememberKeyTo
Broadcast 函數記錄廣播模式下待發送故障訊息的鍵:

```
void trackingRememberKeyToBroadcast(client *c, char *keyname, size_t
keylen) {
    raxIterator ri;
    raxStart(&ri,PrefixTable);
    raxSeek(&ri,"^",NULL,0);
    // [1]
    while(raxNext(&ri)) {
        // [2]
        if (ri.key_len > keylen) continue;
        if (ri.key_len != 0 && memcmp(ri.key,keyname,ri.key_len) != 0)
            continue;
        bcastState *bs = ri.data;
        raxTryInsert(bs->keys,(unsigned char*)keyname,keylen,c,NULL);
    }
    raxStop(&ri);
}
```

【1】 遍歷 PrefixTable。

【2】 檢查變更的 Redis 鍵是否以某個用戶端關注的字首開頭。如果是，
　　　則增加該鍵到對應的 bcastState 中。

trackingRememberKeyToBroadcast 函數只記錄以關注字首開頭的 Redis
鍵，並沒有發送故障資訊。經過該步驟後，bcastState.keys 中保存了待發
送故障訊息的鍵。

在廣播模式下，伺服器不會在鍵變更時立即發送故障訊息，而是在
beforeSleep 函數中觸發 trackingBroadcastInvalidationMessages 函數定時
發送故障訊息：

```
void trackingBroadcastInvalidationMessages(void) {
    ...
    raxStart(&ri,PrefixTable);
    raxSeek(&ri,"^",NULL,0);

    // [1]
    while(raxNext(&ri)) {
        bcastState *bs = ri.data;
```

```
    // [2]
    if (raxSize(bs->keys)) {
        sds proto = trackingBuildBroadcastReply(NULL,bs->keys);

        // [3]
        raxStart(&ri2,bs->clients);
        raxSeek(&ri2,"^",NULL,0);
        while(raxNext(&ri2)) {
            client *c;
            memcpy(&c,ri2.key,sizeof(c));
            if (c->flags & CLIENT_TRACKING_NOLOOP) {
                sds adhoc = trackingBuildBroadcastReply(c,bs->keys);
                if (adhoc) {
                    sendTrackingMessage(c,adhoc,sdslen(adhoc),1);
                    sdsfree(adhoc);
                }
            } else {
                sendTrackingMessage(c,proto,sdslen(proto),1);
            }
        }
        raxStop(&ri2);

        sdsfree(proto);
    }
    // [4]
    raxFree(bs->keys);
    bs->keys = raxNew();
}
raxStop(&ri);
}
```

【1】 遍歷 PrefixTable。

【2】 如果某個 bcastState.keys 中存在已變更的鍵，則需要發送故障訊息。

【3】 遍歷該 bcastState.clients 所有用戶端，廣播發送故障訊息。
trackingBuildBroadcastReply 函數使用 bcastState.keys 中的鍵生成
RESP 協定回覆內容，第一個參數為用戶端，如果變更 Redis 鍵的
用戶端是第一個參數指定的用戶端（前面説了，bcastState.keys 是

Rax 類型，Rax 值指在變更 Redis 鍵的用戶端），則這些鍵不會增加到回覆內容中。如果接收故障訊息的目標用戶端開啟了 NOLOOP 選項，則 trackingBuildBroadcastReply 函數的第一個參數需設定為目標用戶端，過濾該用戶端變更的 Redis 鍵。

【4】 重置 bcastState.keys。

22.2.6 清除記錄鍵

在非廣播模式下，如果某些鍵在查詢後長期不變更，則這些鍵會一直保存在 TrackingTable 中（這些鍵稱為記錄鍵），導致 TrackingTable 的內容不斷增加，最後佔用大量記憶體空間。所以 Redis 提供了主動清除記錄鍵的機制，防止 TrackingTable 佔用過多記憶體。

在廣播模式下，不需要定時清除 PrefixTable 中的內容，因為其 bcastState.keys 的內容是在鍵變更時增加的，在 beforeSleep 函數中定時清除，時間間隔通常不會很長，不需要定時清除。

前面分析 Redis 指令的執行過程時說過，processCommand 函數執行 Redis 指令之前，會呼叫 trackingLimitUsedSlots 函數檢查 TrackingTable 中記錄鍵的數量。如果 TrackingTable 中記錄鍵的數量超出 server.tracking_table_max_keys，則需要清除記錄鍵。另外，在 serverCron 中也會定時呼叫 trackingLimitUsedSlots 函數清除 TrackingTable 中的記錄鍵。

```
void trackingLimitUsedSlots(void) {
    // [1]
    static unsigned int timeout_counter = 0;
    if (TrackingTable == NULL) return;
    if (server.tracking_table_max_keys == 0) return;

    // [2]
    size_t max_keys = server.tracking_table_max_keys;
    if (raxSize(TrackingTable) <= max_keys) {
        timeout_counter = 0;
```

```
        return;
    }

    // [3]
    int effort = 100 * (timeout_counter+1);

    // [4]
    raxIterator ri;
    raxStart(&ri,TrackingTable);
    while(effort > 0) {
        effort--;
        raxSeek(&ri,"^",NULL,0);
        raxRandomWalk(&ri,0);
        if (raxEOF(&ri)) break;
        trackingInvalidateKeyRaw(NULL,(char*)ri.key,ri.key_len,0);
        if (raxSize(TrackingTable) <= max_keys) {
            timeout_counter = 0;
            raxStop(&ri);
            return;
        }
    }

    raxStop(&ri);
    // [5]
    timeout_counter++;
}
```

【1】 如果 server.tracking_table_max_keys 為 0，則不主動清除記錄鍵。該設定預設為 1000000。

【2】 如果 TrackingTable 鍵的數量小於或等於 server.tracking_table_max_keys 設定，則不需要執行清除操作，只需要重置 timeout_counter 計數。
timeout_counter 是一個靜態全域變數，用於計算每輪清除鍵的數量。

【3】 使用 timeout_counter 計算清除鍵的數量 effort，作為本輪清除鍵的數量。

【 4 】 開始執行本輪清除操作，呼叫 raxRandomWalk 函數獲取隨機的記錄鍵，呼叫 trackingInvalidateKeyRaw 函數（前面已分析）刪除記錄鍵並發送故障訊息。如果本輪清除操作未執行完成，那麼 TrackingTable 鍵的數量就已經小於或等於 server.tracking_table_max_keys 設定，重置 timeout_counter 並退出函數。另外，這裡呼叫 trackingInvalidateKeyRaw 函數時的 bcast 參數為 0，代表不需要發送故障訊息給廣播模式下的用戶端，因為這些被主動清除的鍵並沒有變更。

【 5 】 如果本輪清除操作執行完成，TrackingTable 鍵的數量仍大於 server.tracking_table_max_keys 設定，則 timeout_counter 計數加一。可以看到，如果某輪清除操作執行完成，TrackingTable 鍵的數量仍未達到要求，則下一輪清除的鍵的數量會增加。這樣每輪清除的鍵的數量會不斷增加，直到 TrackingTable 鍵的數量達到要求才重置計數器。

《複習》

- Redis Tracking 機制會在 Redis 鍵變更時發送故障訊息給用戶端，用戶端可以根據故障訊息清除本地快取。
- 在非廣播模式下，Redis 伺服器會記錄所有用戶端查詢過的鍵，並在這些鍵變更時發送故障訊息。
- 在廣播模式下，當變更的鍵以用戶端關注的字首開頭時，Redis 伺服器會發送故障訊息給所有關注了該字首的用戶端。
- Redis 伺服器會主動清除非廣播模式下記錄的鍵（這些被主動清除的鍵會發送故障訊息給用戶端），避免這些鍵佔用過多記憶體。

Lua 指令稿

Lua 是一個簡潔、輕量的指令碼語言，提供了簡單好用的 API，可以輕易嵌入應用程式，從而為應用程式提供靈活的擴充和訂製功能。

Redis 2.6 開始支持 Lua 指令稿。在 Redis 中使用 Lua 指令稿有以下好處：

(1) 保證多個指令的原子操作。透過 Lua 指令稿，用戶端可以原子執行多個指令，保證這些指令的執行過程中不會執行交易外的其他指令。
(2) 自訂邏輯。使用 Lua 指令稿可以自訂邏輯，並且其他用戶端也可以使用該指令稿的邏輯。
(3) 減少網路負擔。用戶端將多個指令透過指令稿的形式一次發送給伺服器，可以減少網路負擔。

本章分析 Redis 中 Lua 指令稿的使用及實現原理。

23.1 Lua 指令稿的應用範例

在 Redis 中透過 EVAL、EVALSHA、SCRIPT 等指令使用 Lua 指令稿。

23.1.1　使用 EVAL 指令

透過 EVAL 指令執行一個 Lua 指令稿，該指令的定義如下：

```
EVAL script numkeys key [key ...] arg [arg ...]
```

- script：Lua 指令稿，Lua 的語法非常簡單，如果讀者未接觸過 Lua 指令稿，那麼建議閱讀本章前先自行學習 Lua 相關語法。
- key 與 arg 陣列的索引從 1 開始（Lua 指令稿中陣列的索引預設從 1 開始）。注意 key 與 arg 參數的區別：key 參數會作為 Redis 指令的鍵，而 arg 參數不會，Redis 指令的鍵用於 Cluster 計算槽位、ACL 鍵模式檢查等場景。

SCRIPT LOAD 指令可以載入一個 Lua 指令稿，並傳回該指令稿的 SHA1 校檢值：

```
SCRIPT LOAD script
```

EVALSHA 指令可以使用 SHA1 校檢值執行指令稿：

```
EVALSHA sha1 numkeys key [key ...] arg [arg ...]
```

EVAL 指令要求用戶端每次都發送完整的 Lua 指令稿內容，這樣不斷重複發送指令稿內容會浪費網路頻寬資源。EVALSHA 指令的作用和 EVAL 指令一樣，都可以執行指令稿，但它只需要傳遞指令稿 SHA1 驗證值參數，避免用戶端每次都發送 Lua 指令稿內容，從而節省了網路頻寬資源。

23.1.2　redis.call 函數

在 Lua 指令稿中，可以使用 redis.call() 和 redis.pcall() 這兩個函數執行 Redis 指令：

```
> EVAL "local n=redis.call('GET',KEYS[1]);n=n*2;redis.
call('SET',KEYS[1],n);return n;" 1 key
(integer) 2
```

redis.call() 和 redis.pcall() 的唯一區別在於它們對錯誤的處理邏輯不同。
如果 redis.call() 函數執行指令時發生錯誤，則觸發 Lua 指令稿錯誤，導
致指令稿停止執行，並將錯誤傳回給用戶端。如果 redis.pcall() 函數執行
指令時發生錯誤，則將錯誤作為函數傳回值，指令稿繼續執行。

```
> sadd admin binecy
(integer) 1
> eval "return redis.call('get', 'admin');" 0
(error) ERR Error running script (call to f_8819c9f6c2d6ca513d9c46304bc6
49b07386ddcf): @user_script:1: WRONGTYPE Operation against a key holding
the wrong kind of value
> eval "return redis.pcall('get', 'admin');" 0
(error) WRONGTYPE Operation against a key holding the wrong kind of value
```

23.1.3 類型轉換

當在 Lua 指令稿中透過 redis.call() 和 redis.pcall() 函數執行 Redis 指令
時，指令的傳回值會被轉換成 Lua 資料結構。同樣，Lua 指令稿的傳回值
會被轉化為 Redis 值，並以 RESP 協定格式傳回給用戶端。

Lua 指令稿與 Redis 之間的資料類型轉換遵循以下原則：如果將一個
Redis 值轉換成 Lua 值，之後再將該 Lua 值轉換回 Redis 值，那麼最後得
到的 Redis 值應該和最初的 Redis 值一樣，即 Lua 類型和 Redis 類型之間
存在一一對應的轉換關係。這裡涉及以下 Lua 資料類型：nil、boolean、
number、table。Lua 指令稿中的 table 類型比較特殊，既可以儲存鍵值
對，也可以儲存陣列（可以視為鍵值對的鍵就是陣列索引）。

Redis 類型與 Lua 類型的對應關係如下：

- Redis 整數回覆 Lua number。
- Redis 單行回覆 Lua string。
- Redis 多行回覆 Lua table（array）。
- Redis 狀態回覆帶 ok 屬性的 Lua table。

- Redis 錯誤回覆帶 field 屬性的 Lua table。
- Redis Nil 回覆帶 field 屬性的 Lua table。
- Redis 空回覆 Lua boolean false
- Redis 空陣列回覆空的 Lua table。

還有一個 Lua 到 Redis 的單向轉換規則：Lua boolean true->Redis 整數回覆，值為 1。

下面的指令展示了 Redis 類型與 Lua 類型的對應關係：

```
> eval "local t = redis.call('SCARD','set1'); return type(t);" 0
"number"—（Lua number）
> eval "local n = redis.call('SET','key1','val1');  return type(n)" 0
"table"—（帶 ok 屬性的 Lua table）
> eval "local n = redis.pcall('HGETALL','key1');  return type(n)" 0
"table"—（帶 field 屬性的 Lua table）
> eval "local n = redis.call('GET','key1');  return type(n)" 0
"string"—（Lua string）
> eval "local n = redis.call('HGETALL','hash1');  return type(n)" 0
"table"—（Lua table）
```

上例的 Redis 中存在鍵 key1、hash1，如果這兩個鍵不存在，則最後兩個指令的執行結果如下：

```
> eval "local n = redis.call('GET','key1');  return type(n)" 0
"boolean"—（Lua boolean false）
> eval "local n = redis.call('HGETALL','hash1');  return type(n)" 0
"table"—（空的 Lua table）
```

這裡展示的是 RESP2 模式下的轉換規則，在 RESP3 模式有更豐富的轉換規則，更多資訊請參閱官方文件。

23.1.4 使用 Lua 實現資料類型

下面透過 Lua 指令稿實現一個帶時間戳記的集合類型，讀者可以從中直觀體會 Lua 指令稿的使用方式：

```
local times=redis.call('TIME')

if ARGS[1] == 'add' then
    return redis.call('ZADD', KEYS[2], times[1], ARGS[2])
elseif ARGS[1] == 'load' then
    local fromTime = times[1] - tonumber(ARGS[2])
    return redis.call('ZRANGEBYSCORE', KEYS[2], fromTime, "+inf");
elseif ARGS[1] == 'del' then
    local toTime = times[1] - tonumber(ARGS[2])
    return redis.call('ZREMRANGEBYSCORE', KEYS[2], "-inf", toTime);
else
    return KEYS[1]
end
```

該 Lua 指令稿定義了 3 個操作：

- add：增加元素到集合中。
- load：獲取指定時間範圍內的集合元素。
- del：淘汰指定時間範圍外的集合元素。

使用 redis-cli 載入 Lua 指令稿：

```
$ redis-cli SCRIPT LOAD "$(cat timeset.lua)"
"51eab773b3eee82d4170fb9163803094331c9bb6"
```

使用 SHA1 校檢值執行 Lua 指令稿：

```
> EVALSHA 51eab773b3eee82d4170fb9163803094331c9bb61 timeset add a
(integer) 1
> EVALSHA 51eab773b3eee82d4170fb9163803094331c9bb61 timeset add b
(integer) 1
> EVALSHA 51eab773b3eee82d4170fb9163803094331c9bb61 timeset add c
(integer) 1
> EVALSHA 51eab773b3eee82d4170fb9163803094331c9bb61 timeset load 60
1) "c"
> EVALSHA 51eab773b3eee82d4170fb9163803094331c9bb61 timeset del 60
(integer) 2
```

23.1.5 指令稿逾時

Redis 限制了 Lua 指令稿執行的最長時間，如果 Lua 指令稿執行時間超過該限制，那麼 Redis 將進入 Lua 指令稿逾時狀態。在該狀態下，Redis 只處理 SCRIPT KILL 和 SHUTDOWN NOSAVE 兩個指令，對於其他指令請求會傳回 BUSY 錯誤。假如逾時 Lua 指令稿未執行過寫入操作，則 SCRIPT KILL 指令可以終止該指令稿，將 Redis 轉化為正常狀態。假如逾時 Lua 指令稿已經執行了寫入操作，那麼只能使用 SHUTDOWN NOSAVE 指令停止伺服器並阻止目前資料集寫入磁碟，這樣可以防止不完整（half-written）的資料被寫入資料庫。Redis 官方也指出不要在 Lua 指令稿中編寫過於複雜的邏輯。

下面是一個指令稿逾時的簡單範例，如表 23-1 所示。

表 23-1

client1	client2
> eval "local a=0; while(1) do a=a+1 end; return a;" 0	
	> get key (error) BUSY Redis is busy running a script. You can only call SCRIPT KILL or SHUTDOWN NOSAVE. (1.83s) > SCRIPT KILL OK
(error) ERR Error running script (call to f_bc8c5612ce9b38da497bd19e7ece979c0dc6b37e): @user_script:1: Script killed by user with SCRIPT KILL... (7.88s)	
	> get key (nil)

可以看到，client1 用戶端執行指令稿逾時後，client2 執行 Redis 指令會返回 BUSY 錯誤，這時 client2 用戶端發送 SCRIPT KILL 指令終止指令稿。

另外，Redis 還支持使用者偵錯 Lua 指令稿，本書不介紹該部分內容，感興趣的讀者可自行了解。

23.2 Lua 指令稿的實現原理

下面分析 Redis 中 Lua 指令稿的實現原理。

23.2.1 Lua 與 C 語言互動

Lua 提供了標準的 C 語言編寫的虛擬機器程式，作業系統安裝該 Lua 虛擬機器後，就可以編譯、執行 Lua 指令稿：

```
$ lua
> print("Hello World!")
Hello World!
```

Lua 也提供了 Lua 基本函數庫，C 語言使用這些函數庫可以建構 Lua 虛擬機器環境，並在 C 語言環境中編譯、執行 Lua 指令稿。另外，C 語言與 Lua 指令稿函數可以相互呼叫，它們透過 Lua 虛擬堆疊實現互動。C 語言將 Lua 函數的相關資訊（函數名稱、參數等）存入 Lua 虛擬堆疊後，就可以排程 Lua 虛擬機器執行虛擬堆疊中的函數，並將傳回值存入虛擬堆疊。

下面透過一個簡單範例展示如何在 C 語言中呼叫 Lua 函數：

```
#include <stdio.h>
#include <string.h>
#include "lua.h"
#include "lualib.h"
#include "luaxlib.h"

int luaadd(lua_State *L, int x, int y);
```

```
int main(int argc, char *argv[])
{
    // [1]
    lua_State *L = lua_open();
    luaL_openlibs(L);

    // [2]
    char *code = "function add(x,y) return x+y end";
    luaL_loadbuffer(L, code, strlen(code), NULL);
    lua_pcall(L, 0, 0, 0);

    int sum = luaadd(L, 99, 10);
    printf("The sum is %d\n", sum);
    lua_close(L);
    return 0;
}

int luaadd(lua_State *L, int x, int y)
{
    int sum;
    // [3]
    lua_getglobal(L, "add");
    lua_pushnumber(L, x);
    lua_pushnumber(L, y);
    // [4]
    lua_call(L, 2, 1);
    // [5]
    sum = (int)lua_tonumber(L, -1);
    lua_pop(L, 1);
    return sum;
}
```

【1】 呼叫 lua_open 函數建立 Lua 狀態機,呼叫 luaL_openlibs 函數載入
　　　所有 Lua 標準函數庫。

【2】 呼叫 luaL_loadbuffer 函數載入程式到 Lua 狀態機中,再呼叫 lua_
　　　pcall(L, 0, 0, 0) 函數前置處理載入的程式,將其編譯為函數。這裡
　　　在 Lua 狀態機中建立了一個 add 函數。

【3】 依次將以下內容增加到 Lua 虛擬堆疊中。

- 函數名稱：add。
- 函數參數：x、y。

【4】 呼叫 lua_call 函數，該函數會排程 Lua 虛擬機器，從 Lua 虛擬堆疊中取出函數名稱及參數，執行函數並將傳回值存入虛擬堆疊。這裡執行 Lua 指令稿中的 add 函數。

【5】 從 Lua 虛擬堆疊中取出函數傳回值。

可以使用以下指令編譯該範例程式。

```
gcc add.c -llua -lm
```

編譯前需安裝 Lua 虛擬機器程式，筆者使用的是 Lua 5.1.5。

23.2.2 Redis 中的 Lua

上面的例子展示了 C 語言如何呼叫 Lua 函數，Redis 正是透過該方式支援 Lua 指令稿的。下面分析 Redis 中 Lua 指令稿的實現。

> **提示**
> 本章程式如無特殊說明，均在 scripting.c 中。

server.lua_scripts 字典負責快取 Lua 指令稿，鍵為 SHA1 驗證值，值為 Lua 指令稿內容。使用該快取，Redis 可以避免每次都重新編譯 Lua 指令稿。

1. 初始化 Lua 指令稿的執行環境

scriptingInit 函數（由 initServer 函數觸發）負責初始化 Lua 指令稿環境：

```
void scriptingInit(int setup) {
    // [1]
    lua_State *lua = lua_open();

    ...
```

```
    luaLoadLibraries(lua);
    luaRemoveUnsupportedFunctions(lua);

    server.lua_scripts = dictCreate(&shaScriptObjectDictType,NULL);
    server.lua_scripts_mem = 0;

    // [2]
    lua_newtable(lua);

    lua_pushstring(lua,"call");
    lua_pushcfunction(lua,luaRedisCallCommand);
    lua_settable(lua,-3);

    ...
    lua_setglobal(lua,"redis");

    // [3]
    ...

    // [4]
    if (server.lua_client == NULL) {
        server.lua_client = createClient(NULL);
        server.lua_client->flags |= CLIENT_LUA;
    }

    scriptingEnableGlobalsProtection(lua);

    server.lua = lua;
}
```

【1】 執行以下操作：

　　（1）呼叫 lua_open 函數打開 Lua 狀態機。

　　（2）呼叫 luaLoadLibraries 函數載入 Redis 中使用的 Lua 函數庫，Redis
　　　　　使用了 table、string、math、debug、cjson、struct、cmsgpack、
　　　　　bit 等 Lua 函數庫。

　　（3）呼叫 luaRemoveUnsupportedFunctions 函數移除不安全的 Lua
　　　　　函數。

（4）初始化 server.lua_scripts 屬性。

【2】 在 Lua 狀態機中建立一個 Redis 全域函數表，並註冊 call、pcall、log 等 Redis 函數到該函數表中。這裡呼叫 lua_pushcfunction 函數將 C 語言函數指標註冊到函數表中，這樣在 Lua 指令稿中就可以呼叫 C 語言函數。

【3】 執行以下操作：

（1）使用 Redis 定義的隨機函數替換 Lua 原隨機函數 math. random、math.randomseed，原 Lua 隨機函數有副作用，不能在 Redis 中使用。

（2）建立輔助函數 compare_func、errh_func。

【4】 建立偽用戶端 server.lua_client，用於在 Lua 指令稿中執行 Redis 指令。

2. 持久化與複製

在繼續閱讀原始程式之前，先了解 Lua 指令稿持久化與複製機制。

（1）在分析 RDB 持久化過程時說過，rdbSaveRio 函數保存 RDB 資料時，會將 server.lua_scripts 保存到 RDB 檔案中。

（2）AOF 持久化、從節點複製 Lua 指令稿有兩種實現方式：

■ 直接傳播指令稿內容

由於主從節點 Lua 指令稿可能不一致（如主節點透過 SCRIPT LOAD 指令載入指令稿後從節點才上線），從而導致主節點執行 EVALSHA 指令成功，從節點執行失敗，最終主從資料不一致的問題。為此，主節點使用 server.repl_scriptcache_dict 字典記錄已經複製給全部從伺服器的指令稿（當出現新的從節點時，需要清空該字典），其中鍵為指令稿 SHA1 驗證值，而值為 NULL。主節點執行 EVALSHA 指令後，如果在 server.repl_scriptcache_dict 中可以找到該指令稿 SHA1 驗證值，則傳播 EVALSHA

指令，如果找不到，則需要將 EVALSHA 轉換成相等的 EVAL 指令後再傳播，並將該指令稿 SHA1 驗證值增加到 repl_scriptcache_dict 字典中。

還有一個問題，如果 Lua 指令稿執行了隨機寫入操作（隨機寫入操作會寫入不確定的值，如目前時間戳記、隨機數），那麼這些指令稿每次執行的結果都不同，這些指令稿從 AOF 檔案中載入後重新執行或複製給從節點後重新執行的結果都不同，最終導致資料不一致性。為此 Redis 提供了第二種方式—傳播指令稿效果。

■　傳播指令稿效果

使用該機制，伺服器並不傳播指令稿內容，而是傳播指令稿中的寫入指令。這樣既可以節省指令稿重複執行的時間，也可以避免隨機寫入導致資料不一致。

```
> eval "local now = redis.call('time')[1]; redis.
call('SET','started',now);" 0
```

執行上述指令稿，記錄到 AOF 檔案中和發送到從節點的內容如下（為了展示更直觀，增加了額外的換行）：

```
*1\r\n
$5\r\nMULTI\r\n
*3\r\n
$3\r\nSET\r\n
$7\r\nstarted\r\n
$10\r\n1620519147\r\n
*1\r\n
$4\r\nEXEC\r\n
```

可以看到，Redis 傳播了 SET 指令，並且時間戳記被替換為具體的值。Redis 會使用 MULTI/EXEC 包裹一個指令稿的寫入指令，保證該指令稿寫入指令的原子性。

Redis 3.2 開始支持「傳播指令稿效果」機制，並在 Redis 5 後成為預設指令稿傳播機制。

3. EVAL 指令的實現

evalGenericCommand 函數負責執行 EVAL、EVALSHA 指令：

```
void evalGenericCommand(client *c, int evalsha) {
    ...
    // [1]
    funcname[0] = 'f';
    funcname[1] = '_';
    if (!evalsha) {
        sha1hex(funcname+2,c->argv[1]->ptr,sdslen(c->argv[1]->ptr));
    } else {
        ...
    }
    lua_getglobal(lua, "__redis__err__handler");

    // [2]
    lua_getglobal(lua, funcname);
    if (lua_isnil(lua,-1)) {
        lua_pop(lua,1);
        if (evalsha) {
            lua_pop(lua,1);
            addReply(c, shared.noscripterr);
            return;
        }
        if (luaCreateFunction(c,lua,c->argv[1]) == NULL) {
            lua_pop(lua,1);
            return;
        }
        lua_getglobal(lua, funcname);
        serverAssert(!lua_isnil(lua,-1));
    }

    // [3]
    luaSetGlobalArray(lua,"KEYS",c->argv+3,numkeys);
    luaSetGlobalArray(lua,"ARGV",c->argv+3+numkeys,c->argc-3-numkeys);

    // [4]
    ...
```

```
    if (server.lua_time_limit > 0 && ldb.active == 0) {
        lua_sethook(lua,luaMaskCountHook,LUA_MASKCOUNT,100000);
        delhook = 1;
    } else if (ldb.active) {
        lua_sethook(server.lua,luaLdbLineHook,LUA_MASKLINE|LUA_
MASKCOUNT,100000);
        delhook = 1;
    }
    prepareLuaClient();

    // [5]
    err = lua_pcall(lua,0,1,-2);
    resetLuaClient();

    ...
    // [6]
    if (server.lua_replicate_commands) {
        preventCommandPropagation(c);
        if (server.lua_multi_emitted) {
            execCommandPropagateExec(c);
        }
    }

    // [7]
    if (evalsha && !server.lua_replicate_commands) {
        if (!replicationScriptCacheExists(c->argv[1]->ptr)) {
            ...
        }
    }
}
```

【1】 生成 Lua 指令稿對應的函數名稱。

Redis 會將 Lua 指令稿轉為一個 Lua 函數，函數名稱為 f_<Lua 指令稿 SHA1 驗證值 >。如果執行的是 EVALSHA 指令，則將 sha1 參數轉化為小寫的字串（SHA1 驗證值為 40 位元組的小寫字串），不然計算 Lua 指令稿的 SHA1 驗證值。

【2】 呼叫 lua_getglobal 函數檢查 Lua 狀態機中是否存在該函數。如果不存在，則執行以下邏輯：

（1）如果執行的是 EVALSHA 指令，則直接傳回錯誤。

（2）如果執行的是 EVAL 指令，則註冊該指令稿函數到 Lua 狀態機中。

【3】 將 key、arg 參數註冊到 Lua 狀態機中，以便 Lua 指令稿函數使用。

【4】 完成 Lua 指令稿執行前的準備操作：

（1）如果設定了 server.lua_time_limit，並且沒有開啟偵錯模式，則註冊逾時回呼函數 luaMaskCountHook。Redis 限制了指令稿執行時間，正是透過該回呼函數檢查指令稿執行時間實現的。

（2）如果開啟了偵錯模式，則註冊回呼函數 luaLdbLineHook。

lua_sethook 函數負責給指令稿設定鉤子方法，第 3 個參數指定在哪些場景下會觸發回呼函數：

- LUA_MASKLINE：在 Lua 解譯器每執行一行指令後都呼叫鉤子函數。

- LUA_MASKCOUNT：在 Lua 解譯器每執行 count（lua_sethook 函數的第 4 個參數）行指令後呼叫鉤子函數。

【5】 呼叫 Lua 指令稿函數，即執行 Lua 指令稿。

【6】 如果開啟了「傳播指令稿效果」機制，並且 Lua 指令稿中執行了 Redis 寫入指令（redis.call() 和 redis.pcall() 函數執行 Redis 寫入指令時會傳播 MULTI 指令），則傳播 EXEC 指令。

【7】 如果執行的是 EVALSHA 指令，並且未開啟了「傳播指令稿效果」機制，則檢查 server.repl_scriptcache_dict 中是否存在該指令稿，如果存在，則傳播 EVALSHA 指令，如果不存在，則將指令稿轉為 EVAL 指令後再傳播，並將該指令稿 SHA1 驗證值增加到 repl_scriptcache_dict 字典中。

luaCreateFunction 函數負責將 Lua 指令稿註冊為 Lua 函數，SCRIPT LOAD 子指令也是由該函數處理的：

```
sds luaCreateFunction(client *c, lua_State *lua, robj *body) {
    char funcname[43];
    dictEntry *de;

    // [1]
    funcname[0] = 'f';
    funcname[1] = '_';
    sha1hex(funcname+2,body->ptr,sdslen(body->ptr));

    sds sha = sdsnewlen(funcname+2,40);
    ...
    sds funcdef = sdsempty();
    funcdef = sdscat(funcdef,"function ");
    funcdef = sdscatlen(funcdef,funcname,42);
    funcdef = sdscatlen(funcdef,"() ",3);
    funcdef = sdscatlen(funcdef,body->ptr,sdslen(body->ptr));
    funcdef = sdscatlen(funcdef,"\nend",4);
    // [2]
    if (luaL_loadbuffer(lua,funcdef,sdslen(funcdef),"@user_script")) {
        ....
        return NULL;
    }
    sdsfree(funcdef);
    if (lua_pcall(lua,0,0,0)) {
        ...
        return NULL;
    }

    // [3]
    int retval = dictAdd(server.lua_scripts,sha,body);
    ...
    return sha;
}
```

【1】 生成函數名稱 f_<Lua 指令稿 SHA1 驗證值 >，並將 Lua 指令稿作為
函數本體，拼接成完整的 Lua 函數字串。

【2】 呼叫 luaL_loadbuffer 函數載入字串，並呼叫 lua_pcall 函數將該字串
內容轉化為函數。

【3】 將 SHA1 驗證值、指令稿內容增加到 server.lua_scripts 中。

4. redis.call 函數的實現

在 Lua 指令稿中使用 redis.call 或 redis.pcall 執行 Redis 指令，呼叫的都
是 luaRedisGeneric- Command 函數：

```
int luaRedisGenericCommand(lua_State *lua, int raise_error) {
    ...
    client *c = server.lua_client;
    ...

    // [1]
    for (j = 0; j < argc; j++) {
        char *obj_s;
        size_t obj_len;
        char dbuf[64];

        if (lua_type(lua,j+1) == LUA_TNUMBER) {
            lua_Number num = lua_tonumber(lua,j+1);

            obj_len = snprintf(dbuf,sizeof(dbuf),"%.17g",(double)num);
            obj_s = dbuf;
        } else {
            obj_s = (char*)lua_tolstring(lua,j+1,&obj_len);
            if (obj_s == NULL) break;
        }

        ...
            argv[j] = createStringObject(obj_s, obj_len);
    }

    ...

    // [2]
    cmd = lookupCommand(argv[0]->ptr);
    ...

    // [3]
```

```
if (server.lua_replicate_commands &&
    !server.lua_multi_emitted &&
    !(server.lua_caller->flags & CLIENT_MULTI) &&
    server.lua_write_dirty &&
    server.lua_repl != PROPAGATE_NONE)
{

    execCommandPropagateMulti(server.lua_caller);
    server.lua_multi_emitted = 1;
    c->flags |= CLIENT_MULTI;

}

...
// [4]
call(c,call_flags);


// [5]
if (listLength(c->reply) == 0 && c->bufpos < PROTO_REPLY_CHUNK_BYTES)
{

    c->buf[c->bufpos] = '\0';
    reply = c->buf;
    c->bufpos = 0;
} else {
    ...
}
if (raise_error && reply[0] != '-') raise_error = 0;
redisProtocolToLuaType(lua,reply);

...
// [6]
if (raise_error) {

    return luaRaiseError(lua);
}

return 1;
}
```

參數說明：

- raise_error：是否將 Redis 指令執行錯誤轉化為 Lua 指令稿錯誤。當指令稿執行的是 redis.pcall 函數時，該參數為 0；當指令稿執行的是 redis.call 函數時，該參數為 1。

【1】 將 Lua 類型參數轉為 C 語言類型參數。

【2】 尋找對應的指令，並執行以下檢查：

（1）該指令是否允許 Lua 指令稿呼叫，如果不允許，則傳回指令稿錯誤。

（2）檢查 ACL 許可權控制，如果沒有許可權，則傳回指令稿錯誤。

（3）如果執行的是寫入指令，並且該指令稿之前執行了傳回不確定數（如目前時間戳記等）的指令，則必須開啟「傳播指令稿效果」機制，否則不允許執行寫入指令並傳回指令稿錯誤。

（4）如果目前記憶體已滿，並且該指令需要申請新的記憶體空間，則不允許執行該指令並傳回指令稿錯誤。

（5）如果執行在 Cluster 模式下，則計算指令的鍵是否由目前節點儲存，如果不是則傳回指令稿錯誤。當用戶端執行 EVAL 或 EVALSHA 指令時，Redis 伺服器會要求用戶端重定位到 EVAL、EVALSHA 指令的鍵的儲存節點，即目前節點是 EVAL、EVALSHA 指令的鍵的儲存節點。所以，EVAL、EVALSHA 指令中的 Lua 指令稿透過 redis.call() 和 redis.pcall() 執行 Redis 指令時，這些 Redis 指令的鍵的儲存節點也必須是目前節點。

【3】 如果開啟了「傳播指令稿效果」機制，待執行的指令是寫入指令並且還沒有傳播 MULTI 指令，則在這裡傳播 MULTI 指令。

【4】 執行 Redis 指令。

【5】 將 Redis 指令的執行結果轉為 Lua 類型，並存入 Lua 虛擬堆疊中。redisProtocolToLuaType 函數會根據 Redis 指令傳回結果類型，並轉化為對應的 Lua 類型。

【6】　如果 luaRaiseError 參數為 1（執行的是 redis.call() 函數），並且
Redis 指令傳回錯誤，則觸發 Lua 指令稿錯誤。

《複習》

（1）Lua 指令稿可以實現自訂邏輯，並實現原子執行多個指令。

（2）Redis 利用 Lua 基本函數庫，排程 Lua 虛擬機器編譯、執行 Lua 指令
稿。

（3）Redis 會將 Lua 指令稿轉化為一個 Lua 函數並註冊到 Lua 虛擬機器
中。

（4）Redis 預設使用「傳播指令稿效果」機制，即在 AOF 檔案中或從節
點複製過程中傳播 Lua 指令稿的寫入指令。

Redis Module

Redis 4 引入了 Module（模組）功能，使用者可以編寫 Redis Module 快速實現新的 Redis 指令、擴充 Redis 功能。使用 Redis Module 可以實現 Lua 指令稿的所有功能，而且 Redis Module 的性能更高，功能更強大。

本章分析 Redis Module 的應用與實現。

24.1 Module 的應用範例

24.1.1 使用 Module 實現資料類型

為了直觀展示 Redis Module 的使用方式，下面使用 Redis Module 實現一個帶時間的集合資料類型。

編寫 timeset.c，內容如下：

```
#include "redismodule.h"
#include <stdlib.h>
#include <time.h>

int TIMESET_DEL(RedisModuleCtx *ctx, RedisModuleString **argv, int argc)
{
    if (argc != 3) return RedisModule_WrongArity(ctx);
    long long ll;
    if (RedisModule_StringToLongLong(argv[2], &ll)) {
        return RedisModule_ReplyWithError(ctx,"ERR invalid count");
```

```
    }

    time_t now;
    time(&now);
    int toTime = time(&now) - ll;
    RedisModuleCallReply *reply = RedisModule_Call(ctx,
"ZREMRANGEBYSCORE","scl", argv[1],"-inf", toTime);
    RedisModule_ReplyWithCallReply(ctx, reply);
    RedisModule_FreeCallReply(reply);
    return REDISMODULE_OK;
}

int TIMESET_LOAD(RedisModuleCtx *ctx, RedisModuleString **argv, int argc)
{

    if (argc != 3) return RedisModule_WrongArity(ctx);
    long long ll;
    if (RedisModule_StringToLongLong(argv[2], &ll)) {
        return RedisModule_ReplyWithError(ctx,"ERR invalid count");
    }

    time_t now;
    time(&now);
    int fromTime = time(&now) - ll;
    RedisModuleCallReply *reply = RedisModule_Call(ctx,
"ZRANGEBYSCORE","slc",argv[1], fromTime, "+inf");
    RedisModule_ReplyWithCallReply(ctx, reply);
    RedisModule_FreeCallReply(reply);
    return REDISMODULE_OK;
}

int TIMESET_ADD(RedisModuleCtx *ctx, RedisModuleString **argv, int argc)
{
    if (argc != 3) return RedisModule_WrongArity(ctx);

    time_t now;
    time(&now);
    RedisModuleCallReply *reply = RedisModule_Call(ctx,
"ZADD","!sls",argv[1],now, argv[2]);
```

```
    RedisModule_ReplyWithCallReply(ctx, reply);
    RedisModule_FreeCallReply(reply);
    return REDISMODULE_OK;
}

int RedisModule_OnLoad(RedisModuleCtx *ctx, RedisModuleString **argv, int
argc) {
    if (RedisModule_Init(ctx, "tset", 1, REDISMODULE_APIVER_1) ==
        REDISMODULE_ERR) {
        return REDISMODULE_ERR;
    }
    if (RedisModule_CreateCommand(ctx, "tset.add",
        TIMESET_ADD, "", 1, 1, 0) == REDISMODULE_ERR) {
        return REDISMODULE_ERR;
    }

    if (RedisModule_CreateCommand(ctx, "tset.load",
        TIMESET_LOAD, "readonly",0,0,0) == REDISMODULE_ERR) {
        return REDISMODULE_ERR;
    }

    if (RedisModule_CreateCommand(ctx, "tset.del",
        TIMESET_DEL, "readonly",0,0,0) == REDISMODULE_ERR) {
        return REDISMODULE_ERR;
    }
    return REDISMODULE_OK;
}
```

該模組一共建立了 3 個指令：tset.add、tset.load、tset.del。在分析例子程
式之前，我們先編譯該模組，將其載入到 Redis 中，並使用該模組中建立
的指令。

（1）使用以下指令將該程式編譯為動態函數庫。

```
gcc -shared -fPIC -o timeset.so timeset.c
```

（2）使用 MODULE LOAD 子指令載入模組。

```
> MODULE LOAD timeset.so
OK
```

也可以在 Redis 設定檔中指定模組，Redis 啟動時便會載入指定的模組：

```
loadmodule /path/to/timeset.so
```

（3）使用模組中建立的指令。

```
> tset.add timeset a
(integer) 1
> tset.add timeset b
(integer) 1
> tset.add timeset c
(integer) 1
> tset.load timeset 60
1) "b"
2) "c"
> tset.del timeset 0
(integer) 3
```

24.1.2　Module API

下面分析上面例子中的程式，主要介紹例子中使用的 Module API。redismodule.h 是 Redis 提供的標頭檔，提供了許多的 API 函數，使用者使用這些 API 可以實現很多強大的功能。

（1）Redis 載入 Module 模組時會呼叫 RedisModule_OnLoad 函數，使用者可以透過編寫該函數實現一個模組功能。該函數的 RedisModuleCtx 參數是 Redis Module 的上下文，儲存了目前的 Module 資訊。

（2）RedisModule_Init 函數負責註冊一個模組，第 2 個參數是模組名稱，第 3、4 個參數是模組版本和 API 版本。上面例子中註冊了一個 test 模組。

（3）RedisModule_CreateCommand 負責為模組建立一個 Redis 指令（下面將 Module 中建立的指令稱為 Module 指令）。第 2、3 個參數指定指令名和指令執行函數（使用者執行 Module 指令時 Redis 將呼叫對應的指令執行函數）。第 4 個參數是指令標示，以空格分隔。該指令對應 sflags 標示，在 ACL 章節已經介紹過該標示，這裡不再贅述。最後 3 個參數列出第一個鍵、最後一個鍵位置及鍵的索引間隔，用於定位指令的鍵。在 Cluster 章節中也介紹過這 3 個參數。

（4）以下是 Module 開發中常用的 API。

- RedisModule_WrongArity：檢查 argv 參數量，每個 argv 參數都是 RedisModuleString 類型。
- RedisModule_StringToLongLong：將 RedisModuleString 類型的參數轉化為 long long 類型。類似函數有 RedisModule_StringToDouble、RedisModule_StringToStreamID 等。另外，透過以下函數可以建立 RedisModuleString 實例：RedisModule_CreateString、RedisModule_ CreateStringFromLongLong 等。
- RedisModule_ReplyWithCallReply： 將 RedisModuleCallReply （RedisModule_Call 函數傳回結果）傳回給用戶端。類似的函數有 RedisModule_ReplyWithSimpleString、RedisModule_ReplyWithArray 等。
- RedisModule_FreeCallReply： 釋放 RedisModuleCallReply 等回應物件。

（5）RedisModule_Call 是 Redis Module 提供的呼叫 Redis 指令的高層 API，第 2 個參數列出了指令名稱。第 3 個參數比較特殊，它指定了後續參數的類型，函數後續參數依次作為指令呼叫參數：

- c：以 Null 結尾的 C 語言字串。
- b：字串緩衝區，使用兩個參數表示 C 字串指標和字串長度。
- s：RedisModuleString 類型。
- l：long long integer。
- v：RedisModuleString 陣列。

- ！：指定該指令需傳播到 AOF 和從節點。
- A：與 "!" 標示一起使用，要求關閉 AOF 傳播，該指令僅傳播給從節點。
- R：與 "!" 標示一起使用，要求關閉從節點傳播，該指令僅傳播給 AOF 檔案。

例如：

```
RedisModule_Call(ctx, "ZREMRANGEBYSCORE","scl",argv[1],"-inf", toTime);
```

參數 "scl" 指明了後續用於執行 ZREMRANGEBYSCORE 指令的 3 個參數類型：RedisModuleString、C 字串、long long 類型。

（6）除了 RedisModule_Call 函數，Redis 還提供了低層 API 來存取資料，速度更快。

- RedisModule_OpenKey：打開一個鍵的引用，傳回 RedisModuleKey 指標，可用於在其他 API 中操作該鍵。
- RedisModule_DeleteKey：刪除鍵。
- RedisModule_SetExpire：設定過期時間。

幾種常用類型的操作函數如下：

- RedisModule_StringSet：設定字串類型鍵的值。
- RedisModule_ListPop/RedisModule_ListPush：獲取、增加串列類型鍵的元素。
- RedisModule_ZsetFirstInScoreRange/RedisModule_ZsetAdd：遍歷、增加有序集合類型鍵的元素。
- RedisModule_HashGet/RedisModule_HashSet：獲取、增加雜湊類型鍵的元素。
- RedisModule_StreamIteratorStart/RedisModule_StreamAdd：遍歷、增加 Stream 訊息。

暫未發現操作無序集合類型鍵的低層函數。

（7）Redis Module 還提供了很多強大的 API，包括但不限於以下內容：

- 記憶體分配：RedisModule_AutoMemory、RedisModule_Alloc、 RedisModulc_Free 等。
- 主從複製、RDB/AOF 持久化：RedisModule_Replicate、RedisModule_ SaveUnsigned/ RedisModule_LoadUnsigned、RedisModule_EmitAOF。
- Module 資料類型：RedisModule_CreateDataType、RedisModule_ ModuleTypeSetValue。
- 用戶端阻塞：RedisModule_BlockClient、RedisModule_ BlockClientOnKeys。
- Cluster：RedisModule_SendClusterMessage、RedisModule_ GetClusterNodesList。
- 執行緒安全：RedisModule_GetThreadSafeContext、RedisModule_ ThreadSafeContextTryLock。
- 處理程序管理：RedisModule_Fork、RedisModule_ExitFromChild
- Module Filter：RedisModule_RegisterCommandFilter、RedisModule_ UnregisterCommandFilter。

Redis Module 提供的 API 非常全面，這裡不一一列舉，感興趣的讀者可自行閱讀官方文件。

Redis 原始程式中也提供了 Module 範例（src/modules），如 hellotype.c、 helloblock.c，讀者可以從這些實例中進一步學習 Redis Module。

24.1.3 Module 的特性

Redis Module 還提供了一些有意思的特性。

1. 記憶體自動管理

通常使用 C 語言編寫程式時，開發人員需要手動管理記憶體。Redis Module 提供了記憶體自動管理機制，可以呼叫以下函數開啟該機制：

```
RedisModule_AutoMemory(ctx);
```

開啟記憶體自動管理機制後，Module 中有以下特點：

- 不需要關閉打開的鍵。
- 不需要釋放回應物件。
- 不需要釋放 RedisModuleString 物件。

2. 持久化與複製

Module 本身是不作為資料保存的，module load 指令也不會保存或傳播。

- RDB 機制：如果 Module 中使用的是 Redis 原生資料類型，那麼使用 RDB 機制正常保存即可，下面會詳細分析使用 RDB 機制如何保存 Module 自訂的資料類型。
- AOF 機制和從節點複製機制：有兩種傳播方式。

（1）使用 RedisModule_Call 時，使用 "!" 標示要求 Redis 傳播 Redis 原生指令。

```
RedisModule_Call(ctx, "ZADD","!sls",argv[1],now, argv[2])
```

第 3 個參數中的 "!" 標示要求 Redis 傳播目前 ZADD 指令。

執行以下指令後：

```
tset.add timeset a
```

傳播內容以下（為了展示更直觀，增加了額外的換行）：

```
*1\r\n
$5\r\nMULTI\r\n
*4\r\n
```

```
$4\r\nZADD\r\n
$7\r\ntimeset\r\n
$10\r\n1621150754\r\n
$1\r\na\r\n
*1\r\n
$4\r\nEXEC\r\n
```

對於一個 Module 指令中呼叫的所有 Redis 原生指令，Redis 會使用 MULTI/EXEC 指令將其包裹起來，保證一個 Module 指令的原子性。

（2）直接傳播 Module 指令，如果呼叫低層 API 操作 Redis 資料，則可以呼叫持久化 API—RedisModule_ReplicateVerbatim 要求 Redis 傳播 Module 指令。

下面使用低層 API 重新定義上例中的 TIMESET_ADD 函數：

```
int TIMESET_ADD(RedisModuleCtx *ctx, RedisModuleString **argv, int argc)
{
    if (argc != 3) return RedisModule_WrongArity(ctx);

    time_t now;
    time(&now);
    RedisModuleKey *key = RedisModule_OpenKey(ctx, argv[1], REDISMODULE_
WRITE);
    int res = RedisModule_ZsetAdd(key, now, argv[2], 0);
    RedisModule_ReplyWithLongLong(ctx, res);
    RedisModule_CloseKey(key);

    RedisModule_ReplicateVerbatim(ctx);
    return REDISMODULE_OK;
}
```

最後呼叫 RedisModule_ReplicateVerbatim 函數傳播該 Module 指令。

執行以下指令後：

```
tset.add timeset a
```

傳播內容以下（增加了額外的換行）：

```
*3\r\n
$8\r\ntset.add\r\n
$7\r\ntimeset\r\n
$1\r\na\r\n
```

注意

該指令會寫入不確定數（目前時間戳記），這裡只是做展示，實際開發中應該
避免這種情況。

---

3. 自訂類型

使用 Redis Module 可以實現自訂資料類型，這些自訂類型的資料也支持
持久化和複製。

Module 自訂類型常使用以下 API：

- RedisModule_CreateDataType 函數負責建立一個資料類型。
- RedisModule_ModuleTypeSetValue 函數負責給自訂類型設定值。
- RedisModule_ModuleTypeGetValue 函數負責獲取自訂類型的值。

Redis 原始程式中提供了自訂資料類型的簡單範例 modules/hellotype.c，
讀者可以自行閱讀，這裡不多作説明。

24.2 Module 的實現原理

24.2.1 C 語言動態函數庫

Redis 使用 C 語言動態函數庫實現了 Module 功能。下面簡單介紹一下 C
語言動態函數庫。

UNIX 系統下通常使用 gcc 編譯器編譯 C 語言程式，其程式編譯過程如圖 24-1 所示。

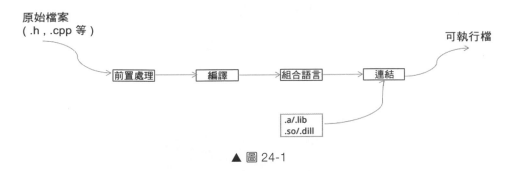

▲ 圖 24-1

- 前置處理（preprocessing）：將所有的 #include 標頭檔及巨集定義替換成其真正的內容，前置處理的結果仍然是文字格式。

- 編譯（compilation）：將經過前置處理之後的程式轉換成特定組合語言程式式碼（assembly code），編譯的結果也是文字格式。

- 組合語言（assemble）：將上一步的組合語言程式式碼轉換成機器碼（machine code），組合語言產生的檔案叫作目的檔案，是二進位格式。gcc 編譯器生成的目的檔案通常以 .o 結尾，稱為可重定位目的檔案。

- 連結（linking）：將多個目的檔案及所需的函數庫檔案（.so 檔案等）連結成最終的可執行檔（executable file）。函數庫檔案是一組目的檔案的套件，由一些最常用的程式編譯為目的檔案後打包而成，函數庫檔案提供了各種函數庫函數給開發人員使用。

連結有靜態連結和動態連結兩種方式：

- 靜態連結：連結階段將組合語言生成的目的檔案與引用的函數庫檔案一起打包到可執行檔中。

- 動態連結：連結階段僅在可執行檔中加入引用的函數庫函數的描述資訊（通常是一些重定位資訊），不需要將函數庫檔案打包到可執行檔中。當可執行檔載入或執行時期再連結到具體的函數庫函數。

與之對應，函數庫檔案也可以分為兩種：靜態程式庫（.a、.lib 尾碼檔案，用於靜態連結）和動態函數庫（.so、.dll 尾碼檔案，用於動態連結）。

使用動態函數庫（動態連結）有以下好處：

（1）可以實現處理程序之間的資源分享（因此動態函數庫也稱為共用函數庫），如圖 24-2 所示。

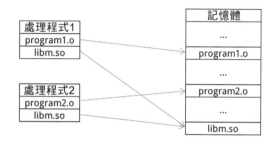

動態庫 libm.so 在記憶體中只有一份實例，可供
處理程序1、處理程序2 共用

▲ 圖 24-2

不同的應用處理程序如果呼叫相同的動態函數庫，那麼在記憶體中只需要有一份該動態函數庫的實例即可，避免了浪費記憶體空間（動態函數庫正是透過記憶體映射 mmap 實現的，動態函數庫的記憶體實例可以被映射到多個處理程序中）。

（2）可以將函數庫函數的連結載入操作延後到程式執行的時期，甚至可以將該操作交給程式碼控制（Redis 正是透過這種方式載入模組的）。

動態函數庫在程式執行時期才被載入，也避免了每次修改靜態程式庫都需要重新更新、部署、發佈程式的麻煩，使用者只需要更新動態函數庫即可，實現了增量更新。

下面透過一個實例展示靜態連結與動態連結的區別。

編寫 sqrt.c，該程式可以計算一個數的平方根：

```
#include<stdio.h>
#include<math.h>
int main(int argc,char *argv[])
{
    printf("%lf\n",sqrt(atoi(argv[1])));
    return 0;
}
```

由於引用了標頭檔 math.h 定義的函數，所以編譯時必須連結 C 語言標準數學函數庫 libm.a 或 libm.so。下面編譯該範例程式。

（1）生成目的檔案 sqrt.o。

```
$ gcc -c  -o sqrt.o sqrt.c
```

（2）使用以下指令執行靜態連結。

```
$ gcc -static -o statc_sqrt.out sqrt.o -lm
```

-static 選項要求 gcc 編譯器使用靜態連結，-lm 參數表明程式要求連結 libm.a 這個靜態程式庫。

使用以下指令執行動態連結：

```
$ gcc -o sqrt.out sqrt.o -lm
```

gcc 編譯器預設使用的是動態連結，這時 -lm 參數表明程式要求連結 libm. so 這個動態函數庫。對應生成檔案的大小如下：

```
-rwxrwxr-x 1 binecy binecy 8.2K 5 月 221:14 sqrt.out*
-rwxrwxr-x 1 binecy binecy 825K 5 月 221:12 statc_sqrt.out*
```

可以看到使用靜態連結生成的可執行檔要大得多，因為 libm.a 這個函數庫已經被打包到可執行檔中。

回顧前面的例子，我們使用 gcc 編譯器將 timeset.c 打包為動態函數庫，按步驟可分為以下 2 個指令：

```
$ gcc -c -fPIC -o timeset.o timeset.c
$ gcc -shared -o timeset.so timeset.o
```

- -fPIC：該參數作用於編譯階段，要求編譯器產生與位置無關的程式
（Position-Independent Code），這樣生成的程式中只有相對位址，沒有
絕對位址，這些程式被載入器載入到記憶體的任意位置都可以正確執
行。這正是動態函數庫所要求的，動態函數庫被載入時，在記憶體中
的位置不是固定的。
- -shared：該參數要求編譯器使用指定目的檔案生成動態函數庫。

24.2.2 定義

> **提示**
>
> 本章程式如無特殊說明，均在 redismodule.h、module.c 中。

RedisModule 結構負責儲存每個模組資訊：

```
struct RedisModule {
    ...
    char *name;
    int ver;
    int apiver;
    ...
};
```

- name：模組名稱。
- ver、apiver：模組版本、呼叫的 API 版本。
- filters：註冊在該模組中的攔截器。

RedisModuleCtx 結構負責儲存模組的上下文資訊：

```
struct RedisModuleCtx {
    void *getapifuncptr;
    struct RedisModule *module;
    client *client;
```

```
    struct RedisModuleBlockedClient *blocked_client;
    struct AutoMemEntry *amqueue;
    ...
};
```

- getapifuncptr：獲取 Module API 的函數。
- module：目前止執行指令的模組。
- client：目前正執行指令的用戶端。
- amqueue：等待釋放記憶體的物件。
- flags：目前上下文的標示，包含但不限於以索引示。
  - REDISMODULE_CTX_AUTO_MEMORY：目前 Module 指令是否開啟了記憶體自動管理機制。
  - REDISMODULE_CTX_BLOCKED_TIMEOUT：目前用戶端是否阻塞等待。
  - REDISMODULE_CTX_MULTI_EMITTED：目前 Module 指令是否（透過高層 API）呼叫 Redis 原生指令，並傳播了 MULTI 指令。
- postponed_arrays：當需要回覆陣列給用戶端時，該陣列作為緩衝區。
- pa_head：用於劃分小區塊的記憶體池。

module.c 定義了字典類型的全域變數 modules，負責儲存所有模組，鍵為模組名稱，值指向 RedisModule 變數。

24.2.3 初始化 Module 的執行環境

Redis 啟動時，會呼叫 moduleInitModulesSystem 函數初始化 Module 模組執行環境：

```
void moduleInitModulesSystem(void) {
    // [1]
    moduleUnblockedClients = listCreate();
    server.loadmodule_queue = listCreate();
    modules = dictCreate(&modulesDictType,NULL);
    ...
```

```
    // [2]
    moduleRegisterCoreAPI();
    ...
}
```

【1】　初始化 modules 等變數。

【2】　moduleRegisterCoreAPI 函數負責註冊 Module API。

```
void moduleRegisterCoreAPI(void) {
    server.moduleapi = dictCreate(&moduleAPIDictType,NULL);
    server.sharedapi = dictCreate(&moduleAPIDictType,NULL);
    REGISTER_API(Alloc);
    REGISTER_API(Calloc);
    REGISTER_API(Realloc);
    ...
}
```

REGISTER_API 是一個巨集，內容如下：

```
#define REGISTER_API(name) moduleRegisterApi("RedisModule_" #name, (void
*)(unsigned long)RM_ ## name)
```

moduleRegisterApi 函數的內容如下：

```
int moduleRegisterApi(const char *funcname, void *funcptr) {
    return dictAdd(server.moduleapi, (char*)funcname, funcptr);
}
```

這裡將 Module API 資訊增加到 server.moduleapi 字典中，字典的鍵為字串 RedisModule_{name}，值為函數指標 RM_{name}。

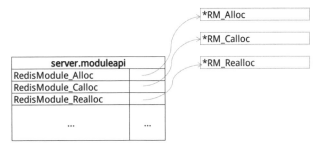

▲ 圖 24-3

server.moduleapi 字典如圖 24-3 所示。

上面已經將 Module API 名稱及對應的執行函數放到 server.moduleapi 字典中，那麼，modules/redismodule.h 中提供的 API 是如何呼叫真正的執行函數的呢？看一下 redismodule.h/ RedisModule_Init 函數（在 RedisModule_OnLoad 函數中首先需要呼叫該函數註冊模組）：

```
static int RedisModule_Init(RedisModuleCtx *ctx, const char *name, int
ver, int apiver) {
    // [1]
    void *getapifuncptr = ((void**)ctx)[0];
    RedisModule_GetApi = (int (*)(const char *, void *)) (unsigned long)
getapifuncptr;
    // [2]
    REDISMODULE_GET_API(Alloc);
    REDISMODULE_GET_API(Calloc);
    REDISMODULE_GET_API(Free);
    REDISMODULE_GET_API(Realloc);
    ...
}
```

【1】 設定 RedisModule_GetApi 函數，指向 ctx 的第一個屬性，ctx 的第一個屬性固定指向 RM_GetApi 函數，即 RedisModule_GetApi 函數指向 RM_GetApi 函數。

【2】 REDISMODULE_GET_API 是一個巨集，內容如下：

```
#define REDISMODULE_GET_API(name) RedisModule_GetApi("RedisModule_"
#name, ((void **)&RedisModule_ ## name))
```

RedisModule_GetApi 函數指向 RM_GetApi 函數：

```
int RM_GetApi(const char *funcname, void **targetPtrPtr) {
    dictEntry *he = dictFind(server.moduleapi, funcname);
    if (!he) return REDISMODULE_ERR;
    *targetPtrPtr = dictGetVal(he);
    return REDISMODULE_OK;
}
```

從 server.moduleapi 字典中找到執行函數指標，並將 API 函數指標指向執行函數（將 RedisModule_{name} 的函數指標指向 RM_{name} 函數）。

API 函數指標與執行函數的關係如圖 24-4 所示。

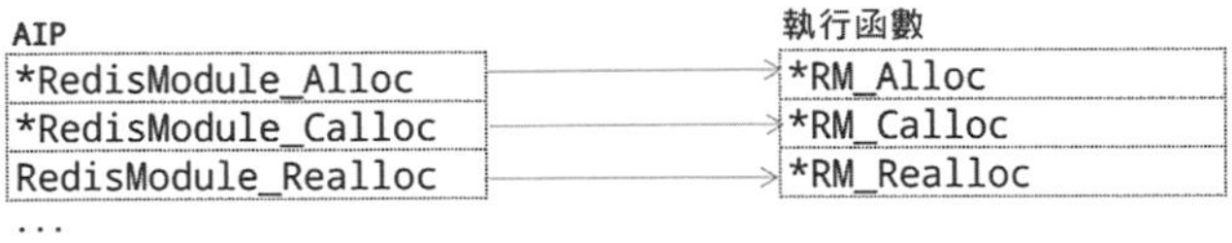

▲ 圖 24-4

這樣，當我們在模組中呼叫 redismodule.h/RedisModule_Alloc 時，就呼叫了 module.c/RM_ Alloc，其他 API 同理。

24.2.4 載入 Module

moduleLoad 函數負責處理 MODULE LOAD 子指令，載入一個模組：

```
int moduleLoad(const char *path, void **module_argv, int module_argc) {
    ...
    int (*onload)(void *, void **, int);
    void *handle;
    // [1]
    RedisModuleCtx ctx = REDISMODULE_CTX_INIT;
    ctx.client = moduleFreeContextReusedClient;
    selectDb(ctx.client, 0);
    ...

    // [2]
    handle = dlopen(path,RTLD_NOW|RTLD_LOCAL);
    if (handle == NULL) {
        return C_ERR;
    }
    // [3]
    onload = (int (*)(void *, void **, int))(unsigned long)
dlsym(handle,"RedisModule_OnLoad");
    if (onload == NULL) {
```

```
    ...
    return C_ERR;
}
if (onload((void*)&ctx,module_argv,module_argc) == REDISMODULE_ERR) {
    ...
    return C_ERR;
}

// [4]
dictAdd(modules,ctx.module->name,ctx.module);
ctx.module->blocked_clients = 0;
ctx.module->handle = handle;

// [5]
moduleFireServerEvent(REDISMODULE_EVENT_MODULE_CHANGE,
                      REDISMODULE_SUBEVENT_MODULE_LOADED,
                      ctx.module);

moduleFreeContext(&ctx);
return C_OK;
}
```

【1】 初始化一個 RedisModuleCtx 結構。

REDISMODULE_CTX_INIT 是一個巨集定義，內容如下：

```
#define REDISMODULE_CTX_INIT {(void*)(unsigned long)&RM_GetApi, NULL,
NULL, NULL, NULL, 0, 0, 0, NULL, 0, NULL, NULL, NULL, NULL, {0}}
```

【2】 呼叫 dlopen 函數打開指定動態函數庫。

【3】 呼 叫 dlsym 函 數 獲 取 RedisModule_OnLoad 函 數 指 標， 並 呼 叫
RedisModule_OnLoad 函數。

C 語言提供了 dlopen、dlsym 兩個函數，用於打開動態函數庫和獲
取動態函數庫函數指標。前面說了，RedisModule_OnLoad 函數由
使用者編寫，負責建立一個模組。

【4】 將該模組增加到 modules 字典中。

【5】 觸發 Module 事件，執行其監聽器回呼函數。

Redis 會在執行某些特定操作時觸發 Module 事件，並執行這些 Module 事件監聽器回呼函數。透過 RedisModule_SubscribeToServerEvent（API）可以註冊一個 Module 事件監聽器，對這些事件進行處理。

常見的 Module 事件類型如下：

- REDISMODULE_EVENT_PERSISTENCE：在生成 RDB 檔案前後觸發。
- REDISMODULE_EVENT_FLUSHDB：清空資料庫時觸發。
- REDISMODULE_EVENT_LOADING：載入持久化檔案時觸發。
- REDISMODULE_EVENT_CLIENT_CHANGE：新用戶端連接或用戶端斷開時觸發。
- REDISMODULE_EVENT_SHUTDOWN：服務停止時觸發。
- REDISMODULE_SUBEVENT_MODULE_LOADED：載入 Module 模組時觸發。

24.2.5　建立 Module 指令

Redis Module 提供了很多 API，下面分析一些關鍵的 API 的實現原理。

首先看一下 RedisModule_CreateCommand 如何建立一個 Redis 指令。該 API 會呼叫 RM_CreateCommand 函數：

```
int RM_CreateCommand(RedisModuleCtx *ctx, const char *name,
RedisModuleCmdFunc cmdfunc, const char *strflags, int firstkey, int
lastkey, int keystep) {
    // [1]
    int64_t flags = strflags ? commandFlagsFromString((char*)strflags):0;
    ...

    struct redisCommand *rediscmd;
    RedisModuleCommandProxy *cp;
    sds cmdname = sdsnew(name);
```

```
...
// [2]
cp = zmalloc(sizeof(*cp));
cp->module = ctx->module;
cp->func = cmdfunc;
// [3]
cp->rediscmd = zmalloc(sizeof(*rediscmd));
cp->rediscmd->name = cmdname;
cp->rediscmd->proc = RedisModuleCommandDispatcher;
cp->rediscmd->arity = -1;
cp->rediscmd->flags = flags | CMD_MODULE;
cp->rediscmd->getkeys_proc = (redisGetKeysProc*)(unsigned long)cp;
...
// [4]
dictAdd(server.commands,sdsdup(cmdname),cp->rediscmd);
dictAdd(server.orig_commands,sdsdup(cmdname),cp->rediscmd);
cp->rediscmd->id = ACLGetCommandID(cmdname); /* ID used for ACL. */
return REDISMODULE_OK;
}
```

【1】 將 strflags 參數轉化為 flags 變數（flags 變數會被設定值給 redis
Command.flags 屬性）。

【2】 初始化一個 RedisModuleCommandProxy 結構，該結構可以視為指
令的上下文，儲存了指令的模組、執行函數等資訊。

【3】 初始化一個指令結構 redisCommand。
注意 redisCommand.proc 指 向 了 RedisModuleCommandDispatcher
函數，該函數負責呼叫指令執行函數，並且執行一些額外的準備
和善後操作。redisCommand.getkeys_proc 並沒有指向函數，只是
指向了結構 RedisModuleCommandProxy。前面分析 Cluster 機制
說過，rediscmd.getkeys_proc 指向一個負責獲取指令鍵的函數。
但這裡做了特殊處理，使用 redisCommand.getkeys_proc 保存結構
RedisModuleCommandProxy。

【4】 將 rediscmd 增加到指令字典 server.commands 中，從此，該指令就
可以被用戶端直接呼叫了。

RM_CreateCommand 函數為 Module 指令建立了一個 redisCommand，redisCommand.proc 指向 RedisModuleCommandDispatcher 函數，那麼在 call 函數執行 Module 指令時，會呼叫 RedisModuleCommandDispatcher 函數執行 Module 指令的邏輯：

```
void RedisModuleCommandDispatcher(client *c) {
    // [1]
    RedisModuleCommandProxy *cp = (void*)(unsigned long)c->cmd->getkeys_
proc;
    RedisModuleCtx ctx = REDISMODULE_CTX_INIT;

    ctx.flags |= REDISMODULE_CTX_MODULE_COMMAND_CALL;
    ctx.module = cp->module;
    ctx.client = c;
    // [2]
    cp->func(&ctx,(void**)c->argv,c->argc);
    // [3]
    moduleFreeContext(&ctx);

    ...
}
```

【1】 從 rediscmd.getkeys_proc 中獲取結構 RedisModuleCommandProxy。

【2】 呼叫指令執行函數，執行 Module 指令的真正邏輯。

【3】 如果開啟了記憶體自動管理機制，則需要釋放記憶體空間。

24.2.6 記憶體自動管理

Redis Module 提供了記憶體自動管理功能，RedisModule_AutoMemory(API) 呼叫 RM_AutoMemory 函數打開 RedisModuleCtx 中的 REDISMODULE_CTX_AUTO_MEMORY 標示。

RedisModuleCommandDispatcher 函數在執行完 Module 指令後，呼叫 moduleFreeContext 函數釋放記憶體：

```
void moduleFreeContext(RedisModuleCtx *ctx) {
    // [1]
    moduleHandlePropagationAfterCommandCallback(ctx);
    // [2]
    autoMemoryCollect(ctx);
    // [3]
    poolAllocRelease(ctx);
    // [4]
    if (ctx->postponed_arrays) {
        zfree(ctx->postponed_arrays);
        ctx->postponed_arrays_count = 0;

    }
    if (ctx->flags & REDISMODULE_CTX_THREAD_SAFE) freeClient(ctx-
>client);
}
```

【1】 如果在該 Module 指令中使用高層 API（RedisModule_Call）執行了 Redis 原生指令，則在這裡傳播 EXEC 指令。

【2】 呼叫 autoMemoryCollect 函數釋放 ctx.amqueue 中的物件。當在 Module 中呼叫 RedisModule_CreateString、RedisModule_CreateDict 等 API 時，會將建立的物件存放在 ctx.amqueue 中。

【3】 呼叫 poolAllocRelease 函數釋放 ctx.pa_head 中的物件。當在 Module 中呼叫 RedisModule_ PoolAlloc（API）從記憶體池中劃分 區塊時，Redis 會從 ctx.pa_head 中劃分記憶體。

【4】 釋放 ctx.postponed_arrays 中的物件。當 Module 傳回陣列給用戶端 時，陣列內容暫存在 ctx.postponed_arrays 中。

只有在 Module 上下文中打開了 REDISMODULE_CTX_AUTO_MEMORY 標示，第 2、3 步驟才會釋放記憶體物件。

注意，即使開啟了記憶體自動管理機制，在 Module 中透過 malloc 函數或 RedisModule_Alloc、RedisModule_Calloc、RedisModule_Realloc 等 API 申請的區塊仍然要呼叫 free 函數、RedisModule_Free（API）釋放記憶體。

24.2.7　呼叫 Redis 指令

RedisModule_Call 對應 RM_Call 函數，該函數負責執行 Redis 原生指令：

```
RedisModuleCallReply *RM_Call(RedisModuleCtx *ctx, const char *cmdname,
const char *fmt, ...) {
    ...
    // [1]
    c = createClient(NULL);
    c->user = NULL;
    // [2]
    argv = moduleCreateArgvFromUserFormat(cmdname,fmt,&argc,&flags,ap);
    replicate = flags & REDISMODULE_ARGV_REPLICATE;
    va_end(ap);

    c->flags |= CLIENT_MODULE;
    c->db = ctx->client->db;
    c->argv = argv;
    c->argc = argc;
    ...

    // [3]
    moduleCallCommandFilters(c);

    // [4]
    cmd = lookupCommand(c->argv[0]->ptr);
    if (!cmd) {
        errno = ENOENT;
        goto cleanup;
    }
    c->cmd = c->lastcmd = cmd;

    ...

    // [5]
    if (server.cluster_enabled && !(ctx->client->flags & CLIENT_MASTER))
    {
        int error_code;
        c->flags &= ~(CLIENT_READONLY|CLIENT_ASKING);
```

```
            c->flags |= ctx->client->flags & (CLIENT_READONLY|CLIENT_ASKING);
            if (getNodeByQuery(c,c->cmd,c->argv,c->argc,NULL,&error_code) !=
                          server.cluster->myself)
            {
                ...
                goto cleanup;
            }
    }

    // [6]
    if (replicate) moduleReplicateMultiIfNeeded(ctx);

    // [7]
    int call_flags = CMD_CALL_SLOWLOG | CMD_CALL_STATS | CMD_CALL_NOWRAP;
    ...
    call(c,call_flags);

    // [8]
    sds proto = sdsnewlen(c->buf,c->bufpos);
    ...
    reply = moduleCreateCallReplyFromProto(ctx,proto);
    autoMemoryAdd(ctx,REDISMODULE_AM_REPLY,reply);
    ...
  }
```

【1】 建立一個偽用戶端，用於執行 Redis 原生指令。

【2】 解析指令參數。

前面說了，fmt 參數指定了指令參數的類型。這裡根據 fmt 參數將
函數的後續參數轉化為 Redis 指令執行參數。如果 fmt 參數包含了
"!"、"A"、"R" 標示，則打開對應的傳播標示。

【3】 觸發 Module Filter 的回呼函數。

Module Filter 類似指令攔截器，Redis 每次執行指令（包括 process
Command 函數、Lua 指令稿中執行的 Redis 指令）之前，都會觸發所
有的 Module Filter 回呼函數。透過 Module Filter 可以對指令增加額外
邏輯，如增加額外的參數檢查、日誌等。使用 RedisModule_Register
CommandFilter（API）可以增加 Module Filter。

【4】　尋找 Redis 原生指令。

【5】　如果 Redis 執行在 Cluster 模式下，則鍵的儲存節點必須是目前節點。在呼叫 Module 指令時，Redis 會要求用戶端重新導向到 Module 指令的鍵的儲存節點再執行指令。執行到這裡，說明目前節點就是 Module 指令的鍵的儲存節點。所以，當在 Module 指令中呼叫 Redis 原生指令時，原生指令的鍵的儲存節點也必須是目前節點。

【6】　如果執行的指令需要傳播，並且還沒有增加 MULTI 指令，則增加 MULTI 指令。RedisModuleCtx 存 在 REDISMODULE_CTX_ MULTI_EMITTED 標示，代表已增加 MULTI 指令。

【7】　執行 Redis 原生指令。

【8】　獲取 Redis 原生指令執行結果，將其轉化為 RedisModuleCallReply 物件並作為函數傳回值。

24.2.8　自訂資料類型

server.h 定義了 RedisModuleType，負責儲存 Module 自訂資料類型的相關資訊：

```
typedef struct RedisModuleType {
    uint64_t id;
    struct RedisModule *module;
    moduleTypeLoadFunc rdb_load;
    moduleTypeSaveFunc rdb_save;
    moduleTypeRewriteFunc aof_rewrite;
    moduleTypeMemUsageFunc mem_usage;
    moduleTypeDigestFunc digest;
    moduleTypeFreeFunc free;
    ...
} moduleType;
```

- id：moduleid，用於 RDB 保存資料時作為資料類型標示。
- name：類型名稱，必須為 9 個字元，並且保證唯一。name 可使用字元 A ～ Z、a ～ z、0 ～ 9，以及 "-"、"_" 兩個字元。

- rdb_load、rdb_save：負責從 RDB 檔案中載入資料，以及將資料保存到 RDB 檔案的回呼函數。
- aof_rewrite：負責將資料重新定義為指令的回呼函數。
- free：負責釋放值物件記憶體的回呼函數。
- aux_save、aux_load：前面的 RDB 章節說過了，Redis 在保存 RDB 資料時，會呼叫 aux_save 函數將 Module 自訂類型的輔助欄位寫入 RDB 檔案。而在載入 RDB 資料時，也會呼叫 aux_load 函數解析這些輔助欄位。

RM_ModuleTypeSetValue 函數負責為 Module 自訂類型的鍵設定值物件：

```
int RM_ModuleTypeSetValue(RedisModuleKey *key, moduleType *mt, void
*value) {
    if (!(key->mode & REDISMODULE_WRITE) || key->iter) return
REDISMODULE_ERR;
    RM_DeleteKey(key);
    // [1]
    robj *o = createModuleObject(mt,value);
    // [2]
    genericSetKey(key->ctx->client,key->db,key->key,o,0,0);
    decrRefCount(o);
    key->value = o;
    return REDISMODULE_OK;
}
```

【1】 建立對應的 redisObject。

【2】 將 redisObject 物件增加到 Redis 資料庫中。

createModuleObject 函數為值物件建立 redisObject：

```
robj *createModuleObject(moduleType *mt, void *value) {
    moduleValue *mv = zmalloc(sizeof(*mv));
    mv->type = mt;
    mv->value = value;
    return createObject(OBJ_MODULE,mv);
}
```

可以看到，redisObject.type 固定為 OBJ_MODULE。redisObject.ptr 並沒有直接指向值物件，而是指向 moduleValue 變數，moduleValue 中不僅包含了值物件，還包含 moduleType 變數。

```
typedef struct moduleValue {
    moduleType *type;
    void *value;
} moduleValue;
```

下面分析 Module 自訂資料類型如何保存到 RDB 檔案中。

回顧一下 RDB 中保存鍵值對的格式（不考慮過期時間等屬性）：

<標示位組> <鍵> <值>

Module 自訂類型資料的標示位組為 RDB_TYPE_MODULE_2，並且 Redis 在保存 Module 類型資料時，會將 moduleid 作為值的字首，用於載入資料時獲取 Module 類型：

```
[RDB_TYPE_MODULE_2][...key][moduleid...val]
```

所以，在 rdbSaveObject 函數中，對於 OBJ_MODULE 類型的鍵值對，執行以下操作：

（1）保存標示位組 RDB_TYPE_MODULE_2、鍵內容。
（2）保存 moduleid。
（3）從 moduleValue 變數中獲取 moduleType，再呼叫 moduleType.rdb_save 函數保存值內容。

當 rdbLoadObject 函數解析 RDB 資料時，對於標示位組為 RDB_TYPE_MODULE_2 的值內容，會先讀取 moduleid，並使用 moduleid 獲取對應的 moduleType，再呼叫 moduleType.rdbload 函數載入資料。

最後説明一下 moduleid 屬性，該屬性有 64 位元，格式如下：

```
6|6|6|6|6|6|6|6|6|10
```

前面每 6 個 bit 位元儲存 name 中的字元，一共 9 個字元。後面 10 個 bit 位元儲存 Module 類型版本。使用者可以對 Module 資料類型進行升級，所以 moeuldid 中也保存了 Module 類型版本，方便 Module 處理舊版本的資料。另外，如果解析 RDB 時出現異常，比如找不到對應的 moduleType 類型，那麼 Redis 可以將 moeuldid 轉化為 name，並給使用者傳回有效的提示訊息。

Redis 官方也提供了很多 Module，這些 Module 可以實現很多強大的功能，如布隆篩檢程式、全文檢索、JSON 格式等，這部分內容可以在官方文件中查看。

《複習》

- Redis Module 可以擴充 Redis 功能，實現新的指令。
- Redis 使用 C 語言動態函數庫實現 Module 功能，使用者編寫的 Module 也需要編譯為動態函數庫再載入到 Redis 中。
- Redis Module 提供了豐富的 API，可以實現很多強大的功能。

▶ 第 5 部分　進階特性